网络基础与关键技术研究丛书

面向5G的智能光承载网规划与运维实践

Planning, Operation and Maintenance of 5G-Oriented Intelligent Optical Bearing Network

黄国斌 李学军 周敏 等 编著

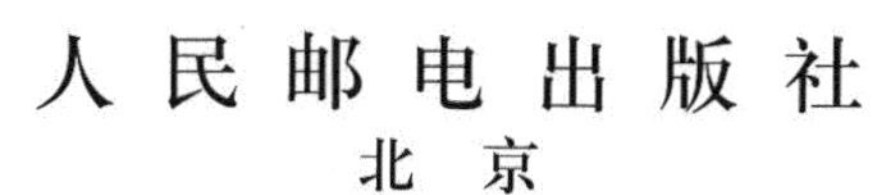
人民邮电出版社
北京

图书在版编目（CIP）数据

面向5G的智能光承载网规划与运维实践 / 黄国斌等编著. -- 北京 : 人民邮电出版社, 2019.12
（网络基础与关键技术研究丛书）
国之重器出版工程
ISBN 978-7-115-51681-7

Ⅰ. ①面… Ⅱ. ①黄… Ⅲ. ①无线电通信－移动通信－通信技术－研究 Ⅳ. ①TN929.5

中国版本图书馆CIP数据核字(2019)第209567号

内容提要

本书详细阐述了在构建面向 5G 的智能光承载网过程中积累的经验、当下的创新试验和未来的布局规划，具体内容包括：智能光承载网的演进历程、智能光承载网的规划、智能光承载网的运维实践、智能光承载网架构的演进及实践、智能光承载网技术的创新发展。

本书适合通信网络界的从业者、高等院校通信网络相关专业的师生，以及对通信网络感兴趣的人士参考阅读。

◆ 编　　著　黄国斌　李学军　周　敏　等
　责任编辑　杨　凌
　责任印制　杨林杰
◆ 人民邮电出版社出版发行　北京市丰台区成寿寺路 11 号
　邮编　100164　电子邮件　315@ptpress.com.cn
　网址　http://www.ptpress.com.cn
　固安县铭成印刷有限公司印刷
◆ 开本：720×1000　1/16
　印张：19.75　2019 年 12 月第 1 版
　字数：361 千字　2019 年 12 月河北第 1 次印刷

定价：108.00 元

读者服务热线：(010)81055493　印装质量热线：(010)81055316
反盗版热线：(010)81055315

《国之重器出版工程》
编辑委员会

专家委员会委员（按姓氏笔画排列）：

于　全　中国工程院院士

王少萍　“长江学者奖励计划”特聘教授

王建民　清华大学软件学院院长

王哲荣　中国工程院院士

王　越　中国科学院院士、中国工程院院士

尤肖虎　“长江学者奖励计划”特聘教授

邓宗全　中国工程院院士

甘晓华　中国工程院院士

叶培建　中国科学院院士

朱英富　中国工程院院士

朵英贤　中国工程院院士

邬贺铨　中国工程院院士

刘大响　中国工程院院士

刘怡昕　中国工程院院士

刘韵洁　中国工程院院士

孙逢春　中国工程院院士

苏彦庆　“长江学者奖励计划”特聘教授

苏哲子 中国工程院院士

李伯虎 中国工程院院士

李应红 中国科学院院士

李新亚 国家制造强国建设战略咨询委员会委员、中国机械工业联合会副会长

杨德森 中国工程院院士

张宏科 北京交通大学下一代互联网互联设备国家工程实验室主任

陆建勋 中国工程院院士

陆燕荪 国家制造强国建设战略咨询委员会委员、原机械工业部副部长

陈一坚 中国工程院院士

陈懋章 中国工程院院士

金东寒 中国工程院院士

周立伟 中国工程院院士

郑纬民 中国计算机学会原理事长

郑建华 中国科学院院士

屈贤明　国家制造强国建设战略咨询委员会委员、工业和信息化部智能制造专家咨询委员会副主任

项昌乐　“长江学者奖励计划”特聘教授，中国科协书记处书记，北京理工大学党委副书记、副校长

柳百成　中国工程院院士

闻雪友　中国工程院院士

徐德民　中国工程院院士

唐长红　中国工程院院士

黄卫东　“长江学者奖励计划”特聘教授

黄先祥　中国工程院院士

黄　维　中国科学院院士、西北工业大学常务副校长

董景辰　工业和信息化部智能制造专家咨询委员会委员

焦宗夏　“长江学者奖励计划”特聘教授

致 谢

感谢所有参与本书选题讨论撰写、编校工作的团队成员，使本书最终得以如期付梓。

本书由李学军、黄国斌组织策划，第 1 章由曹练铿、潘永球、何尚方、李欢欢、黄国斌、董力、李学军执笔，第 2 章由蔡骏煌、王伟、李学军、何波、梁力维、姜有强、吴信川、刘萱执笔，第 3 章由黄国斌、李学军、何尚方、李欢欢执笔，第 4 章、第 5 章由周敏执笔。在本书从选题讨论、编写到校稿及出版的过程中，许多领导和热心的同事无私地给团队以关心、指导和贡献，他们分别是韦乐平、陈志然、徐丛、张国新、唐永丽、黄劲、黎敏、刘志军、陈朝晖、钟国新、王哲、黄云飞、张雄、游彦雯、袁桦、周国强、荣革、何跃平、欧浩明、胡文华、廖思同、闻中全、林志强、厉萍、朱英军、区洪辉、魏立民、李锦明、赵绍雄、万甫发、林显达、李志强、田葆、梅云波、程沂、陈海燕、陈建义、李胜彤等，同时感谢华为公司的靳玉志、刘久德、刘巍葳、黄建国、郑维、王丹、叶晓明，烽火公司的黄庆祥、王博，中兴公司的常伟、王剑等相关领导和专家在写作过程中给予的技术指导。由于时间紧张，疏漏之处在所难免，还请广大读者予以批评指正，对本书有任何意见或建议可以发邮件至作者邮箱 leeon.lee@189.cn。

我们愿和大家一起，伴随着中国通信网络技术的发展而共同成长。

编者

2019 年 10 月于广州

序

人类从未停止过对速率更快、更具移动性的连接的追求。

早在20世纪90年代初，广东电信就在全国率先开展了ADSL宽带接入和ATM宽带骨干网技术的研究。而后，在互联网蓬勃发展的二十几年时间里，特别是伴随着全国范围光纤到户的大规模部署以及3G/4G移动通信技术的大发展，网络的容量和覆盖发生了巨大的变化，我国已经建成了全世界规模最大的宽带光纤网络和宽带移动网络，网络速率的大幅提升推动了各类多媒体视频应用的发展，更多的富媒体应用逐渐将网络的影响带到了国民经济生活的各个角落，整个网络世界发生了翻天覆地的变化。

但是，现在已经到了一个与以往不同的时点，无人/自动驾驶、车联网、人工智能及虚拟现实应用的出现，使得由云计算带来的网络算力集中成为趋势，然而此时网络又遇到了诸如网络难以实现“超低时延”的瓶颈。因此，仅有“云”是不够的，只有“云一管一端”充分协同发展，才能促使一个新的网络时代的到来，5G网络就是这个中间的“管”，而智能光承载网则是5G网络赖以运行的基础。

为了迎接5G带来的流量和新业务冲击，同时也为了能提供更智能、灵活的组网专线服务，运营商们都在开展智能光承载网技术的研究与应用。我很欣喜地看到本书的作者们作为中国通信业运营前沿省份的一线人员，不仅敏锐地嗅到了5G前沿传来的气息，而且结合自身从事承载网规划和运维多年的实际经验和切身体会，以及对未来5G场景下光承载网的发展展望撰写出了《面向5G的智能光承载网规划与运维实践》一书。本书的作者们都有颇深的见解，他们总结了许多可以直接指

导应用的实践经验。相信他们用汗水凝聚的成果一定会给运营商从业人员、通信技术的爱好者们带来不一样的收获！

韦乐平
工业和信息化部通信科技委常务副主任
中国电信集团科技委主任

前　言

在当下的国内通信市场上，互联网企业和通信运营企业都不断顺应技术和业务的发展趋势，在终端、网络、云计算等多个技术创新领域不断发力。尤其是以BAT 为首的互联网企业，已经不再满足于在内容应用市场获利，而是开始基于其强大的软件及应用开发能力，在收获内容红利的同时，将创新和业务的触角不断向网络下层延伸，传统通信运营商赖以生存的“连接”型通信业务正受到不断的侵蚀。为了应对上述竞争，通信运营商也未坐以待毙，而是主动对其最重要的资产——“网络”自上而下地进行新的顶层设计，通过引入“网络软件化” “功能虚拟化”“计算云化”等理念，对网络进行扁平化改造和“注智”，使原本不具备智能特性的“管道”具备智能，使原本过于臃肿、迟钝的网络逐步具备“简洁、敏捷、开放、集约”的特征，使原本售卖机房、机架、带宽的模式向“云网协同”的销售模式转变，并通过建立相应的软件开发团队，持续进行软件迭代以支持业务的不断创新。

2016 年 7 月 11 日，中国电信在京召开“十年重构　翼启转型——《中国电信 CTNet2025 网络架构白皮书》发布会”，正式全面启动了中国电信网络智能化重构工作。中国电信最大的子公司、年收入约占中国电信 1/5 的广东电信，近年来已根据集团公司的部署，在网络转型方面进行了大量的技术革新，如承载网进一步扁平化，由三层变两层；引入基于软件定义网络（SDN）的互联网数据中心（IDC）流量调度中心；实现天翼云网融合及“一键开通”；为政企客户打造超低时延专线；开发新一代智能网络业务运营系统以实现物理网络和虚拟资源的统一管理和调度等，为即将到来的 5G 时代夯实了基础。

2019 年 6 月 6 日，工业和信息化部向中国电信、中国移动、中国联通和中国广电正式颁发 5G 牌照，批准四家企业经营“第五代数字蜂窝移动通信业务”。这标志着我国正式进入 5G 商用元年，而这个时间相较于此前官方表述的“2020 年 5G 正式商用”的时间足足提前了半年。由于标准的滞后，运营商拿到商用牌照之后只能优先选择非独立组网（NSA）架构，并兼顾向独立组网（SA）架构平滑过渡来启动 5G 网络建设工作。但为了支持 5G 高可靠、低时延、海量连接的特性，运营商无一例外地都在建设伊始，对相应的智能光承载网所应具备的能力特性提出了全新的要求。

综上所述，一方面为了应对竞争，另一方面为了加快自身网络和业务转型，以满足客户不断发展的多样化需求，通信运营商现阶段迫切需要尽快构造一张具有“大带宽、大连接、准实时”能力的 5G 承载网络。然而，核心问题是：它与我们以往的承载网络最大的不同点是什么呢?

通过分析网络流量流向的数据可以发现，伴随着云计算和物联网技术及应用的普及，IP 网络流量正在加速向大型化的 IDC 和云计算中心集中；在 5G 网络中，终端到基站的时延约为 1ms，终端到服务器的时延约为 10ms，而后者在 4G 网络中为 50 ～ 100ms，由此可见性能大幅提升，且考虑到要支持 5G 的 3 种主要应用场景——3D/ 超高清视频等大流量移动宽带业务（eMBB），无人驾驶、工业自动化等需要低时延、高可靠连接的业务（uRLLC）和大规模物联网业务（mMTC），前两个场景都对时延高度敏感，因此，5G 时代的承载网将是一张融合、海量、敏捷、超低时延、智能的承载网，这张网不仅是 IP 网、传输网、光缆网的简单叠加，而且是具备层间互通感知和业务内容感知能力的新一代智能承载网。

广东电信拥有大量贴近现网实际的技术和业务专家队伍，本书将对我们在构建这样一张弹性智能承载网的过程中积累的经验、当下的创新试验和未来的布局规划进行详细的阐述。

本书的特点可以归纳为“四分技术、三分运营、三分经验”。“四分技术”指的是对智能光承载网的技术原理和演进路径等细节的规范阐述。“三分运营”指的是结合运营商的实际案例和应用场景，介绍智能光承载网如何实现对上层各种技术业务（包括 5G 承载、跨域组网、IDC 互联、云网协同）的支撑。“三分经验”指的是并非所有技术都可用，适合我国实际的才是最好的。我们会结合过去 3 年的经验，给广大读者呈上自己的思考和建议，并对未来的智能光承载网如何适应云网协同和 5G 应用的演进之路提出我们的观点。

第 1 章“智能光承载网的演进历程”对传统光承载网的定义、组成元素、智能光承载网的现状及发展趋势进行简要描述，帮助读者初步了解光承载网的基本概念；再基于光承载网的网络模型，向读者进一步阐述传统光传输网络与发展中的未来智能光承载网的区别；在此基础上再对光承载网进行分层解构，详细介绍其组成元素及其特点，从而帮助读者逐步建立起系统化的光承载网概念，并初步了解当下正逐渐成为主流的智能光承载网的现状及发展趋势。

第 2 章“智能光承载网的规划”先简要介绍了开展智能光承载网规划时所涉及的概念、关注点、规划流程及方法，并结合运营商开展光承载网规划的工作实例，从骨干网和本地网两个维度进行了较详细的案例解构，最后介绍了在实际工作中会用到的规划工具——OTN 规划平台和智能光承载网可视化平台的实现原理、主要功能及部分工作界面，以开拓读者的思路。

第 3 章“智能光承载网的运维实践”对常见的光承载网运维案例、各种中断故障及其影响进行了介绍，并建立了一个包括运维目标设定、运维输入和运维输出的光承载网运维模型。除此之外，还介绍了常用的光承载网运维工具，梳理并提出了光承载网的稳健性评估指标体系，并结合运营商在提升光承载网稳健性工作中的“宽带网络稳健性提升”“长途光缆 OLP 实施”两个真实场景，用现网实际优化后的效果代入并进行评价分析，以验证用前面介绍的运维模型、方法和工具开展现网运维工作的有效性。

第 4 章“智能光承载网架构的演进及实践”对 5G 时代的业务需求驱动因素，以及由 5G 业务变化引发的网络架构变革进行了阐述，主要包括智能光承载网络的演进趋势（技术要求、演进方向）、相应的网络架构和方案（无线接入网、前传 / 中传 / 回传、核心网），并以正在进行的某地市 5G 承载试验网为案例，详细介绍了运营商对于实现网络关键指标所采取的具体措施。

第 5 章“智能光承载网技术的创新发展”中简要描述了智能光承载网的未来发展方向，包括创新的 oDSP 技术、新型光模块 / 光器件技术（实现超高密集成及超低功耗的硅光技术）。在应用层面上，介绍了如何利用全光交换（OXC）技术构建超低时延网络，如何利用 OTN 集群技术实现光承载网容量升级平滑演进，如何利用液冷技术推进绿色机房建设节点。最后，就光承载网未来的技术发展走向，描述了从人工走向自动化（通过 TSDN 集中管控实现自动化网络运维和资源配置），再从自动化走向智能化（基于 AI 和大数据技术实现光网络自优和自治）的演进路线。

本书中所阐述的原则和案例，均来源于经过脱敏后的实际规划和运维实践。事物都在发展变化之中，网络技术更是随着时代的进步而日新月异，原则也可能不断修正。然而，作为通信网络的建设者和维护者，我们明白有一条原则是不会变的，那就是用更严苛的指标来持续优化网络，使其相较竞争者的网络保持差异化的竞争优势。

希望广大读者能对本书中所阐述的原则和案例进行挑选和吸收，并在日常的工作中勤于思考，努力成为具有独特竞争优势的承载网技术专家。

编者
2019 年 10 月于广州

目　录

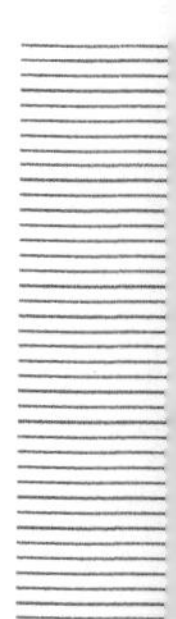

第1章

智能光承载网的演进历程

本章主要介绍传统传输网技术和智能光承载网技术的发展过程与技术特点。

1.1 本章概述

从 20 世纪 80 年代末至今，光承载网的发展已经走过了 30 多年，与光承载网密切相关的光通信技术也依次经历了准同步数字系列（PDH，Plesiochronous Digital Hierarchy）、同步数字系列（SDH，Synchronous Digital Hierarchy）、波分复用（WDM，Wavelength Division Multiplexing）、光传送网（OTN，Optical Transport Network）4 个时代，而今正快步迈向全光交换的阶段。在此期间，光通信技术与依托于其上的互联网应用的快速发展，一方面共同推动了社会的进步，缩小了由于信息不对等而导致的“数字鸿沟”，另一方面也极大地提高了社会各行各业的生产效率，丰富了国民经济生活中的各种关键应用，从而带动了第四次产业革命——信息革命的发展。

从通俗的角度来看，一般将早期的光承载网直接称为传输网，特指用来提供信号传输和转换的网络，其主要用途是为语音、数据等业务网络提供承载传送服务。早期的传输网中涉及的技术主要包括光缆光纤、PDH、SDH、WDM、自动光交换网络（ASON，Automatically Switched Optical Network）及 OTN 等。随着可重构光分插复用器（ROADM，Reconfigurable Optical Add-Drop Multiplexer）、分组增强型 OTN、光交叉连接（OXC，Optical Cross Connect）技术及与软件定义网络（SDN，Software Defined Network）、人工智能（AI，Artificial Intelligence）技术的结合，光承载网现在已经进入了全新的智能光承载网时代，不仅单波速率更

高（可达 400Gbit/s 或 800Gbit/s）、时延更低，而且还具有更强的自恢复和保护能力。本章对智能光承载网的进展只做基本的介绍，更详细的内容将在第 5 章“智能光承载网技术的创新发展”中进行详细阐述。

如无特殊说明，本书中的光承载网是广义上的密集波分复用（DWDM，Dense Wavelength Division Multiplexing）/OTN、多业务传送平台（MSTP，Multi-Service Transfer Platform）/SDH、光缆网的统称。

1.2　传统光传输网技术

对传统光传输网技术的深入阐述不是本书的重点，因此本章仅对运营商网络中涉及的传统光传输网技术进行简单介绍。

1.2.1　光缆网

1．**光缆**

光缆（Optical Fiber Cable）是利用置于包覆护套中的一根或多根光纤作为传输媒质，用以实现光信号传输的一种通信线路，多适用于室外场景。光缆一般由缆芯、加强钢丝、填充物和护套等几部分组成，另外根据需要还有防水层、缓冲层、绝缘金属导线等构件。缆芯主要由光导纤维（细如头发的玻璃丝）和塑料保护套管及塑料外皮构成，光缆内没有金、银、铜、铝等金属，一般无回收价值。

目前社会正处于互联网信息时代，声音、图像和数据等信息的交流量非常大，而光缆网以其众多优点得到广泛应用，这些优点包括通信容量大、中继距离远、抗电磁干扰、体积小、质量轻、原材料丰富等。除此之外，光缆还具有易于均衡、抗腐蚀、不怕潮湿的优点，因而经济效益非常显著。

2．**光缆路由**

光缆路由是通信网络中用于承载光缆线路的支撑设施，根据外部环境和设施的不同可分为管道路由、直埋路由、架空路由、室内路由和水底路由等。这 5 种不同特性的物理路由作为承载通信线路的基础，串联起了整个通信网络。

（1）管道路由

管道路由是由人孔、手孔、引上管和管道四部分组成的物理路由，一般在城市地区采用，具有安全性高、灵活性强、容量大、造价高等特点，是目前敷设通信线路的最主要的方式。线缆通过逐段穿过人井孔的方式敷设，井间距一般为50～100m，由于管道密闭性强、安全性高，因此对线路护层没有特殊要求，无须铠装。制作管道的材料可根据地理选用混凝土、石棉水泥、钢管、塑料管等。管道路由承载的线路一般容易受到外力施工和鼠咬的破坏。

（2）直埋路由

直接埋设在地下的线路路由称为直埋路由，直埋路由主要由硅管、手井和预埋壕沟三部分组成，一般在山区、农田使用，安全性较高、灵活性差、造价中等，主要用于长途光缆的敷设。要求敷设的线路外部有钢带或钢丝的铠装（或加套硅管），这样可以抵抗外界机械损伤和防止土壤腐蚀。根据土质和环境的不同，地下深度一般为0.8～1.2m。承载的线路容易受到水利农田施工或自然灾害（如塌方）等的破坏。

（3）架空路由

架空路由包括水泥杆、吊线和挂钩等部分，一般在非城市地区使用，具有建设周期短、造价低、灵活性高等特点，缺点是安全性低，且部分城市区域不允许设立水泥杆。架空线路裸露挂设在水泥杆上，要求能适应各种自然环境，易受台风、冰凌、洪水等自然灾害的威胁，也容易受到外力和本身机械强度减弱等影响，因此架空线路的故障率高于直埋路由和管道路由。

（4）室内路由

室内路由由楼道竖井、楼道PVC管和墙外挂钩等部分组成，一般用在建筑物内的线路敷设，主要用于线路入户。

（5）水底路由

水底路由主要由水底特殊光缆和水底喷沟组成，主要用于河流、湖泊和滩岸等特殊的地理环境。水底光缆必须采用钢丝或钢带铠装的结构，护层的结构要根据河流的水文地质情况综合考虑。例如，在石质土壤、冲刷性强的季节性河床中，当光缆遭受磨损或拉力大时，需要粗钢丝做铠装，甚至要用双层的铠装。施工的方法也要根据河宽、水深、流速、河床、河床土质等情况选定。水底光缆的敷设环境条件比直埋光缆严峻得多，修复故障的技术和措施也困难得多，所以对水底光缆的可靠性要求也比直埋光缆高。

3. 光缆网的结构

光缆网主要由长途干线网和本地城域网构成。根据连接对象和承载业务区域的不同，长途干线网的光缆称为长途干线光缆，包括省际光缆和省内光缆；本地城域网的光缆称为本地光缆，包括中继光缆、主干光缆和配线光缆，如图1-1所示。

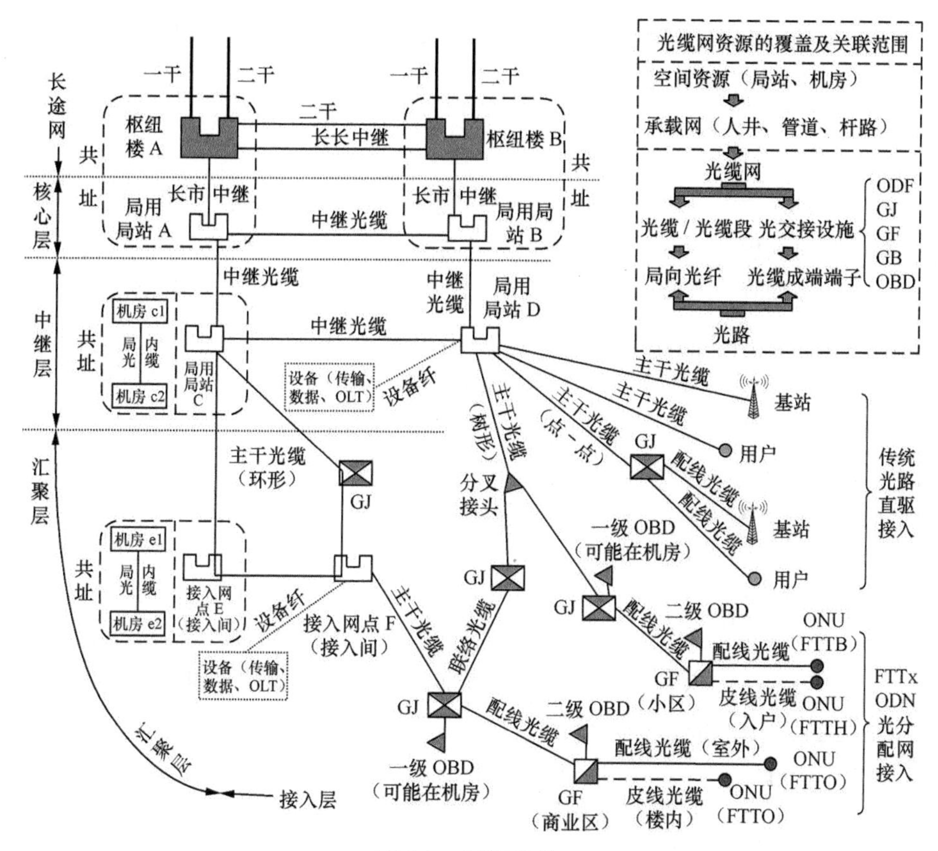

图 1-1 光缆网结构

（1）长途干线光缆网络

长途干线光缆网络是指由省与省之间、市与市之间连接的长途光缆组成的网络，具有线路长度长、承载系统多、传输速率高等特点，承载着电信运营商固网、移动网的全业务语音、数据、图像等信息。长途干线网络呈网状结构，局站与局站之间主要以点到点的形式连接，一旦中断，影响面极大。

由于承载的业务很重要，光缆网络的维护主要以“预防为主、抢修为辅”的思路开展工作。日常需要做好长途线路巡回、隐患处理、日常维修、护线宣传、路由标识等预防性工作，同时新建局站之间的备用光缆作为调度路由，重要光缆段落可以通过加建光自动保护设备的方式，实现光缆中断后承载系统的自动切换，以进一步提高光缆的安全性。

长途光缆按是否跨省可分为以下两类。

- 省际光缆：跨省、直辖市、自治区，承载着省际长途业务、Internet 国家干线业务的长途光缆。

- 省内光缆：省内跨地市，承载着各长途局（地市）间业务的长途光缆。

（2）本地城域光缆网络

本地城域光缆网络是在一个城市范围内所建立的光缆网络，由数量庞大的本地光缆连接构成，主要承载城市间传送的业务信息。本地城域光缆网络结构复杂，不同场景下会采用不同的网络结构，比如中继光缆多为环形结构，主干光缆有环形和混合型结构，配线光缆有星形、总线型和树形结构等。

城域光缆网由于网络规模大、结构复杂，容易受市政工程影响发生光缆中断事故，在网络维护上主要以“防抢结合”的思路来开展工作。日常需要做好中继重要光缆的预防性维护工作，重点保障好城域光网环，针对承载的重点客户在重点时段做好专项保障，提高客户感知度。

城域光缆按层级不同可分为以下 3 类。

- 中继光缆：本地局用局站到长途局站相应光配线架之间的通信光缆线路。可实现本地核心节点、区 / 县中心节点与长途节点之间大颗粒宽带业务的传送。
- 主干光缆：从局用局站的光配线架出发，末端终结于一个或多个光交接设备（一级分光器或用户终端设施、接入局站的光纤配线架（ODF，Optical Distribution Frame））的通信光缆线路，可实现区 / 县中心节点以下各个片区的多种业务的传送和汇聚。
- 配线光缆：从光缆交接箱（或分纤箱、接入间的 ODF）出发，末端终结于一个或多个用户终端设施（如光终端盒、接入间的 ODF 等）的通信光缆线路。配线光缆在本地光缆中数量最多，用于进行带宽和业务的分配，实现用户的接入。

1.2.2 准同步数字系列（PDH）

准同步数字系列（PDH）是对标准速率相同但允许一定容差的支路信号采用正码率调整，使各支路信号达到同步，然后对已调整好的信号进行复接。为了保证通信的质量，要求不同节点时钟的差别不能超过规定的范围。因此，这种同步方式严格来说不是真正的同步，所以叫作“准同步”。

接口方面只有地区性的电接口规范，不存在世界性标准，现有的准同步数字信号序列有 3 种信号速率等级：欧洲系列、北美系列和日本系列。我国采用的是欧洲系列，3 种信号系列的电接口速率等级如图 1-2 所示。没有世界性标准的光接口规范，各个厂家采用自行开发的线路码型。

PDH 采用异步复用方式，从 PDH 的高速信号中不能直接分 / 插出低速信号，而要一级一级地进行。例如，从 140Mbit/s 的信号中分 / 插出 2Mbit/s 低速信号要经过如图 1-3 所示的过程。

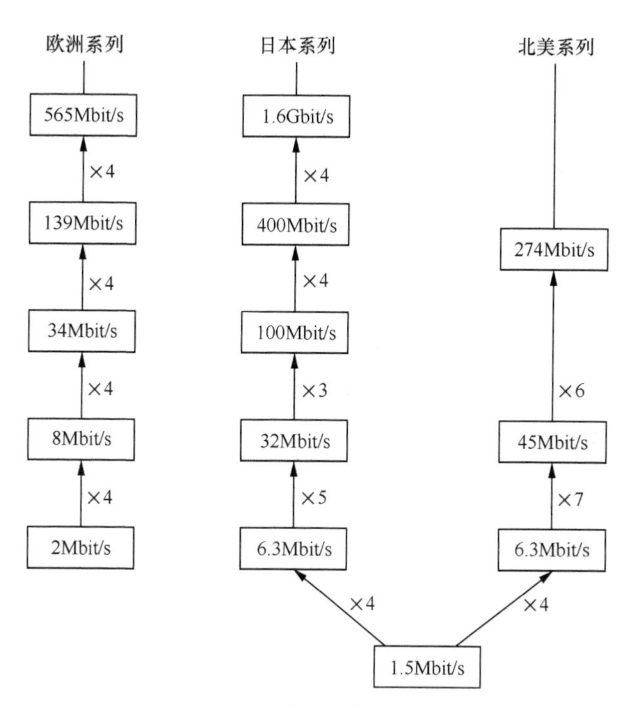

图 1-2　电接口速率等级

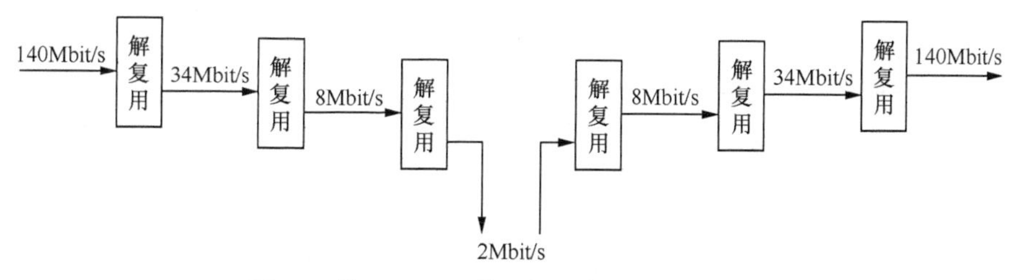

图 1-3　从 140Mbit/s 信号中分 / 插出 2Mbit/s 信号

从图 1-3 中可以看出，在将 140Mbit/s 信号分 / 插出 2Mbit/s 信号的过程中使用了大量的背靠背设备，不仅增加了设备的体积、成本、功耗，还增加了设备的复杂性，降低了设备的可靠性。另外，PDH 处理时延极大，在低时延网络中应尽量少采用。

1.2.3　同步数字系列（SDH）

同步数字系列（SDH）是一种将复接、线路传输及交换功能融为一体，并由统一网管系统操作的综合信息传送网络。针对 PDH 几乎没有进行操作维护管理（OAM，Operation Administration and Maintenance）工作的开销字节，也没有统一的网管接口等缺点，SDH 技术做了很大的改进。

1．SDH 技术介绍

（1）SDH 信号 STM-*N* 的帧结构

STM-*N* 的帧是以字节（1Byte=8bit）为单位的矩形块状帧结构，如图 1-4 所示。

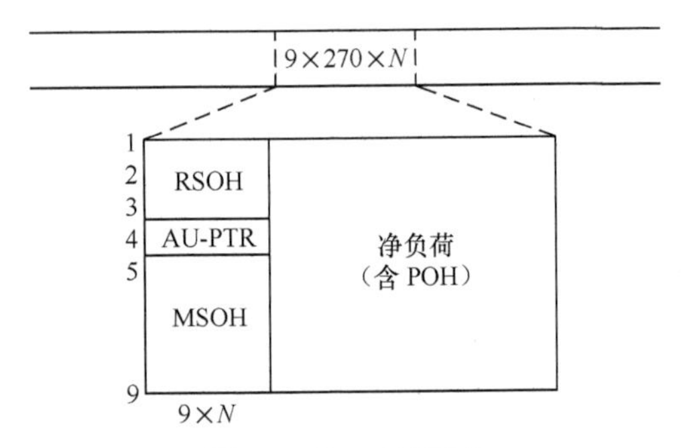

图 1-4　STM-*N* 帧结构

从图 1-4 中可以看出，STM-*N* 的信号是 9 行 270×*N* 列的帧结构，*N* 的取值与 STM-*N* 一致（取值为 1、4、16、64、256），表示此信号由 *N* 个 STM-1 信号通过字节间插复用而成。STM-1 信号是 9 行 270 列的块状帧。

STM-*N* 的帧结构由三部分组成：段开销——包括再生段开销（RSOH）和复用段开销（MSOH）、管理单元指针（AU-PTR）、信息净负荷（Payload）。

（2）SDH 的复用结构和步骤

低速支路信号复用成 STM-*N* 信号需经过 3 个步骤：映射、定位、复用。

映射是在 SDH 网络边界处将支路信号适配进虚容器（VC）的过程。各种速率（如 140Mbit/s、34Mbit/s、2Mbit/s）信号先经过码速调整分别装入各自相应的标准容器中，再加上相应的低阶或高阶的通道开销形成各自相对应的虚容器。

定位是指通过指针调整，使指针的值指向低阶 VC 帧的起点（在 TU 净负荷

中）或高阶 VC 帧的起点（在 AU 净负荷中）的具体位置，使接收端能据此正确地分离相应的 VC。

复用是将多个低阶通道层的信号适配进高阶通道层，或把多个高阶通道层信号适配进复用层的过程，复用也就是通过字节交错间插方式把 TU 组织进高阶 VC 或把 AU 组织进 STM-*N* 的过程。

我国的光同步传输网技术体制规定以 2Mbit/s 信号为基础的 PDH 作为 SDH 的有效负荷，并选用 AU-4 的复用路线，如图 1-5 所示。从图中可以看到，此复用结构包括一些基本的复用单元：容器（C），虚容器（VC），支路单元（TU），支路单元组（TUG），管理单元（AU），管理单元组（AUG）。这些复用单元后的标号表示与此复用单元对应的信号级别。

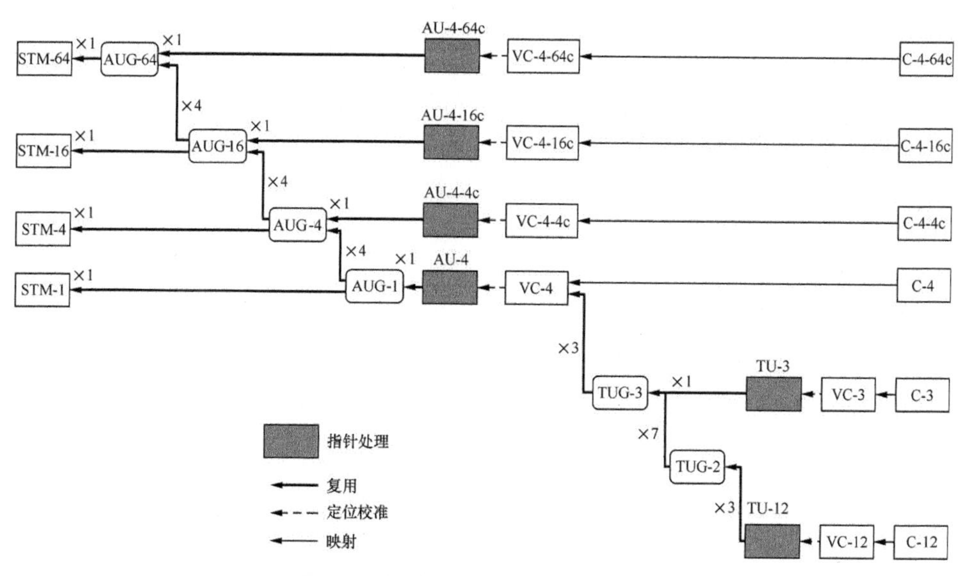

图 1-5　我国的 SDH 基本复用映射结构

2. SDH 网络组网

（1）SDH 基本网络拓扑结构

SDH 网元有终端复用器（TM）、分插复用器（ADM）、数字交叉连接设备（DXC）、再生中继器（REG）等，不再像 PDH 那样只有点到点的链状组网方式，而是有了更丰富的网络拓扑，各种网络拓扑如图 1-6 所示。

（2）常用网络拓扑结构

目前用得最多的网络拓扑结构是链形和环形，如图 1-7 和图 1-8 所示，它们可灵活组合构成更加复杂的网络。

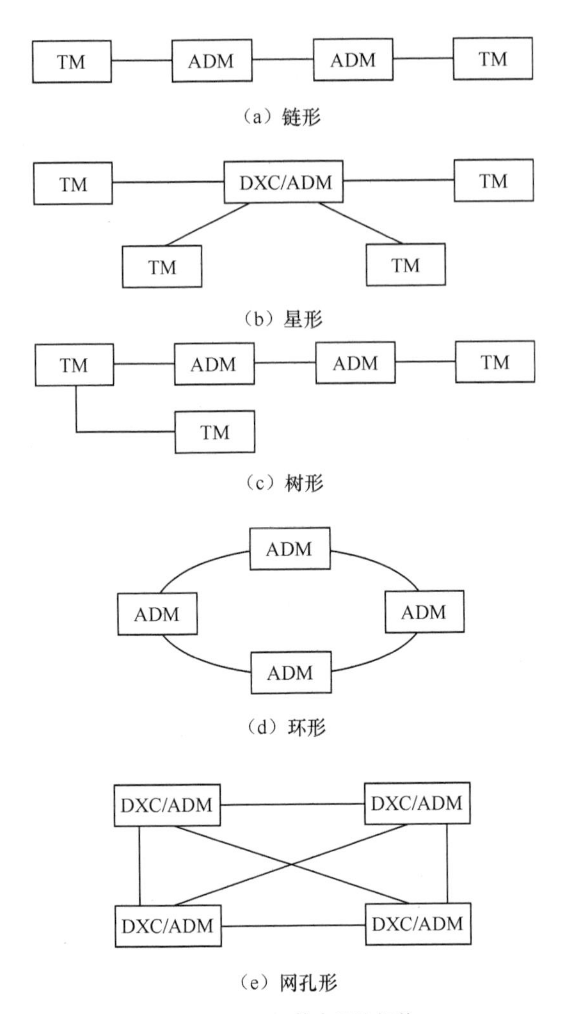

图 1-6 SDH 基本网络拓扑

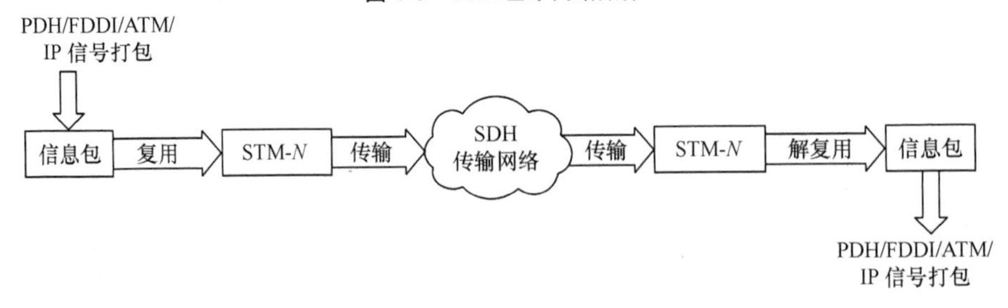

图 1-7 SDH 网络链形组网

3. SDH 网络保护

（1）光纤线路自动切换保护装置

光纤线路自动切换保护装置（OLP，Optical Fiber Line Auto Switch Protection

Equipment）由光线路保护设备和操作维护终端组成，主要用于组建无阻断、高可靠、安全灵活的光通信网。其工作原理为：光线路保护设备中的光开关对主 / 备用路由光信号的强弱进行实时监测，当主用路由的光缆质量劣化或中断，导致光信号变弱或中断时，光开关可在 50ms 内将主用路由切换至备用路由，从而避免业务中断。实际应用中，可使用色散补偿模块（DCM，Dispersion Compensator Module）和掺铒光纤放大器（EDFA，Erbium Doped Fiber Amplifier）使主、备用纤芯的传输性能尽可能一致。

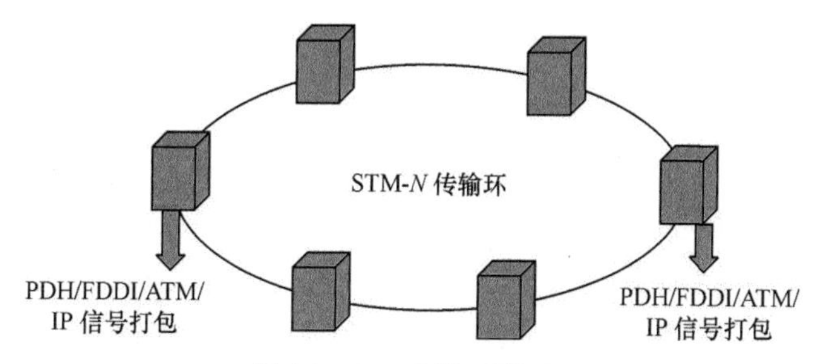

图 1-8　SDH 网络环形组网

（2）链形网 1+1（或 1∶N）MSP 的线路保护倒换

如图 1-9 所示，1+1（或 1∶N）复用段保护（MSP，Multiplex Section Protection）只能保护链路，而无法保护节点的失效，业务恢复时间少于 50ms。

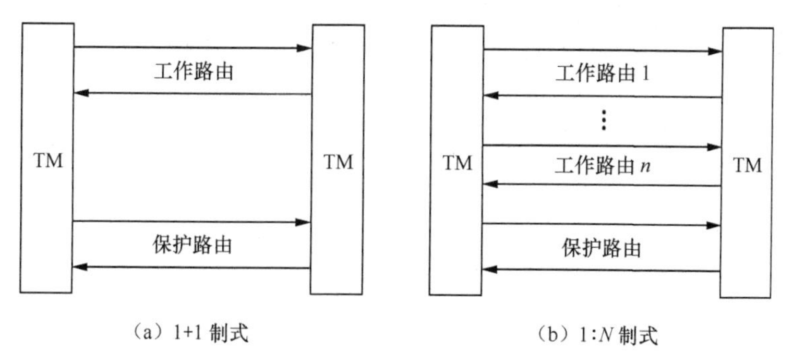

图 1-9　两种制式倒换方式

（3）SDH 环形网保护

SDH 环形网保护通过 SDH 环形组网及保护状态、保护指令的传递，实现系统级别的保护，工作原理如图 1-10 所示。当 B、C 节点间的两根光纤同时被切断时，B 节点与 C 节点的倒换开关将 S1/P2 光纤与 S2/P1 光纤接通。在 B 节点，将从 A 节点进环沿 S1/P2 光纤送来的业务信号时隙转移到 S2/P1 光纤的保护时隙，沿 S2/P1 光纤传送到 C 节点。在 C 节点，将从本节点进环沿 S2/P1 光纤送出的业务信号时隙转移到 S1/P2 光纤的保护时隙，沿 S1/P2 光纤传送到 A 节点。

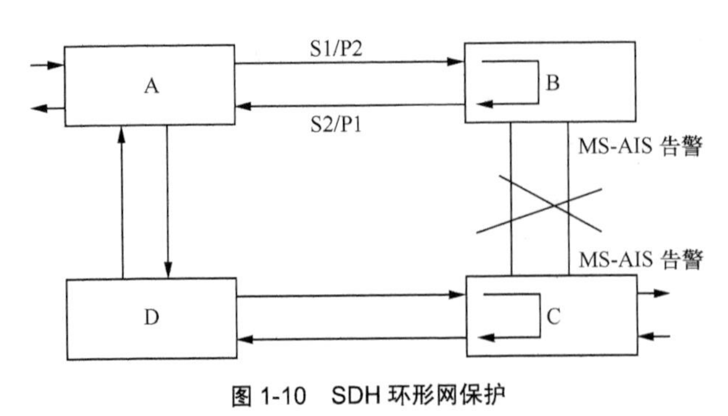

图 1-10　SDH 环形网保护

（4）SNCP

子网连接保护（SNCP，Sub-Network Connection Protection）是一种 1+1 方式采用单端倒换的保护，主要用于对跨子网业务进行保护，具有双发选收的特点，不需传递倒换协议，如图 1-11 所示。从保护形式上看，可以认为它是通道保护的扩充。当工作子网连接（或网络连接）失效或性能劣于某一必要水平时，工作子网连接将由保护子网连接代替。SDH 和 DWDM、OTN 都可以采用 SNCP 方式对业务进行保护。

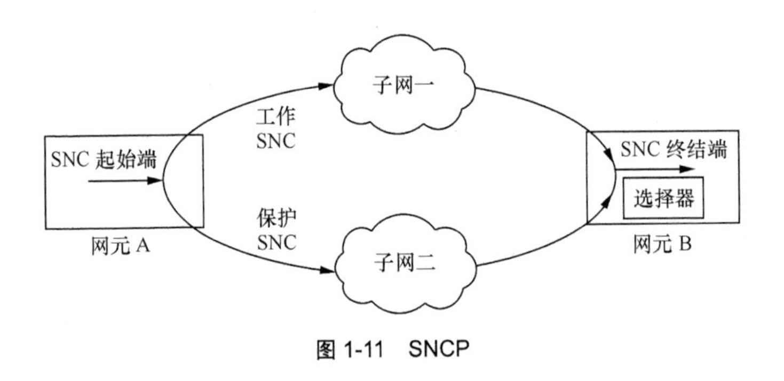

图 1-11　SNCP

1.2.4　基于 SDH 的多业务传送平台（MSTP）

1. MSTP 技术的引入

面对电信业务的加速数据化，标准 SDH 业务已经难以满足 IP 化的要求，基于 SDH 网络发展出来的多业务传送平台（MSTP）技术应运而生。

MSTP 是一种基于同步数字体系（SDH）的多业务传输平台，能够为多种形式的网络业务提供支持，同时实现时分复用（TDM，Time Division Multiplexing）、异步传输模式（ATM，Asynchronous Transfer Mode）、以太网等业务的接入、处理和传送，并提供统一的网管能力。MSTP 设备综合以太网业务、ATM 数据业务和

TDM 业务，具有 SDH 处理功能、ATM 处理功能及以太网处理功能，其功能模型如图 1-12 所示。

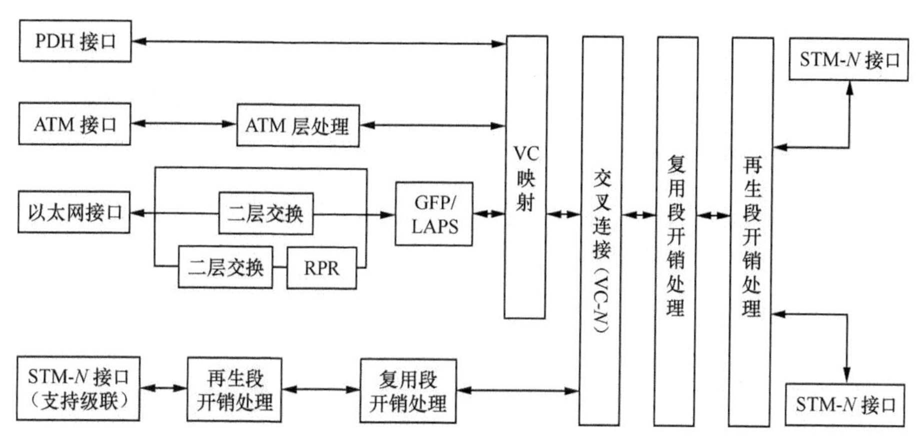

图 1-12　第二代 MSTP 设备功能模型

2. MSTP 的关键技术

（1）级联

以太网接口映射到 SDH 虚容器有连续级联和虚级联两种方式。连续级联通过融合多个负荷容器，形成更大容量，不过 *n* 个 VC-*N* 必须地址相邻，因此带宽分配不够灵活。虚级联使用复帧标识和序列号码，通过虚级联结合多个 VC 组成一个更大的管道传送信号，无须虚容器相邻。

（2）GFP

通用成帧规程（GFP，Generic Framing Procedure）是一种链路层标准，它定义了在链路中传送长度可变的数据分组和固定长度的数据块的数据适配方法。GFP 一方面通过对各种数据信号进行透明的封装，可以实现多厂商设备之间的互联互通，另一方面通过引进“多服务等级”的概念，可以实现用户数据统计复用和服务质量（QoS，Quality of Service）的保证。

GFP 采用不同的业务数据封装方法对不同的业务数据进行封装，有通用成帧规程分帧映射（GFP-F）模式和透传（GFP-T）模式两种。GFP-F 模式用于以效率和灵活性为主的连接，成帧器在接收到完整的一帧后才进行封装处理，可用来封装长度可变的分组或以太网帧。GFP-T 模式处理固定帧长度或恒定比特速率，码流处理无须等待完整帧的接收。GFP-F 和 GFP-T 在帧结构方面完全相同，所不同的是帧映射的净荷长度可变，GFP-F 的长度为 4 ～ 65 535Bytes，

而 GFP-T 的帧长为固定值。GFP 是一种通用的适配机制，可以很好地支持多种业务。GFP 封装具有效率高、更可靠等优势，而且还提供了一个与协议无关的传输层，有利于传输网络的演进发展。

（3）LCAS

链路容量调整机制（LCAS，Link Capacity Adjustment Scheme）可以在不中断业务数据流的情况下，通过自适应所承载业务的带宽动态调整链路容量。LCAS 基于双向协议，收发节点之间能实时交换状态。在网络管理系统的控制下，LCAS 通过动态调整虚级联组的 VC 业务实现业务带宽的动态"伸缩"，例如：当一部分成员失效时，链路保证其他正常的成员仍能正常传输数据，同时自动将失效成员去除；当失效的成员被修复后，链路能够以远快于手动配置的速度，自动恢复虚级联组的带宽，从而提高了链路对业务的保护能力。

3. MSTP 支撑的以太网业务类型

MSTP 主要支持以下几种以太网业务类型：以太网专线（EPL，Ethernet Private Line）业务、以太网虚拟专线（EVPL，Ethernet Virtual Private Line）业务、以太网专用局域网（EPLAN，Ethernet Private LAN）业务和以太网虚拟专用局域网（EVPLAN，Ethernet Virtual Private LAN）业务。

（1）以太网透传专线

以太网专线（EPL）业务提供"硬管道"服务，各个用户独占一个 VC-Trunk，可增强用户数据的安全性和私有性。以太网专线业务包括"点到点专线"和"端到端专线"两大类："点到点专线"是指在一个 MSTP 环内的两个节点之间的以太网透传专线业务；"端到端专线"则是指跨 MSTP 环的两个节点之间的以太网透传专线业务。由于 MSTP 具有点到点、独占硬管道、QoS 高、开通业务迅速、充分利用现有网络带宽资源等特点，在同一个 MSTP 环中，两个公司的端到端专线可通过不同 VC 通道的管理分配而互不影响，因此非常适合大客户私有专线的业务场景，具体如图 1-13 所示。

（2）以太网虚拟专线

以太网虚拟专线（EVPL）又可称为虚拟专用网（VPN，Virtual Private Network）专线，其优点在于不同的业务流可共享 VC-Trunk 通道，使得同一物理端口可提供多条点到点的业务连接，而且各个方向上的性能相同，接入带宽可调、可管理，业务可收敛实现汇聚，可节省端口资源。它用于两用户共享较大的带宽，或错开使用时间时，在费用不变的情况下可获取更高的带宽资源。

EVPL 组网实例：如图 1-14 所示，EVPL 透传专线也可用于城域网中企业互联，企业间的数据通过汇聚层传输设备的以太单板按 VLAN 和端口进行识别、区分，完成透明传送。此业务要求 MSTP 具有以太网交换功能，使用以太网交换板卡来实现。

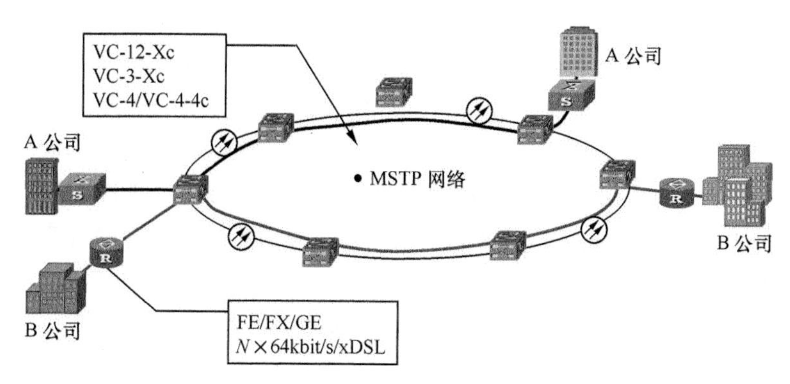

图 1-13　以太网专线组网

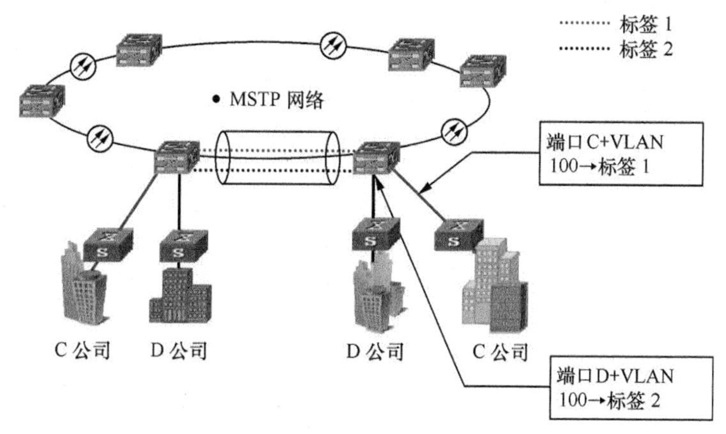

图 1-14　虚拟专线组网

（3）以太网专用局域网

以太网专用局域网（EPLAN）也称为网桥服务，网络由多条 EPL 专线组成，可实现多点到多点的业务连接。接入带宽可调、可管理，业务可收敛、汇聚。优点与 EPL 类似，在于用户独占带宽、安全性好。

EPLAN 组网实例（校园网）：校园网的特点是数据流向复杂，点到点业务连接的流量变化大，而且部分业务需要实现汇聚。校园网中的各大学通过以太专线互联，构成一个校园专用本地网。利用以太单板的二层交换功能完成相互间的数据传送，对各端口进行速率限制（CAR，Committed Access Rate）和流量控制，满足各种 QoS 要求。

（4）以太网虚拟专用局域网

以太网虚拟专用局域网（EVPLAN）也称为虚拟网桥服务、多点虚拟专用网络（VPN）业务或虚拟专用局域网业务（VPLS，Virtual Private LAN Service），可实现多点到多点的业务连接。在 EVPLAN 业务中，业务流基于 MAC 地址转发，使得两个站点之间不占用物理通路就能形成逻辑上的以太业务连接，因而节省了带宽。虚拟通道还能使多个站点共享 SDH 环网的同一传输带宽，实现在该共享带宽上的多个站点业务的统计复用。以太网接口的成本低廉，与 SDH 网络的高效保护结合在一起构建以太环网，通过以太环网，实现透明 LAN 服务（TLS，Transparent LAN Service），可以在 MSTP 传输系统中为拥有多个分支机构的大客户提供虚拟局域网的互联业务。

EVPLAN 组网示例：图 1-15 显示了为大公司与各个分部之间提供 TLS 服务的例子。以太网共享环支持 MAC 和 VLAN 交换，基于 VLAN 为用户提供多服务等级的业务，可以对客户进行限速。此外，还可以实现多个大客户共享一个虚拟通道，通过 VLAN ID 把大客户安全隔离开。

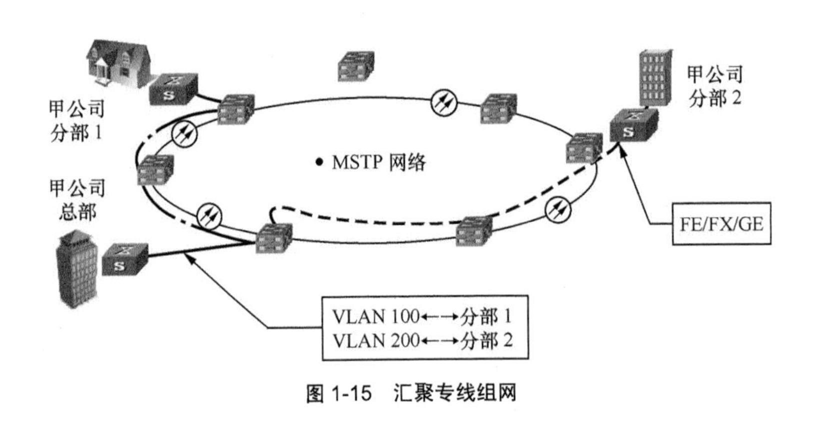

图 1-15　汇聚专线组网

1.2.5　自动交换光网络（ASON）

1. ASON 技术的引入

SDH/MSTP 光纤传输系统在长途通信网、城域通信网和接入网中都有大规模应用，但也存在业务配置复杂、带宽利用率低、保护方式单一等问题。为解决上述问题并进一步提升网络稳健性，一种新型的网络体系——ASON 应运而生。ASON 由用户动态发起业务请求，自动选路，并由信令控制实现连接的建立、拆除，能自动、动态完成网络连接。在 ASON 中引入了控制信令，并通过增加控制平面，采用 Mesh 拓扑结构，支持端到端业务配置和多种业务恢复形式。ASON 通过提供路由选择和分级动态保护功能，尽量少地预留备用资

源，一方面可以提高网络的带宽利用率，另一方面当网络出现故障时，可以尽快恢复业务。

2. ASON 的总体架构

ASON 通常划分为 3 个平面，即传送平面、控制平面和管理平面。控制平面负责完成呼叫控制和连接控制，通过信令完成连接的建立、释放、监测和维护，并在发生故障时自动恢复连接，使光网络具备了基本的“智能”特性，因而也是 ASON 最为突出的特点之一；传送平面（即 SDH 网络）主要完成光信号的传输、复用、配置保护倒换和交叉连接等功能；管理平面负责完成整个系统的维护，以及对 ASON 进行端到端的配置管理。

传送平面和控制平面被划分为多个与相关网络管理域相匹配的子域。同一网络管理域中，在管理平面的控制下，相关控制平面和传送平面可被进一步划分为更细化的选路区域。不同子域、选路区域及同一选路区域不同的网络控制组件之间只通过相应的参考点之间的协议接口进行信息交互。不同平面间的关系如图 1-16 所示。

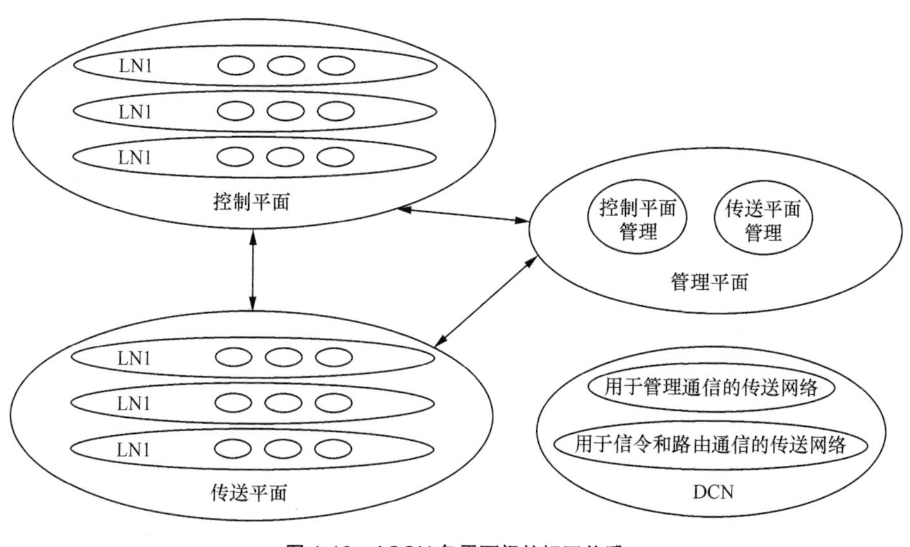

图 1-16　ASON 各平面间的相互关系

3. ASON+SDH 网络组网及保护方案

在演进到 ASON 时，组网方式以网孔型 Mesh 为主。ASON 可以基于 G.803 规范的 SDH 传送网实现，也可以基于 G.872 规范的光传送网实现，因此，ASON 可与 SDH 传送网络混合组网，相应的组网如图 1-17 所示。

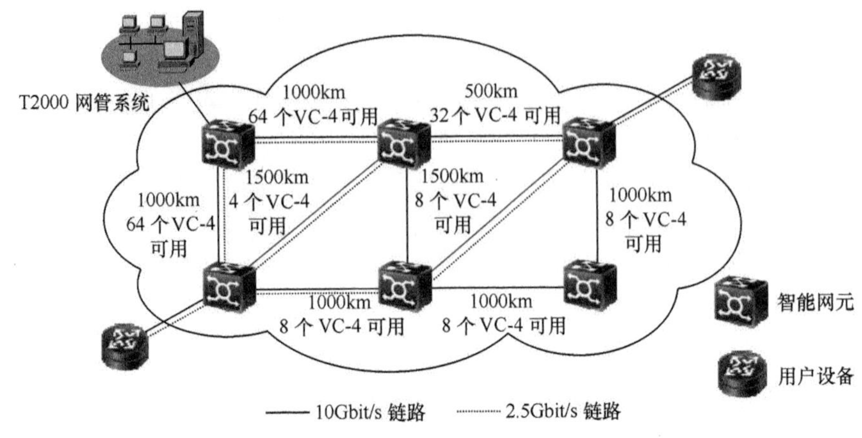

图 1-17　ASON+SDH 网络组网

（1）Mesh 组网及保护方案

Mesh 组网是 ASON 的主要组网方式之一，具有灵活、易扩展的特点。由于 Mesh 组网不需要预留 50% 的带宽，因而在提供动态路由恢复功能的同时，也节约了宝贵的带宽资源。传统的 1+1 保护只能抗一次断纤，而 ASON 依靠重路由恢复功能，可抗多次断纤，因而极大地增强了网络的可靠性。

Mesh 组网中一般存在以下两种保护和恢复方式。

- 路径保护恢复：就是当业务路径出现故障时，为了达到保护业务的目的，预先或实时重新计算一条 ASON 内端到端的路径并实现倒换。
- 链路保护恢复：就是当业务路径出现故障时，只重新计算并倒换中断段落的局部路径，其余路径不变。

（2）网络恢复机制

ASON 的保护机制主要有如下几种。

- 1+1 保护：提供专用的保护通道，源节点双发业务和宿节点选收业务，保护时间在 50ms 以内。
- 重路由策略：分实时动态重路由和预置静态重路由。实时动态重路由是指工作路由中断后，故障节点根据当时的网络资源情况实时计算出恢复路由，同步将业务切换到恢复路由上；预置静态重路由则是指发生故障前就在预置表中为业务预置了恢复路由。发生故障时，可以从预置表中实时调用恢复路由，对业务进行切换。

（3）网络恢复方法

网络恢复方法可分为集中式恢复方法和分布式恢复方法。

集中式恢复方法中，网络由集中控制系统（通常为网管系统）进行全面控制。网管系统中存储着包含网络中所有节点、链路和空闲容量信息的网络数据库。当某些链路或节点失效时，故障信息经其他可用路由自动上报给网管系统，然后网管系统根据网络数据库中的信息计算出替代路由，并向各个节点下发控制命令，从而建立新的路由，使网络恢复正常运行。

分布式控制方法无须统一集中控制系统。当网络中的某些链路或节点失效时，相邻节点会检测到故障，并向全网广播故障信息，所有经过此链路或节点的标记交换路径（LSP，Label Switching Path，即智能业务经过的路径）会自动发起重路由，从而建立新的LSP，使网络恢复正常运行。

（4）业务类型

从保护的角度将业务分成多种级别，可以更灵活地满足不同用户的多种需求。

- 钻石业务：提供永久1+1保护，保护时间为0～50ms。
- 金级业务：提供1∶1保护和重路由恢复，保护时间为0～50ms；恢复时间为100ms至数秒。
- 银级业务：实时自动重新计算路径，恢复时间为100ms至数秒。
- 铜级业务：不提供保护。
- 铁级业务：在网络资源紧张的情况下，能被更高级别的业务抢占。

1.2.6　波分复用（WDM）系统

波分复用技术利用一根光纤可以同时传输多个不同波长的光载波的特点，把单模光纤低损耗窗口的波长范围划分成若干个波段，再将每个波段作为一个独立的通道，实现一种预定波长光信号的传输。WDM的本质是在光纤上进行光频分复用以达到扩充信道容量的目的。与单信道系统相比，WDM技术不仅极大地提高了网络系统的通信容量，充分利用了光纤的带宽，并且具有扩容简单和性能可靠等诸多优点，因此获得了广泛的应用。

1. **密集波分复用（DWDM）系统**

密集波分复用（DWDM）系统通常是指波长间距较小，光纤的低损窗口可以密集排布几十个波道的波分系统。通常使用光纤的1550nm窗口，由于波长间隔很窄，对激光器的谱宽要求很高。

（1）DWDM系统的构成

DWDM系统主要由发送和接收光终端复用器（OTM，Optical Terminal Multiplexer）与光线路放大器（OLA，Optical Line Amplifier）组成，如果按组成模块来分，则有光转换单元（OTU，Optical Transform Unit）、波分复用器或

分波 / 合波器（ODU/OMU，Optical Demultiplexing Unit/Optical Multiplexing Unit）、光放大器（BA/LA/PA）、光监控信道（OSC，Optical Supervisory Channel）。

光转换单元将非标准的波长转换为符合 ITU-T 规范的标准波长，应用光 / 电 / 光（O/E/O，Optical/Electrical/Optical）的转换过程，即先把接收到的光信号转换为电信号，然后该电信号对标准波长的激光器进行调制，从而得到新的光波长信号。

波分复用器可分为发送端的光合波器和接收端的光分波器。光合波器在传输系统的发送端，有多个输入端口和一个输出端口，将多个不同预选波长的光信号合成一路复用的光信号输出。光分波器在传输系统的接收端，正好与光合波器相反，具有一个输入端口和多个输出端口，可将复用光信号的多个不同波长的信号分离开来。

光放大器可以对光信号进行直接放大，同时还具有实时、高增益、宽带、在线、低噪声、低损耗的特性。目前实用的光纤放大器主要有掺铒光纤放大器（EDFA）、半导体光放大器（SOA）和光纤拉曼放大器（OFRA）等，其中 EDFA 以其优越的性能，作为前置放大器、线路放大器、功率放大器被广泛应用于长距离、大容量、高速率的光纤通信系统中。

光监控信道是为监控 WDM 的光传输系统而设立的。对于光监控信道信号，ITU-T 建议优先采用 1510nm 波长，OSC 光信号速率为 2Mbit/s。OSC 信号采用低速率可以保证较高的接收灵敏度，当波分系统的光功率降至 -48dBm 时仍能正常工作。保证高接收灵敏度还需要优化 OSC 在系统光路中的接入点，光接收端侧在 EDFA 之前下光路，发送端侧在 EDFA 之后上光路。

（2）DWDM 系统模式

DWDM 通常有开放式 DWDM 和集成式 DWDM 两种模式，根据工程的需要可以选用不同的应用形式。在实际应用中，目前国内主要使用开放式 DWDM 系统。

开放式 DWDM 系统的特点是对复用终端光接口没有特别的要求，只要求这些接口符合 ITU-T 建议的光接口标准。DWDM 系统采用波长转换技术，将复用终端的光信号转换成指定的波长，不同终端设备的光信号转换成不同的符合 ITU-T 建议的波长，然后进行合波。

集成式 DWDM 系统没有采用波长转换技术，它要求复用终端的光信号的波长符合 DWDM 系统的规范，不同的复用终端设备发送不同的符合 ITU-T 建议的波长，这样它们在接入合波器时就能占据不同的通道，从而完成合波。

（3）DWDM 网络组网

DWDM 的组网方式一般为链状和环状，分别如图 1-18 和图 1-19 所示。

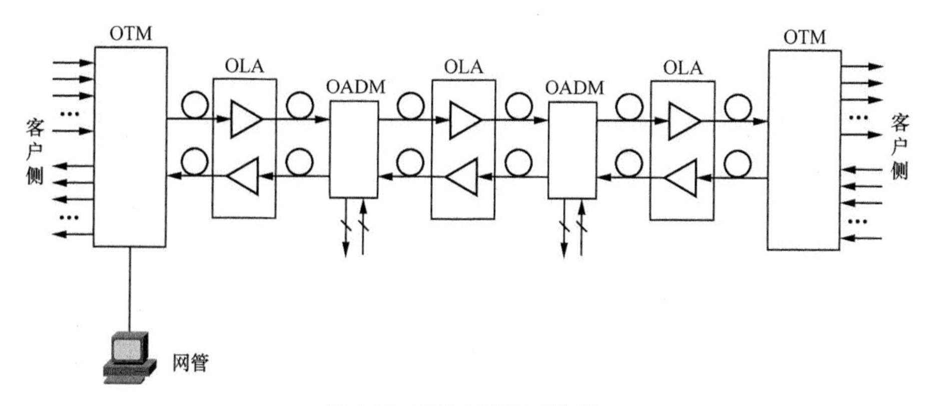

图 1-18 DWDM 组网（链状）

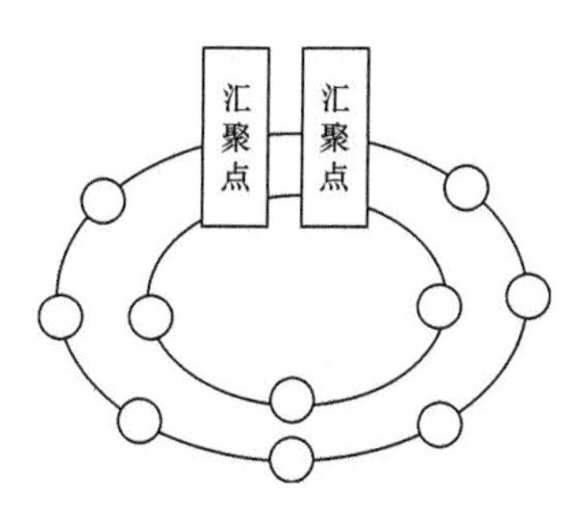

图 1-19 DWDM 组网（环状）

2. 稀疏波分复用（CWDM）系统

稀疏波分复用（CWDM，Coarse Wavelength Division Multiplexing）系统的波长间隔通常较大，使用 1260 ~ 1620nm 的波段低损窗口。CWDM 系统与 DWDM 系统的区别主要有以下两点。

① CWDM 载波通道间距较宽，因此一根光纤上可复用 2 ~ 40 个波长的光波，“稀疏”与“密集”的称谓就由此而来。

② CWDM 调制激光采用的是非冷却激光，而 DWDM 采用的是冷却激光。冷却激光需要冷却技术来稳定波长，实现起来难度很大，成本很高。CWDM 系统采用的激光器不需要冷却，因而大幅降低了成本，整个 CWDM 系统的成本只有 DWDM 系统成本的 30%。

相对于 DWDM 系统，CWDM 系统在提供一定数量的波长和 100km 以内的传输距离的同时，大大降低了系统的成本，因此 CWDM 系统主要应用于城域网中。CWDM 用低成本提供了高接入带宽，适用于短距离、高带宽、接入点密集的通信场合。

但 CWDM 系统不可避免地存在一些性能上的局限，主要存在以下问题。

① 没有全波段的放大器，每隔 80km 左右就需要电中继，而 DWDM 系统可实现无电中继 2000km，所以传输距离增加时，CWDM 系统的成本急剧上升。

② CWDM 系统在单根光纤上支持的复用波长个数较少，扩容成本高。

1.2.7 光传送网（OTN）

光传送技术是一种以波分复用技术为基础、统一管理传统的电域和光域的技术。

1. OTN 分层结构

OTN 在垂直方向上分为光通路（OCh，Optical Channel）层网络、光复用段（OMS，Optical Multiplex Section）层网络和光传输段（OTS，Optical Transmission Section）层网络 3 层。

OTS 是在接入点之间通过光传输段路径提供光复用段传送的层网络，是 OTN 设备通过传统的 WDM 设备中的光放大器件提供光传输段路径的物理载体。简单来说，两个光放大器之间构成了光传输段。OTS 定义了物理接口，包括频率、功率和信噪比等参数，转化为 OMS 层适配信息和特定的 OTS 路径终端管理 / 维护开销进行传送。

OMS 是在接入点之间通过光复用段路径提供光通道传送的层网络，在系统中体现为光波长复用 / 解复用子系统，即在合 / 分波器之间构成光复用段。

OCh 为 OTN 的核心，是 OTN 的主要功能载体，OCh 层网络通过光通路路径实现接入点之间的数字客户信号传输。

OCh 层网络可以被划分为 3 个子层网络：光通路（OCh）子层网络、光通路传送单元（OTU*k*）子层网络和光通路数据单元（ODU*k*）子层网络。

对客户信息完整的适配和传送过程如下。

① OPU*k* 和客户信号速率进行适配后形成 OPU*k* 净负荷，加上 OPU*k* 开销形成 OPU*k* 帧信号。

② ODU*k* 信号净负荷就是 OPU*k* 帧信号，加上 ODU*k* 相关开销。ODU*k* 是适配客户信息在光通路上传送的信息结构，用于实现客户信号数据单元的传送。

③ OTU*k* 信号中净负荷是光通路数据单元 ODU*k*，加上 OTU*k* 相关开销（FEC 和光通路连接管理开销），形成 OTU*k* 帧信号。

④ OCh 是把支持维护功能信息的开销添加到 OTU*k* 中，当 OCh 信号组合和拆分时，OCh 开销信息会被终结取出。可以简单理解为波道通道就是 OCh 通道。

OTU*k* 和 OPU*k* 的容量由 *k* 划分，*k* = 0, 1, 2, 2e, 3, 4, flex。ODU*k* 子层支持复用功能，可实现不同层次（*k* 值）ODU*k* 的信号复用。

OTN 中另一个重要的设备是 OTN 电交叉设备，主要用于完成 ODU*k* 级别的电路交叉功能，为 OTN 提供灵活的电路调度和保护能力。OTN 电交叉设备可以独立存在，对外提供各种业务接口和 OTU*k* 接口，可类比于大容量的 SDH 设备；也可以与 WDM 终端复用功能集成在一起，除了提供各种业务接口和 OTU*k* 接口以外，还提供光复用段和光传输段功能，支持 WDM 传输。OTN 电交叉设备的功能模型如图 1-20 所示。

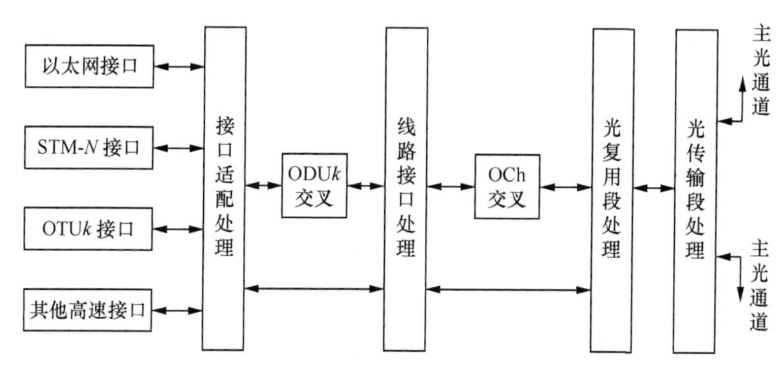

图 1-20　OTN 电交叉设备的功能模型

2．OTN 的优势

引入 OTN 后，传输承载网在通道性能、故障监测和大颗粒业务开通等方面明显有了 WDM 系统不可比拟的优势。

① 在 WDM 系统中引入 OTN 接口，实现对波长通道端到端的性能和故障监测。

② 引入 OTN 交叉设备实现 WDM 系统业务接口和线路接口的分离（支线路分离），满足业务网络和传送网独立演进和发展的需求，降低网络建设成本。

③ 通过引入 OTN 交叉连接设备，实现大颗粒波长通道业务的快速开通，提高业务响应速度。引入基于 OTN 的保护和恢复机制，可以提高骨干传送网的可靠性，降低网络维护成本。

因此，OTN 主要用于提供高质量的 1Gbit/s 及以上速率的电路，包括出租专线业务和具有质量要求的数据业务（如 IPTV、CN2 等）的承载电路。同时，采用 OTN 承载上层网络的 1Gbit/s 及以上速率的子波长级中继电路，可达到节省网络资源（光纤或波道）的目的。

3．OTN 网络技术演进、业务承载及保护方案

（1）网络技术演进

图 1-21 展示了传输骨干网从 SDH 组网到 SDH+DWDM 组网，再到 OTN

的发展历程。

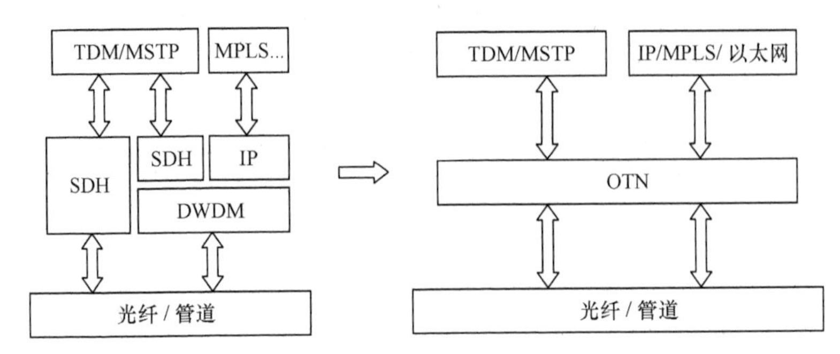

图 1-21 OTN 技术演进

（2）业务承载方案

几种业务承载方案介绍如下。

- 宽带业务承载：OTN 支持 GE 到 100GE 端口转换，实现城域网内部及骨干网互通，支持 ODU*k* 上传送、实现通道热备、波长透传。
- 移动业务承载：OTN 可以和 PTN/IPRAN 混合组网，PTN/IPRAN 接入环实现基站接入，通过 OTN 大带宽上联核心网。
- 专线业务承载：OTN 支持 1Gbit/s、2.5Gbit/s、10Gbit/s、40Gbit/s、100Gbit/s 及非标带宽等全颗粒、高 QoS、高安全性大客户专线业务传送。OTN 承载的 3 种业务如图 1-22 所示。

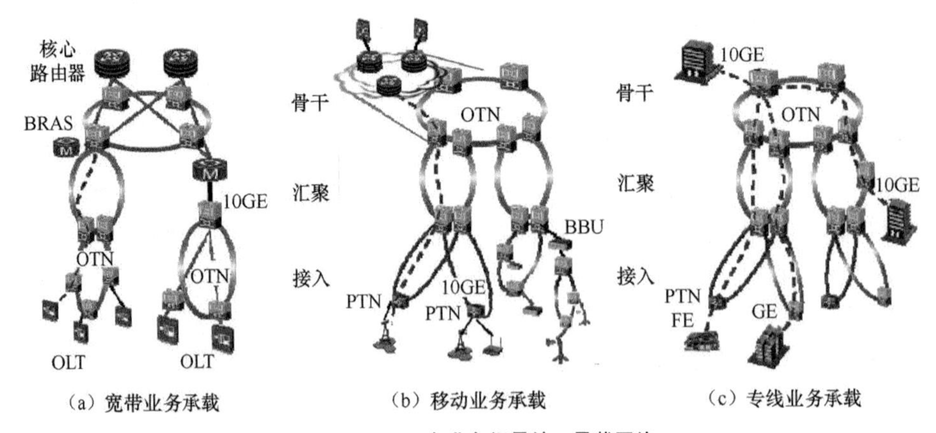

（a）宽带业务承载 （b）移动业务承载 （c）专线业务承载

图 1-22 OTN 多业务场景统一承载网络

（3）OTN 的网络保护功能

OTN 的网络保护主要采用 ODU*k* 的 1+1 保护，即一个单独的工作信号由一个单独的保护实体进行保护，信号采用双发选收方式，保护倒换动作只发生在宿端，在源端进行永久桥接，倒换时间通常在 50ms 以内。ODU*k* 1 + 1 保护支

持单向和双向倒换，同时支持可返回与不可返回两种操作类型，并允许用户进行配置。相应的原理如图 1-23 所示，图中工作传送实体是指承载业务的主用通道，保护传送实体是指备用的保护通道。

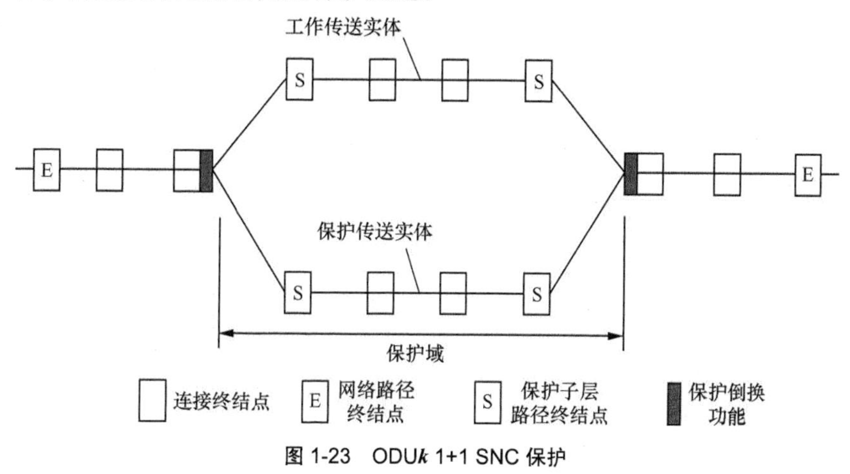

图 1-23　ODU*k* 1+1 SNC 保护

1.2.8　IPRAN

1. IPRAN 定义

无线接入网（RAN，Radio Access Network）的作用是提供无线基站和核心网之间稳定、高效的承载和回传网络，IPRAN 指的是基于网际协议（IP）的无线接入网。

在 2G 和 3G 时代，RAN 主要承担基站收发台（BTS，Base Transceiver Station）和基站控制器（BSC，Base Station Controller）之间的承载，通常采用多业务传送平台（MSTP，Multi-Service Transport Platform）等传输技术组网。到了 4G 时代，无线基站已经实现了全 IP 化，此时就需要一种更加贴近 IP 传输模型的 RAN，组网要求宽带化、扁平化、IP 化、以太化基站的接入能力，并提供高可靠、大容量的基站回传流量的承载能力。而 IPRAN 以 IP 及多协议标记交换（MPLS，Multi-Protocal Label Switching）标准体系为基础，同时支持丰富的路由协议、动态转发、L3VPN、组播等动态网络部署，这些能力既满足了无线演进和基站回传流量的承载需求，同时也兼顾了向业务承载网络提供二、三层通道的能力，因此在 4G 和“光网城市”建设的过程中获得了广泛应用。

2. IPRAN 的网络架构

IPRAN 通常由接入层、汇聚层、核心层及移动云引擎（MCE，Mobile Cloud Engine）层组成。A 设备和 B 设备分别组成了 IPRAN 的接入层和汇聚层。

核心层包括城域核心层和省核心层，汇聚ER(Edge Router)、城域ER组成了城域核心层，而省核心层由省级ER组成。MCE层由BSC CE(Customer Edge，用户网络边缘设备)、EPC CE和MCE等网元组成，具体网络架构如图1-24所示。

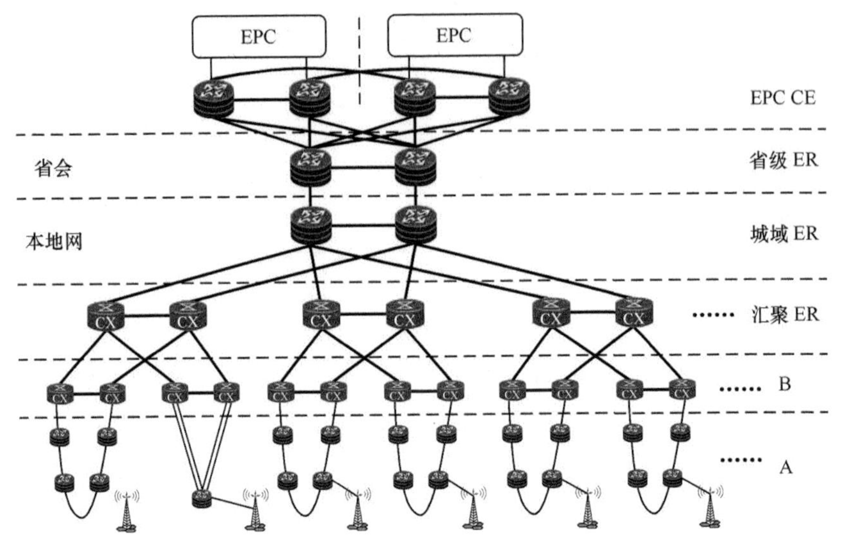

图1-24 IPRAN的网络架构

3. IPRAN业务承载方案和保护方案

IPRAN业务承载通常采用伪线(PW，Pseudo-Wire)+L3VPN方案，个别场景会采用CE+L3VPN方案。

PW+L3VPN组网方案的特点是基站单播业务在IPRAN接入层采用PW承载，在核心层采用L3VPN进行承载，具体承载方案如图1-25所示。

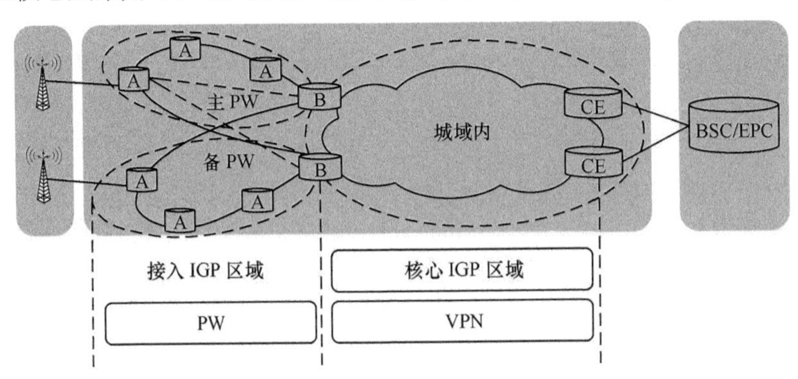

图1-25 IPRAN业务承载方案

在路由组织上，为保证路由层面的安全性，IPRAN接入层、汇聚层与IPRAN核心层采用了不同的IGP路由进程，并启用MPLS协议。B设备同时属

于多个IGP域，核心与接入的IGP路由相对隔离，不进行路由的相互注入，B设备同属于接入层汇聚层的MPLS域和IPRAN核心层的MPLS域。IPRAN接入环IGP采用OSPF协议，汇聚环IGP则采用ISIS协议，所有设备均工作在二层网络（Level2）模式。B设备启用MP-BGP，与RAN ER和CE在同一个MP-BGP域内，比照PE进行部署，提供L3VPN业务的接入。

在业务承载上，基站业务通过GE链路接入A设备，A设备分别建立到两台B设备的冗余PW，B设备终结PW并进入L3VPN。两台B设备分别作为三层网关，提供基站业务的双网关保护。在L3VPN的保护上，通常会采用非联动方式进行。B设备以上通过L3VPN进行业务承载，启用MP-BGP。

在业务保护上，除了采用环网保护和双节点保护外，还会采用如下技术和策略进行网络级保护。

① A-B链路：采用PW保护+LSP保护。

② B设备：采用PW保护+VPN保护。

③ B-ER：采用VPN保护+LSP保护。

④ CE：采用VPN保护+网关保护。

1.2.9 分组传送网（PTN）

1. PTN定义

分组传送网（PTN，Packet Transport Network）是针对分组业务流量的突发性和统计复用传送的要求而设计的，以分组业务为核心，支持多种基于分组交换业务的双向点对点连接通道，具备适应各种粗细颗粒业务的端到端组网能力。PTN由于具有更低的总体拥有成本（TCO，Total Cost of Ownership），同时又继承了光传输的传统优势，包括高可用性和可靠性、高效的带宽管理机制和流量工程、便捷的操作维护管理（OAM），因而又被看作一种更适合IP业务特性的“柔性”传输管道。

PTN有两种主要的实现技术：一种是从IP/MPLS技术发展来的多协议标签交换传送应用（MPLS-TP，Multi-Protocol Label Switching Transport Profile）技术，另一种是从传统以太网发展而来的运营商骨干桥接（PBB，Provider Backbone Bridge）技术和支持流量工程的运营商骨干桥接（PBB-TE，Provider Backbone Bridge-Traffic Engineering）技术。

2. PTN的网络架构

PTN通常由接入层、汇聚层和核心层组成。根据接入业务的不同，将设备分为L2设备、L2-L3设备和L3设备。其中L2设备仅接入二层业务，一般部署在接入层和汇聚层；L2-L3 设备既接入二层业务又接入三层业务，一般部署在核心层；L3 设备仅接入三层业务，部署在核心层。具体架构如图 1-26 所示。

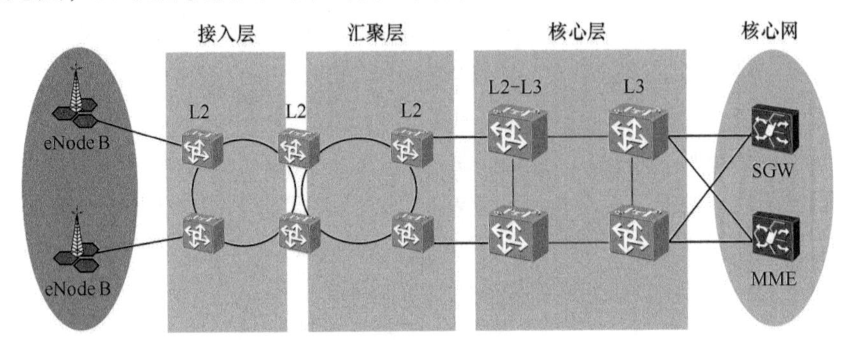

图 1-26　PTN 的网络架构

3. PTN 业务承载和保护方案

PTN 业务承载方案包括：静态 L2VPN+ 静态 L3VPN、静态 L2VPN+ 动态 L3VPN、动态 L2VPN+ 动态 L3VPN。其中，静态 L2VPN+ 动态 L3VPN 方案在实际应用中较为常见。

在静态 L2VPN+ 动态 L3VPN 业务承载方案中，L2 节点和 L2-L3 节点之间配置静态 L2VPN 业务；L2-L3 节点和 L3 节点之间配置动态 L3VPN 业务。L2-L3 节点上通过配置虚拟以太网（VE，Virtual Ethernet）接口组，实现 L2VPN 接入 L3VPN 的功能。VE 接口组仅存在于 L2-L3 设备上，一个 VE 接口组包括一个 L2VE 接口和一个 L3VE 接口。L2VE 接口即二层以太网虚接口，L3VE 接口即三层以太网虚接口。L2VE 接口作为 L2 业务的 UNI；L3VE 接口上则配置有一个或多个 VLAN 汇聚子接口，这些 VLAN 汇聚子接口用作 L3 业务的 UNI。通过创建 VE 组，即可实现 L2 业务和 L3 业务在同一个 L2-L3 设备上的交换。

在业务保护上，除了采用环网保护外，运营商通常还会采用如下技术和策略。

① L2VPN：通过 PW OAM 检测设备或链路故障，并使用基于 PW 的自动保护切换（APS，Automatic Protection Switching）和跨设备的链路聚合（M-LAG，Multi-chassis Link Aggregation Group）来进行双归保护。

② L3VPN：Tunnel APS 1∶1 用于保护 L3VPN 内部链路；VPN 快速重路由（FRR，Fast Reroute）用于保护双归设备。通过 Tunnel OAM 检测链路或设备故障。

1.2.10　无源光网络（PON）

1. 无源光网络定义

无源光网络（PON，Passive Optical Network）技术是为了支持点到多点的

应用发展起来的光接入技术，由光线路终端（OLT，Optical Line Terminal）、光网络单元（ONU，Optical Network Unit）/光网络终端（ONT，Optical Network Terminal）和光分配网络（ODN，Optical Distribution Network）组成。对ONU与ONT的理解可以结合以下场景，譬如在FTTB（光纤到楼）场景下，一般运营商会在楼道内的单元箱放置一台8/16个接口的ONU设备，一个ONU内有8/16个ONT，每个ONT再通过楼内的网线连接至各个用户；而在FTTH（光纤到户）场景下，运营商则是将一个1:8或1:16的分光器放置在楼道内的单元箱里，再通过楼道内的皮线光纤接至各个用户，每个用户端接一个ONT。因此可以把ONT理解为只有一个接口的ONU。而ODN则是对由光纤、分光器等无源器件组成的网络的统称，它具有以光纤为传输媒质、高接入带宽、全程无源分光传输等特点。

目前常用的以太网无源光网络（EPON，Ethernet PON）和吉比特无源光网络（GPON，Gigabit-Capable PON）采用单纤波分复用技术，下行波长为1490nm，上行波长为1310nm，视频CATV业务承载可选用1550nm波长。上行数据传输模式为时分复用（TDMA，Time Division Multiple Access）方式，各ONU上行数据分时发送，发送时间与长度由OLT集中控制。下行数据采用广播模式发送，每个ONU根据下行数据的标识信息（LLID）接收属于自己的数据，丢弃其他用户的数据。

PON的业务码流下行采用广播模式，在每一个以太网帧前添加一个LLID（每个ONU注册后会分配一个唯一的LLID），替代以太网前导符的最后两个字节（不改变原有帧结构），ONU接收数据时，仅接收符合自己的LLID的帧或者广播帧，保证信息隔离安全，其下行工作原理如图1-27所示。

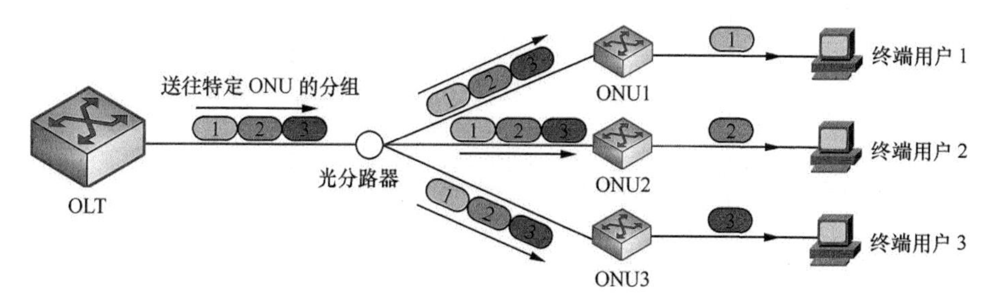

图1-27　PON的工作原理（下行）

业务码流的上行采用时分复用（TDMA）方式，任一时刻只能有一个ONU发送上行信号，不同的ONU分配不同的时间片，轮流发送上行数据。每个ONU发送上行数据的时间片可以是动态的，时间片的大小和多少在宏观上表现为带宽的大小。同时，发送上行数据时，由于数据速率非常高，系统对同一OLT下挂的不同ONU由于到OLT的距离不同而产生的细微的时延要予以考虑，所以 OLT 必须具备测距功能。其中，OLT 产生时间戳消息，用于系统参考时间，通过 MPCP 帧指配带宽，进行测距操作和控制 ONU 注册，其上行工作原理如图 1-28 所示。

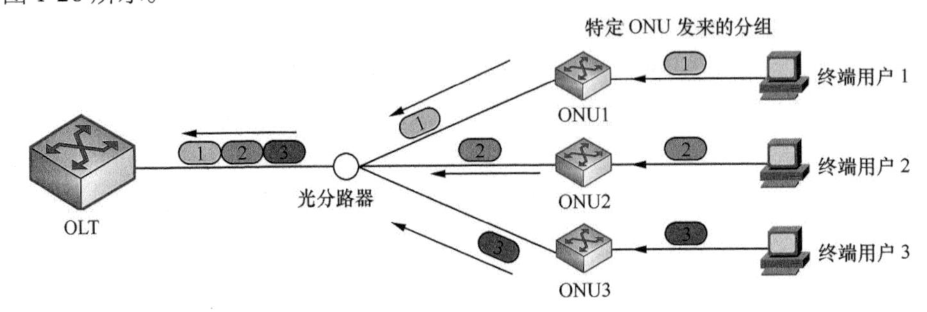

图 1-28 PON 的工作原理（上行）

2. PON 的网络结构

光线路终端（OLT）是整个无源光网络的核心设备，位于局端，向上提供的是接入网与核心网 / 城域网的高速接口，向下提供的是面向无源光纤网络的一点对多点的 PON 口。光网络终端（ONT）则位于用户端，主要用于实现数据和话音业务的接入。光纤分配网络（ODN）由光缆及无源光分路器组成，一个 PON 口的光纤传输带宽可通过光分路器由多个光网络单元共享，如图 1-29 所示，其中 ODN 在 OLT 和 ONU 间为用户提供光纤通道。

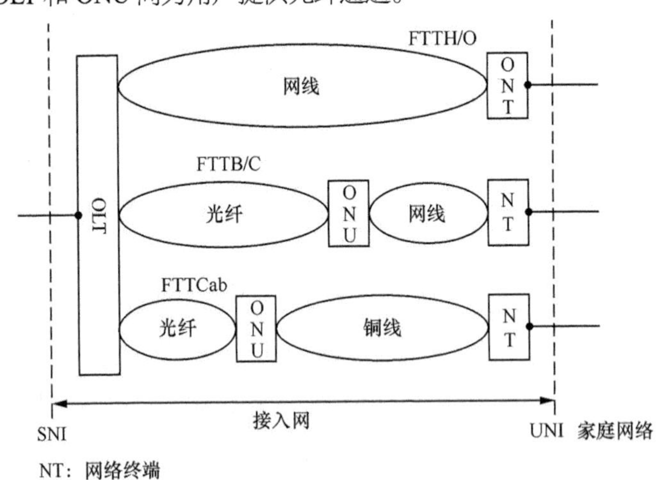

图 1-29 PON 的网络结构

3. PON 技术分类和比较

xPON 是指利用无源光网络，采取不同的封装和传送技术的一类技术的统称，其中的 x 是泛指，主要包括基于 ATM 的无源光网络（APON，ATM Passive Optical Network）、宽带无源光网络（BPON，Broadband Passive Optical

Network）、以太网无源光网络（EPON）和吉比特无源光网络（GPON），目前常用的是 EPON 和 GPON 技术，并发展出了 10Gbit/s EPON 和 xGPON 技术。

（1）EPON

EPON 的标准出自网络厂家为主的 IETF，其优势是采用以太网封装和传送技术，可以支持 1.25Gbit/s 的对称速率，同时具备无源光网络结构和以太网低成本的优势，具有完整、成熟的产业链。不足之处是虽然能直接承载以太网帧，实现过程简单，但考虑到线路编码、以太网帧封装和开销，EPON 的带宽利用率比 GPON 低 30% 左右。

（2）GPON

GPON 技术源于 APON，作为 ITU-T 的嫡系标准，GPON 较 IETF 更周全地考虑了运营商的诉求，通过采用通用成帧规程（GFP）封装技术，以及扩展支持通用封装方法（GEM，General Encapsulation Methods），可以对任何类型和任何速率的业务进行重组后由 PON 传输，而且 GEM 帧头包含帧长度指示字节，可用于可变长度数据分组的传递，提高了传输效率，因此能够更简单、高效地支持运营商的全业务。GPON 同样采用上行 TDMA（时分复用）和下行广播方式。GPON 还规定了在接入网层面上的保护机制和完整的 OAM 功能，其下行最大传输速率可高达 2.488Gbit/s，上行最大传输速率达 1.244Gbit/s。

（3）10Gbit/s EPON

EPON 的演进方向是 10Gbit/s EPON 对称和非对称两种。将 OLT 的 EPON 端口更换为对称 / 非对称的 10Gbit/s EPON 端口。EPON 和 10Gbit/s EPON 下行波分共存，上行波长重叠时分共存，10Gbit/s 的上行波长是包含在 1Gbit/s 上行波长范围内的，1Gbit/s 和 10Gbit/s 终端不能同时发送数据。

随着业务种类的增加和业务带宽需求的增长，特别是 4K 视频和 5G 前传的需求增长，EPON 和 GPON 的带宽已经不能完全满足要求，因而吉比特超宽带接入已经成为最佳的技术选择，国内各运营商都已在全国范围内开始试点和部署，如某运营商上海分公司从 2016 年 10 月下旬提出打造“千兆第一城”到完成千兆宽带的规模部署并开始商业开通，采用的就是 10Gbit/s EPON 技术。

（4）XG-PON/XGS-PON/TWDM-PON

根据 ITU-T 的演进路线图，在 GPON 之后，下一步将进入 10Gbit/s PON 时代，包括 XG-PON 和 XGS-PON，也称 NG-PON 1 阶段，其中“S”的含义是对称（Symmetrical）。XG-PON 被称为 10Gbit/s GPON 非对称模式，其下行线路速率为 9.953Gbit/s，上行线路速率为 2.488Gbit/s；XGS-PON 则被称为 10Gbit/s GPON 对称模式，其下行线路速率为 9.953Gbit/s，上行线路速率亦为 9.953Gbit/s。而在 10Gbit/s PON 之后，将会迎来 40Gbit/s PON 时代，40Gbit/s PON 又被称为

TWDM-PON，通过叠加多个 10Gbit/s PON 通道的波，可使线路的上 / 下行速率达到 4 通道 9.953Gbit/s。由于波长范围窄、光链路预算要求高，因此 TWDM-PON 技术还不太成熟，技术上尚有一些亟待解决的难题，这个阶段也被称为 NG-PON 2 阶段。

（5）各种 PON 技术指标比较

不同 PON 技术的速率、分光比等关键指标的比较见表 1-1。

表 1-1　常用 PON 技术指标比较

技术 / 项目	EPON	10Gbit/s EPON 对称（非对称）	GPON	XG-PON 对称（非对称）
下行线路速率（Gbit/s）	1.25	10	1.25/2.5	10
上行线路速率（Gbit/s）	1.25	10（1.25）	155/622/1.25/2.5	10（2.5）
线路编码	8B/10B	上下行 64B/66B（上行 8B/10B）	NRZ	
分路比	32 ～ 64	64	64 ～ 128	64 ～ 128
最大传输距离（km）	20	10	60	10
TDM 支持能力	基于以太网实现时分复用（TDM over Ethernet）	基于以太网实现时分复用（TDM over Ethernet）	基于 ATM 实现时分复用（TDM over ATM）或基于分组实现时分复用（TDM over Packet）	基于 ATM 实现时分复用（TDM over ATM）或基于分组实现时分复用（TDM over Packet）
中心频率	1310nm 上行 1490nm 下行	1310nm 上行 1577nm 下行（1270nm 上行 1577nm 下行）	1310nm 上行 1490nm 下行	（1270nm 上行 1577nm 下行）
上行可用带宽（Gbit/s）（传输 IP 业务）	0.76 ～ 0.86	7.78 ～ 8.25（0.71 ～ 0.86）	1.05 ～ 1.24（上行 1.25）	8.72 ～ 10（2.25 ～ 2.5）
OAM	有		有	有
下行数据加密	没有定义		AES 加密	AES 加密

各种 PON 技术所占用频谱的情况如图 1-30 所示。

4．PON 典型应用方案

依据 ONU 在接入网中所处的位置不同，PON 系统有如下几种典型的应用方案，具体如图 1-31 所示。

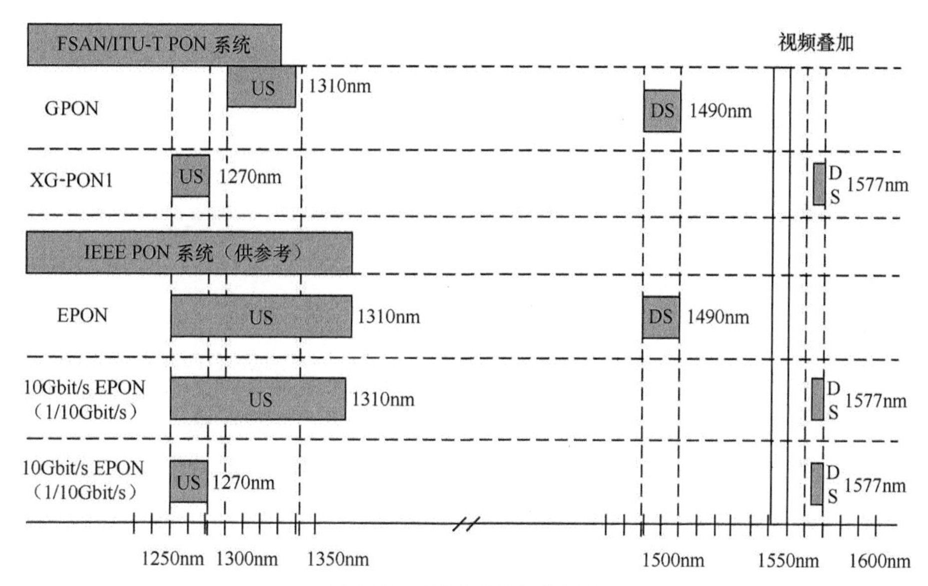

图 1-30　各种 PON 技术频谱

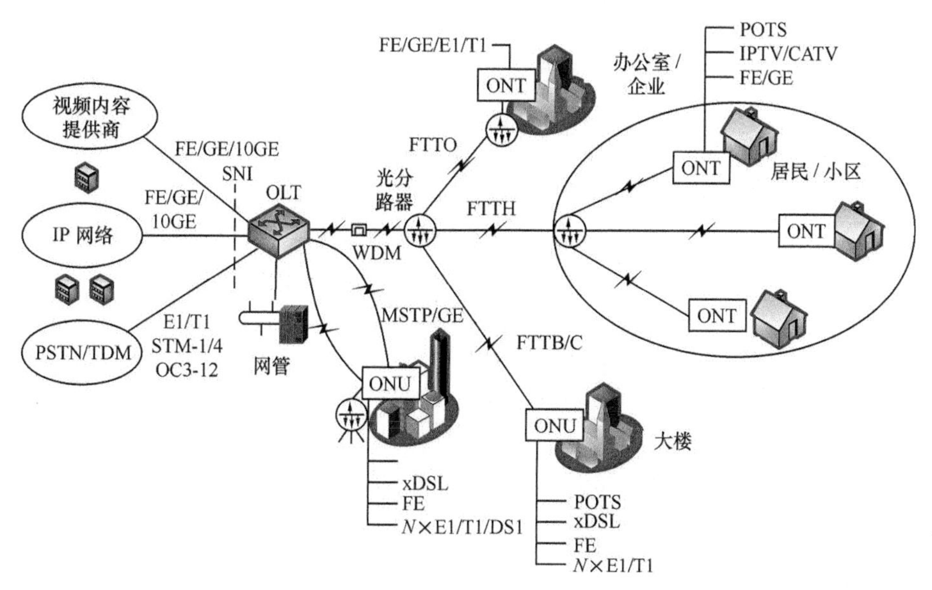

图 1-31　FTTx 整体解决方案

① 光纤到家庭（FTTH，Fiber To The Home）：利用光纤传输媒质连接通信局端和家庭住宅的接入方式，引入的光纤由单个家庭住宅独享。

② 光纤到公司 / 办公室（FTTO，Fiber To The Office）：利用光纤传输媒质连接通信局端和公司或办公室用户的接入方式，引入的光纤由单个公司或办公室用户独享，ONU/ONT 之后的设备或网络由用户管理。

③ 光纤到楼宇（FTTB，Fiber To The Building）：以光纤替换用户引入点之前的铜线电缆，ONU 部署在传统的分线盒（用户引入点）即分配点（DP，Distribution Point），ONU 下采用其他介质接入用户。

④ 光纤到路边（FTTC，Fiber To The Curb）：以光纤替换传统的馈线电缆，ONU 部署在交接箱处，ONU 下采用其他介质接入用户。

1.2.11 IP 网传输承载

IP 网骨干层由核心路由器（CR，Core Router）设备组成，城域网核心层由 CR 和边界路由器（BR，Border Router）设备组成，城域网业务控制层由宽带远程接入服务器（BRAS，Broadband Remote Access Server）/ 多业务边缘路由器（MSE，Multi-Service Edge Router）/ 全业务路由器（SR，Service Router）设备组成，宽带接入网由汇聚交换机 / 数字用户线路接入复用器（DSLAM，Digital Subscriber Line Access Multiplexer）/OLT 组成。常见的 IP 网组网架构如图 1-32 所示。

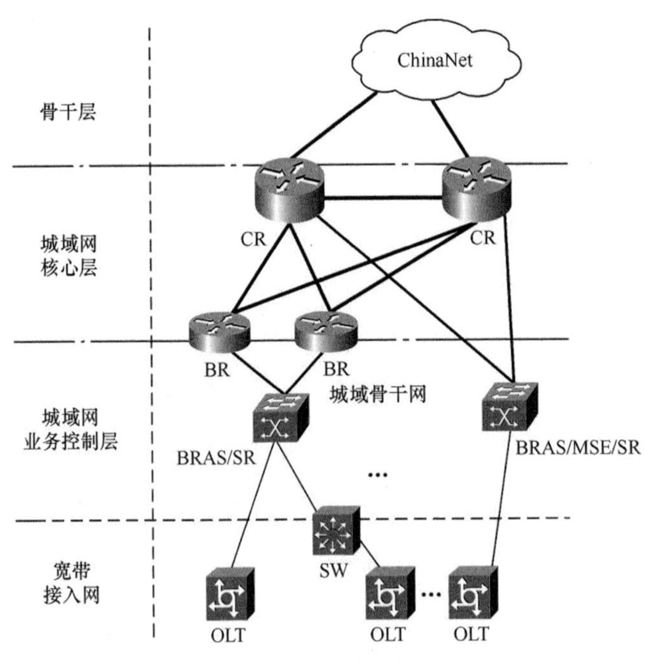

图 1-32　IP 网组网架构

1. IP 骨干网对传输承载的需求

随着 5G 时代的来临，IP 网络对网络容量的需求呈现爆炸式增长，网络结

构也进一步趋向扁平化，原有的传输承载 DWDM 网络由于组网结构单一，单波带宽仅为 2.5Gbit/s、10Gbit/s，已难以满足迅速发展的 IP 网高容量、快速调度及灵活扩充网络容量的需要，因此运营商的 IP 网络已大规模迁移到网络结构满足 IP 骨干网组网需求、能快速灵活扩充网络容量、具备 ROADM 交叉调度能力的光承载网上。

2. 城域网对传输承载的需求

随着移动互联网、PON、IP 网和网络域控制器（DC，Domain Controller）的发展，以及上网流量增长和视频用户的快速增长，城域网业务对承载网络的带宽、单节点容量等方面提出了更高的要求，尤其是组网方面必须更加灵活、可扩容性强，并且具有较好的保护能力。因此，城域层面也必须分步骤引入分组增强型 OTN，主要实现两个目的：一是结合政企客户话音 / 视频 / 组网电路（刚性管道，独享带宽）、政企及公众客户互联网专线电路（柔性管道，共享带宽）的需求，选择同时支持分组 / 电路型功能的 OTN 设备，以接入多样化的业务，实现多种类型业务的归一化承载；二是优化基于 IP 的二层汇聚和路由器逐层上联的传统城域网架构，实现 OLT 到 BRAS/SR/MSE 甚至 CR 的一跳直达，以及对时延敏感型业务（如 IPTV 视频直播）的分流，从而大大提升客户的感知体验。具体的 IP 城域承载组网如图 1-33 所示。

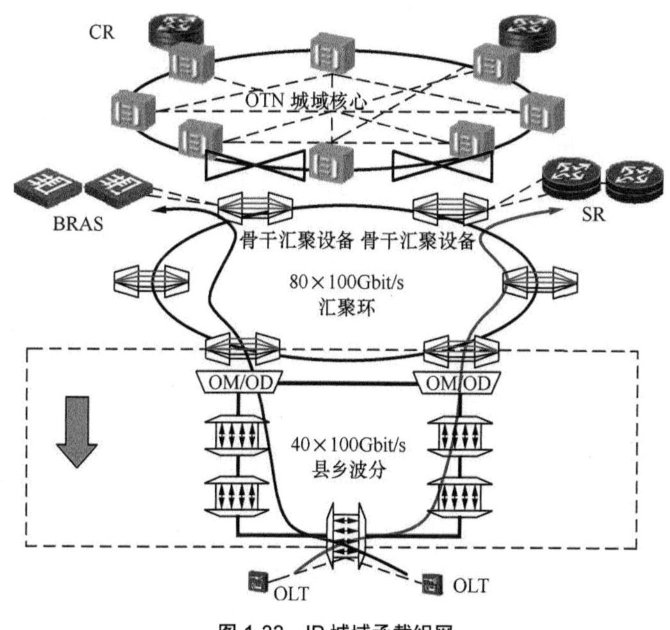

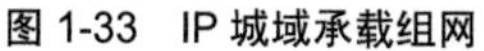
图 1-33 IP 城域承载组网

| 1.3 智能光承载网 |

1.3.1 ROADM 简介

可重构光分插复用器（ROADM）是 WDM 系统中的、具备在波长层面进行远程控制和光信号分插复用状态管理能力的网络元素。

ROADM 设备最大的好处是可以让管理员通过网管软件来远程进行波长指配，实现波长光信号的灵活调度，譬如：网管系统可以控制某个波长通过这个光节点或者从本地端口下路，终结于这个光节点的光转发器。总体来看，ROADM 具有以下优点。

① 支持快速业务开通，当需要提供波长级新业务时，通过网管系统进行远端配置。

② 便于进行网络规划和重构，ROADM 设备不仅具有 OADM 设备的全部功能，还兼备了光交叉连接（OXC）设备的部分功能，使得波分网络可以方便地重构。

③ 便于维护和降低维护成本。通过网管系统，可远程灵活操作 ROADM 设备波长通道上下路状态的配置。多维 ROADM 设备还支持波长通道在各个维度（方向）之间灵活调度。

ROADM 的主要功能包括：前置和后置光放大器、光监控信道（OSC）的生成和终结、波长下路和波长上路、节点内部信道聚合或单信道的功率监控、可用 / 不可用和可选波长的监测、整个节点内的光信号的信噪比监测、上下路和直通波长的功率 / 衰减控制、色散补偿、前置和后置放大器的增益均衡等。

下面具体介绍 ROADM 的工作原理。

ROADM 设备中用到的核心器件称为波长选择开关（WSS，Wavelength Selective Switching），标准的 ROADM 设备通常由两个相对独立的功能单元组成：线路穿通转接单元和本地上下路单元。线路穿通转接单元负责完成不同线路方向之间波道的转接控制和本地上下路波道的选择，通常采用 WSS 器件实现；本地上下路单元则负责将本地上下路波道配置到相应的上下路端口。

图 1-34 所示的是一个具有 3 个线路方向的多维 ROADM（方向≥ 3 即可

称为多维）。可以看到，在环的每个节点往往同时有多个方向的业务进出，而利用 ROADM 的组合能力，就可以实现多个线路方向的波长重构，因此多维 ROADM 类似于一个四通八达的立体交通枢纽，可以实现任意方向的车辆调度。目前已发展到第三代 ROADM，它将穿通层、上下路层及光通道格栅的可重构性集成在一起，又被称为新一代的 PXC 系统（Photonic Cross-Connect System，光交叉连接系统）。其中用到的核心器件 WSS 则采用硅基液晶（LCOS，Liquid Crystal on Silicon）技术实现了灵活栅格（FlexGrid）的功能，由于该技术支持可变信道宽度以及超级通道，因此是光承载网迈向 100Gbit/s+ 和超级通道的必要条件。目前的 ROADM 商用程度已经比较成熟，主流的维度为 9 ～ 32 维不等，国内的通信运营商也开始大规模应用。

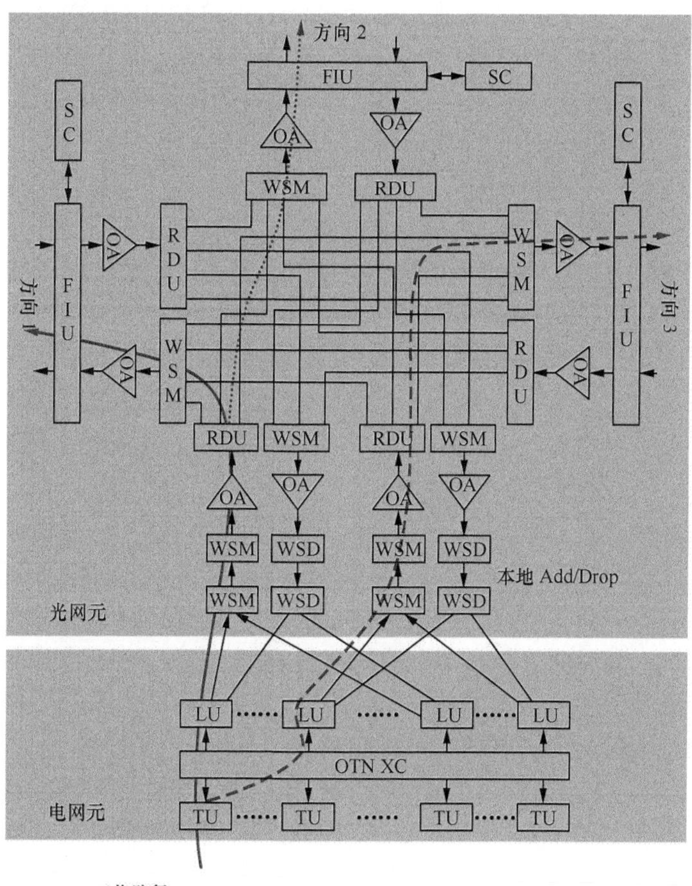

WSM：波长选择复用器
WSD：波长选择分配器
LU：线路单元
FIU: 光纤接口单元
SC：方形连接器
TU：支路单元
RDU：ROADM 分波单元
OA: 光放大器

工作路径
保护路径
重路由恢复路径

图 1-34　ROADM 结构

值得一提的是，ROADM设备的引入给运营商传输承载网的组网带来了极大的灵活性，但也对运维人员的运维技术水平提出了较高的要求，传统依靠手工的维护模式已不再适用，运维人员必须通过知识能力升级，用智能化的维护平台来实现传输承载网的自动化运维的各项功能。

1.3.2 分组增强型OTN

在当下移动互联网业务蓬勃发展的时代，各种视/音频等高带宽/高流量占用应用（诸如抖音、BiliBili直播等）得到了快速发展，这些新应用的层出不穷也对传送网管道的品质提出了越来越高的要求，而分组增强型OTN（也称为多业务OTN的出现）就顺应了这个趋势，通过融合OTN、时分复用（TDM）和分组（Packet）3种技术，使L0、L1、L2协同工作，一方面满足了客户对带宽、品质与成本的综合需求，另一方面也符合运营商提高网络光纤及带宽利用率、降低网络时延的诉求，因此是面向未来的光承载网的理性选择之一。

1. **分组增强型OTN系统总体介绍**

分组增强型OTN系统架构可以分为电层交叉和光层交叉两个部分，电层交叉调度能够处理PKT、ODU和VC平面任意颗粒的业务，光层交叉使用ROADM（未来会进化到OXC）技术来实现波长的动态调度。它对多业务的处理方式非常灵活，可以根据业务的属性提供不同粒度的处理方式，并将其匹配到最合适的ODU*k*管道中进行传送。分组增强型OTN能够实现跨域电路的不同颗粒传输，既满足大客户业务、大颗粒的企业网络业务需求，又提高了光纤和波道的利用效率，具有较强的信息传送能力。

2. **分组增强型OTN的特点**

分组增强型OTN是支持MPLS-TP和分组交换的OTN设备，具有以下四大特点。

① 支持多业务接入：能够接入任意速率的任意业务类型，满足各种类型颗粒的业务接入场景的需求。

② 统一交换：融合L0+L1+L2技术，可提供基于λ、PKT、ODU和VC的灵活统一调度。

③ 最优时延：分组增强型OTN设备通过FEC分级调试和最优映射，可实现单站OTN最优时延。

④ 统一维护：统一的网络管理系统，对L0、L1、L2实现统一的可视化运维。

3. **分组增强型OTN的网络结构**

省干分组增强型OTN：在现网OTN的基础上通过扩展电子架，支持分组

增强型 OTN，从而构建省干（跨地市）综合承载调度层。

本地网分组增强型 OTN：在城域启用分组增强型 OTN，平滑衔接干线 OTN 与城域 MSTP 的业务调度。

图 1-35 所示为较为标准的四级 OTN 组网结构。

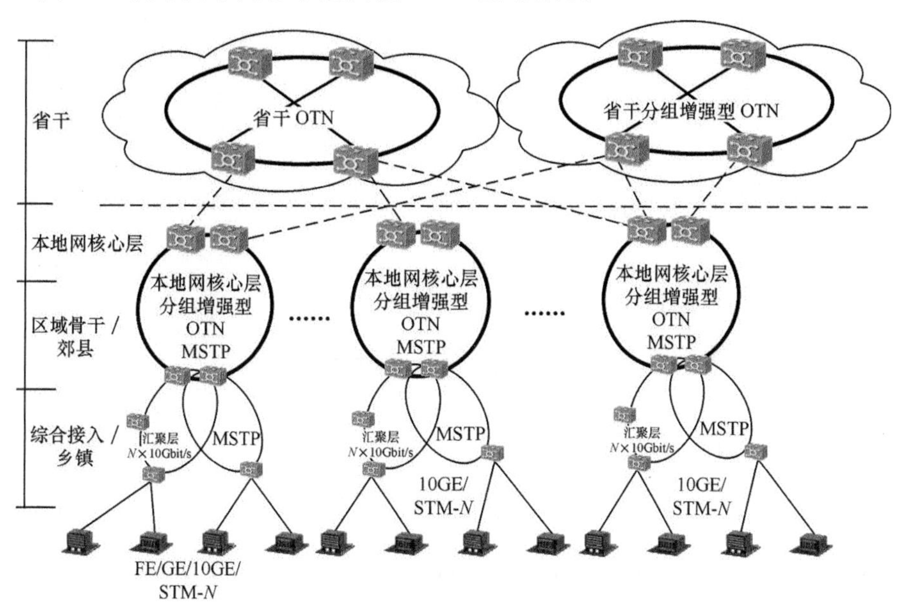

图 1-35　分组增强型 OTN 的网络结构

4. 分组增强型 OTN 的业务处理

分组增强型 OTN 对多业务的处理非常灵活，可以根据业务的属性提供不同粒度的处理方式，最终匹配到最合适的 ODU*k* 管道中传送。

选择支持分组功能的 OTN 设备，可以提供刚性、透明、带宽灵活可变、高安全性的传输通道，降低现有 SDH/MSTP 系统的负载压力，同时兼顾 SDH/OTN/IP 多样业务，实现多网融合互通和所有类型业务的归一化承载。图 1-36 所示的是分组增强型 OTN 所支持的三大类业务（传统 SDH 小颗粒业务、大颗粒业务、分组型业务）及其对应的业务封装层次关系。

在分组增强型 OTN 业务处理中，将资源划分到 OTN 域、SDH 域和分组域 3 个域中，分别承载 OTN 业务、SDH 业务、分组业务。各个域之间相互独立，某种业务发放只是在对应的域进行。分组增强型 OTN 的网络结构使得网络管理比传统 OTN 更加复杂。

5. 分组增强型 OTN 承载业务类型

（1）ODU*k* 透传业务

和传统的 OTN 承载方式相同，通过 ODU*k* 透传，承载 1 ～ 100Gbit/s 大颗

粒硬管道的业务，如互联网企业的专线或 DC 云等业务。ODU*k* 透传可以支持基于 ODU0 粒度的端口限速。

分组增强型 OTN 业务封装如图 1-36 所示。

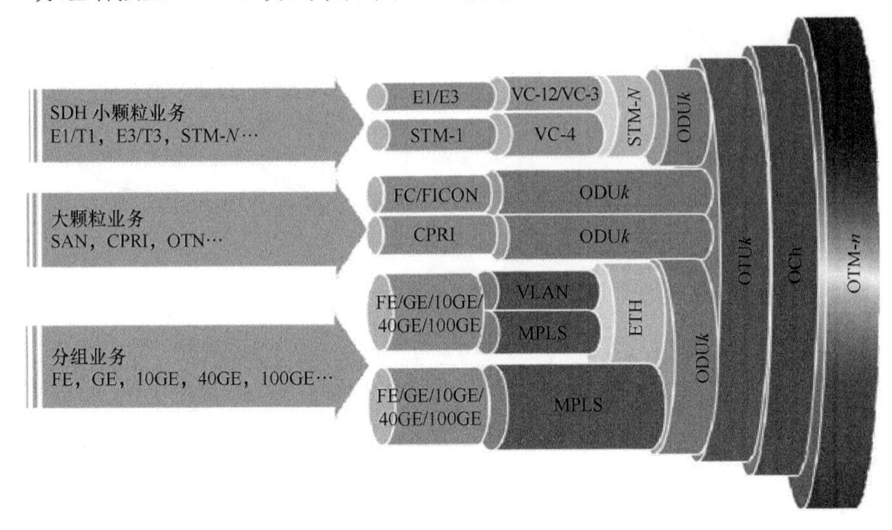

图 1-36　分组增强型 OTN 业务封装

（2）EOO 专线

OTN 以太网业务（EOO，Ethernet Over OTN）是将以太数据分组载荷经过封装、交叉、映射后通过 OTN 通道来传送。传统的 OTN 承载以太网专线时并不支持限速、汇聚等场景，但当引入 EOO 能力后，可支持 LAG、QoS、OAM 等 L2 层的功能特性，实现端口限速、业务汇聚、带宽共享，以及流量监控等功能。EOO 业务在分组增强型 OTN 中部署在 OTN 域。

对于 1Gbit/s 以上的大速率以太网业务，可以直接在 ODU*k* 上承载，非标准速率的业务可通过以太网端口限速，实现 1 ～ 100Gbit/s 的弹性大颗粒、高品质、硬管道的专线型业务。与透传 ODU*k* 业务相比，EOO 增加了对以太信号的处理能力，将客户侧业务交叉到一个虚拟以太网口上，并进一步映射到 ODU*k* 通道传送。

对于 1Gbit/s 以下的小颗粒以太网业务，在分组增强型 OTN 中可以通过 OTN（EOO）或 VC（EOS）承载。如通过 EOO 承载，需要将多个小颗粒以太网业务通过 QinQ 技术隔离，再通过分组增强型 OTN 的混合线卡捆绑到一个虚拟以太网口，不同业务之间通过 SVLAN（服务提供商 VLAN，Service provider VLAN）来区分，再映射到对应的 ODU*k* 通道传送。

业务实现原理是：EOO 信号处理过程通过通用成帧规程的成帧映射（GFP-F，Frame mapped Generic Framing Procedure）方法将虚拟以太网端口映射到对应的 ODU*k*（0,1,2,2e,3,4,flex）通道，再根据流量大小绑定合适的 ODUflex 时隙

数并分配相应的合适带宽，从而实现对业务分组的高效承载。EOO 可以支持 VLAN 流限速和端口限速，支持业务收敛，共享管道带宽，以及按需分配带宽服务（BoD，Bandwidth on Demand）功能，管理员或用户自己可以动态调节业务通道带宽。EOO 专线属于独占管道方式，可满足部分客户（如金融、政府客户）对通道安全性的要求。客户总部—分支机构基于 EOO 的组网案例如图 1-37 所示。

（3）SDH 业务

SDH 是指在分组增强型 OTN 中承载包括 VC-12、VC-3、VC-4 速率的 SDH TDM 业务。SDH 业务承载在 SDH 域上，客户侧是 SDH 端口，并进一步映射到 ODU*k* 上进行传送。

（4）EOS 业务

EOS 业务指针对传统的 MSTP 业务，通过分组增强型 OTN 中的 SDH 域进行承载。由于 MSTP 不支持 MPLS-TP，移植到分组增强型 OTN 中可采用 EOS 方式实现，其实现原理和 MSTP 通过 SDH 网络承载相同。

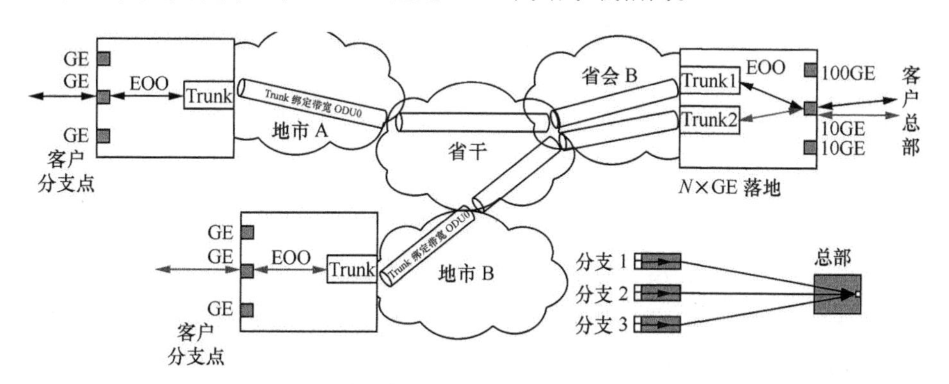

图 1-37　客户总部—分支机构基于 EOO 的组网案例

（5）MPLS-TP 业务

该业务基于面向连接的 MPLS-TP 协议，通过在传输网中引入 MPLS-TP 标签交换和转发来实现用户间数据业务报文的透传。MPLS-TP 技术可以较好地解决传统 SDH 业务在以分组交换为主的网络环境中效率低下的问题。

MPLS-TP 传送的基本原理为：首先，基于 MPLS 标签构建端到端（E2E，End to End）的逻辑路径（又称为 MPLS Tunnel，MPLS 隧道），数据报文映射入唯一逻辑路径后会被透传到目的地；其次，不同客户业务数据路径之间是逻辑隔离的，网络通过不同的 MPLS 标签来进行区分；最后，数据报文经过每一跳（站点）都会交换 MPLS 标签，从而找到唯一的 MPLS 标签关联的出口。

上面提到的 MPLS Tunnel 为承载业务的伪线（PW）提供承载通道。伪线端到端仿真（PWE，Pseudo Wire Edge-to-Edge Emulation）是一种基于 L2VPN

协议的技术，它可以在分组交换网上仿真各种类型的业务，通过建立点到点的通道，通道之间相互隔离，用户间的二层数据业务流可以在 PW 中进行透传。目前，PWE 业务主要有以下两种形态。

- 共享端口的 PWE 业务。如图 1-38 所示，一个站点的同一个端口可以传输多个用户业务，管理者通过不同的 VLAN ID 实现用户之间的数据隔离。此种业务场景通常为汇聚型业务，如总部—分部的业务，不同分部间通过 VLAN 实现业务的隔离。

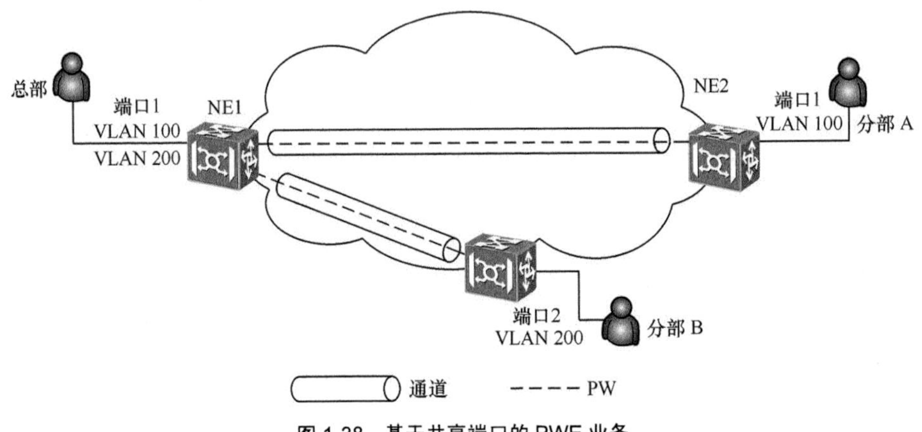

图 1-38　基于共享端口的 PWE 业务

- 共享通道的 PWE 业务。在实际的业务场景中，为提高网络设备端口的利用效率，在同一个通道中也可以传输多个用户业务，如图 1-39 所示，两个公司 A 和 B 共用一个通道，客户数据流通过 VLAN 进行隔离。

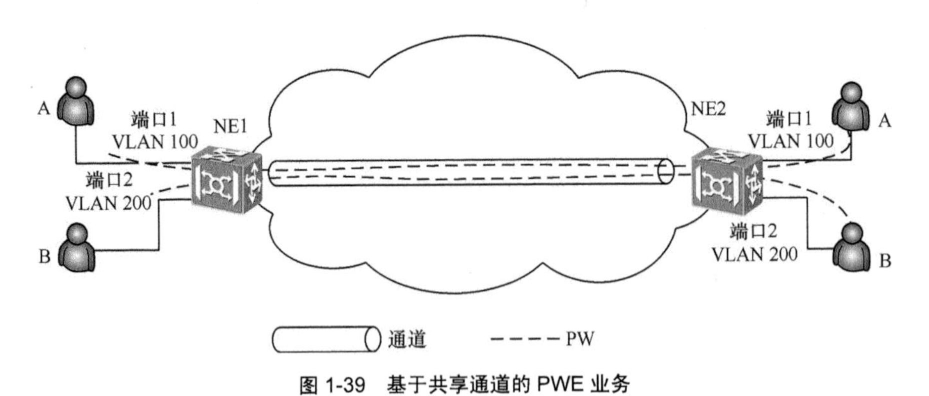

图 1-39　基于共享通道的 PWE 业务

6. MSTP 向分组增强型 OTN 的演进

近几年来，由于厂家已经基本停止了传统 SDH/MSTP 设备的版本开发和维

护，通信运营商因此也大幅降低或限制了对 SDH/MSTP 等非主流技术发展方向的设备投资。但毕竟这部分的存量客户需求依然还在，运营商若直接用 10Gbit/s OTN 系统来承载上述 SDH/MSTP 业务，会浪费大量的 OTN 资源。如用户业务提速时采用传统 OTN 实施，客户专线速率提速到 10 ～ 100Mbit/s 时，城域波分汇聚 / 核心层设备的槽位和带宽容量会很快捉襟见肘，所以早期的 10Gbit/s 波分系统无法支撑快速增长的、更大颗粒的专线提速需求。而分组增强型 OTN 承载网具有更大的交叉容量，较好地解决了交叉容量瓶颈和带宽不足的问题，满足了客户的承载带宽扩容需求。因此，现网大量的 MSTP 存量专线今后也将逐步由分组增强型 OTN 承载网来承接，这就是通常所称的 SDH/MSTP 专线改造为分组 OTN 专线，有厂家称为“O 改 S 专线”。

运营商承接替换 MSTP 专线的过程通常为：首先在城域波分承载网核心层中引入分组 OTN 设备，平滑衔接省内干线 OTN 与城域 MSTP 的业务调度功能；而后逐步将分组 OTN 设备引入汇聚层和接入层，全面替换旧的 SDH 设备。在初期平滑过渡阶段，分组 OTN 和 MSTP 可以联合组网，核心汇聚采用分组 OTN、接入段用 MSTP 延伸，通过分组 OTN 集成 VC 调度与 SDH 无缝组网。

1.3.3 光交换

光交换是指不经过任何光 / 电转换，直接将输入端的光信号交换到任意的光输出端。采用自动光交换技术之后，传统的多层复杂网络结构变得简单化和扁平化，光网络层可直接承载业务，并在光交换层直接进行互联，因此较好地满足了新一代网络对低时延和高扩展性的需求，特别是用户对动态资源分配、高效保护恢复能力以及波长应用新业务等方面的需求。光交换的优势简单概括如下。

① 在光层上按需提供交换服务，能够根据网络和相关服务的需要解决网络规模扩展问题，支持新型业务的提供。

② 减少电层处理，有效提升信号处理速度，能减少信号处理时延，实现网络业务的低时延。

③ 分布式控制，通过能提供自动发现和动态建立连接等功能的分布式控制平面，在 OTN 基础网络中可以实现全新的、动态的、基于信令和策略驱动的网络自动控制。

④ 具备资源自动发现功能，连接自动建立，方便操作维护。

⑤ 具备较强的网络生存性，实现网络的自动保护和故障修复能力。

⑥ 以业务为中心，支持多业务，资源动态分配，与所传输客户层信号的比

特率和协议相对独立，可支持多种客户层信号。

更详细的光交换技术进展将在第 5 章“智能光承载网技术的创新发展”中进行介绍。

1.3.4 智能光承载网的保护

分组增强型 OTN 支持全业务接入，能够接入任意速率的任意业务，满足各种类型颗粒的业务接入场景的需求。而将 ASON 引入分组增强型 OTN 建设中，在 OTN 中配置 ROADM 的 ASON 功能，可以为各种上层业务提供基于 OTN 的子网连接保护（SNCP）以及光层 / 电层 ASON 动态路由恢复功能。基于各种成熟的智能保护技术，运营商在业务的精细化运营过程中可以为客户提供更多的服务等级协议（SLA，Service Level Agreement）。

在分组增强型 OTN 背景下，ASON 可以从光、电两个层面引入。

① 电层 ASON，基于 ODU*k*、VC、PKT 等的电层保护，其原理和基于 SDH 的 ASON 基本一致，能实现多种保护模式。

② 光层波长交换光网络（WSON，Wavelength Switched Optical Network），即基于光层交换的 ASON。通过利用 ROADM、OXC 等全光交换设备实现在波道级别的交换，从而提供光层多路径保护。WSON 采用和 ASON 同样的控制技术，如业务层和控制层分离、光层资源自动发现、自动分配波长通道、自动调节光路性能等。由于在路径保护倒换的时候要进行自动路径光信号的检测和性能调整，因此倒换时间为秒级会对实时业务造成瞬断损伤。

实际应用中，我们可以在客户侧单板（分组业务板、TDM 单板、OTN 支路板）上接入 ETH、SDH、OTN 等业务后为其配置不同的保护策略，通过光层 ASON 和电层 ASON 的配合来实现对客户业务的保护和自动恢复。针对用户的不同级别，可以分别采取如下保护策略。

① 对于最重要的客户，比如钻石级客户，可以配置两种保护方式：1+1 的 SNCP 方式（或者在客户侧配置 1+1 保护）和 ASON 光层动态路由恢复。业务工作路径发生故障时，SNCP 可以在 50ms 内发生作用，将工作路径倒换到保护路径。当原始工作路径通过光层 ASON 恢复后，SNCP 再将主用路径切回原始工作路径。

② 对于较重要的客户，比如金级客户，可以配置两种保护方式——1：*N* 的 SNCP 保护方式和光层 ASON 动态路由恢复。

③ 对于普通的客户，可以只配置光层 ASON 动态路由恢复。在此保护手段下，当发生路径中断，系统启动重路由保护机制时，客户业务会有瞬断。

1.3.5 智能光承载网运营平台

1. 平台的发展背景

随着网络流量呈指数级增长，网络技术越来越多样化，网络组网越来越复杂，传统传输网的管理手段面临的挑战越来越大，主要包括以下 3 个方面。

① 网络可控性差，网元管理系统（EMS，Element Management System）的南北向接口模型不统一，无法对跨厂家设备进行有效管理，网络分段建设，端到端管理能力不足，跨域端到端智能手段欠缺。

② 自动化水平低，人工占比大，维护支撑手段不足，网管系统不能支撑业务开通自动流程激活，智能化规划、调度手段很弱。

③ 固定管道产品的弹性带宽管理及调度能力不足，不能实现随选网络能力，静态资源管理不匹配动态网络，业务交付效率低，无法实现业务的端到端管控和即时开通电路。

2. T-SDN 系统

软件定义网络（SDN）是一种创新的网络架构形式，是实现网络功能虚拟化（NFV，Network Function Virtualization）的具体落地实践。SDN 的核心技术基于 OpenFlow，通过将网络设备控制面与数据面分离，实现了对网络流量的灵活控制，使得网络作为连接管道变得更加智能。T-SDN 是 Transport-SDN 的缩写，即传送网领域的 SDN。

（1）T-SDN 系统总体介绍

T-SDN 系统通过引入集中式的网络控制手段，构建了一个更加开放、灵活、动态的网络，可以有效解决传统承载网中的实时性和扩展性不足、异厂商间难以协同、端到端管理和维护复杂、网络适应性差，以及系统封闭导致 OSS 集成困难等问题。T-SDN 系统具有以下几方面的特点。

- 简洁：T-SDN 控制器统一控制，数据共享，互通性好，层级、接口简化。
- 敏捷：网络软件编程，资源快速配置扩展，支持一键式升级，降低了维护成本。
- 集约：统一部署、配置，实现了端到端业务自动化控制和资源优化。
- 开放：提供标准的北向接口，丰富便捷的开放能力，主动适应应用。

（2）T-SDN 控制器

T-SDN 控制器是 T-SDN 解决方案的核心部分，控制器通过南向接口对网络实施集中式的监控和控制，并由北向接口实现网络抽象和定制化服务。T-SDN 控制器的主要优势如下。

- 控制器实现跨域、跨厂家路由计算和端到端管理。
- 丰富的南向接口能力，实现自动化运维。
- 通过开放的标准北向接口，保证设备厂商、客户自行开发的第三方应用能够通过 T-SDN 控制器控制网络。核心能力和应用层分离，实现开放式应用体系。
- 具备一点触发调度全网资源的软件控制网络能力。

目前 T-SDN 还处于不断发展的过程之中，尚未形成大规模商用的能力，有关 T-SDN 的最新技术及发展将在本书第 5 章“智能光承载网技术的创新发展”中深入阐述。

第2章 智能光承载网的规划

本章介绍智能光承载网规划所涉及的相关技术概念，重点对智能光承载网开展规划的相关设计原则、规划模型、规划流程、规划方法以及规划工具“OTN规划平台”“智能光承载网可视化平台”进行了细致阐述，并结合运营商开展承载网规划的工作实例，从骨干网和本地网两个维度进行了案例详解。

| 2.1 本章概述 |

行业内最新的数据统计结果表明，近年来全球 IP 总流量持续保持快速增长的势头，预计 2016—2021 年五年间的年复合增长率约为 24%，其中，移动蜂窝网络流量复合增速为 46%，而来自移动设备及 Wi-Fi 的流量占比将从 2016 年的 49% 提升至 2021 年的 63%（数据来源：思科可视化网络指数（VNI））。

在 5G 网络方面，为支持未来 5G 商用普及后爆发的移动端超高清视频、增强现实 / 虚拟现实（AR/VR，Augmented Reality/Virtual Reality）等业务应用，相应的接入网将采用如图 2-1 所示的 C-RAN 模式进行全光组网。主流观点认为，传统的基站处理单元（BBU，Base Band Unit）将拆分成集中单元（CU，Centralized Unit）和分布单元（DU，Distributed Unit），并视实际需求选择合设或分开部署。据 IMT-2020《5G 承载需求白皮书》测算，5G 前传和中传主流方案带宽将分别达到 29.3Gbit/s、33Gbit/s，而 CU 与核心网之间回传的汇聚层与核心层带宽则将分别达到 198Gbit/s 和 794Gbit/s，对应到光接口，前传、中传将分别以 25Gbit/s 和 50Gbit/s 光模块接口为主，而回传预计在建网初期将采用 100Gbit/s 光模块接口，后期根据需要部署 200/400Gbit/s 光模块接口。

针对流量的快速增长，加上 5G 已经商用，国内各大运营商已经或正在规划对各自网络基础设施，尤其是承载网开展大规模的新建、扩容与升级工作。总体来看，运营商在智能光承载网方面的工作主要围绕全光化、智能化和扁平化等方面展开。

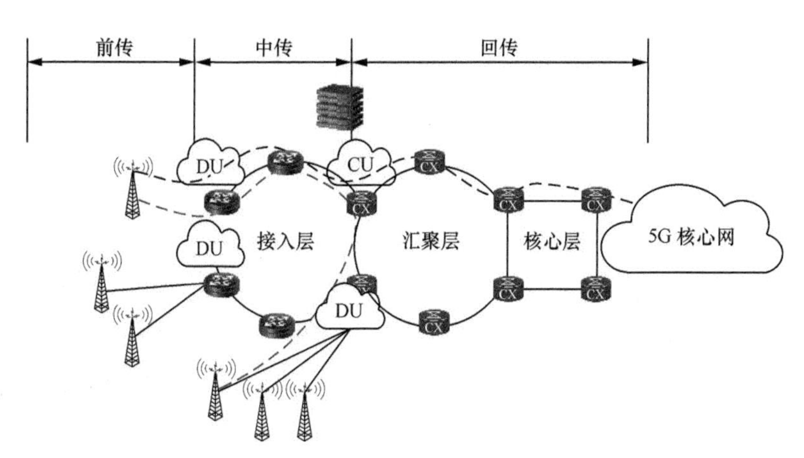

图 2-1 C-RAN 网络组网模型（来源：IMT-2020《5G 承载需求白皮书》）

2.1.1 规划的概念及关注点

光承载网的规划是一项长期迭代、复杂的系统工程，需要在一定的方法和原则指导下，对网络的现状及需求进行数据采集分析，同时结合网络演进的方向和业务部门的需求进行相应的逻辑设计和物理设计。

目前规划的关注重点主要包括以下几个方面。

1. **带宽提速**

随着通信网络中视频流量的占比不断提高，电信网络带宽也在持续提高。

首先是城域网的规模提速需求持续增长。目前大中型城域网业务密集区域已经出现 BRAS 上行至 MSE 的 100GE 端口需求，后续的带宽需求还将逐步提升。传统以光纤直拉方式构建的城域网链路无法满足 100GE 及后续的承载需求，而以 100GE LR4 端口为代表、传输距离在 10km 以内的客户侧光模块接口已经开始大量普及。

其次，随着"企业上云"业务的推动，政企客户专线也开始普遍提速，从之前的 2 ～ 10Mbit/s 提至 50Mbit/s ～ 1Gbit/s，运营商原有的 SDH/MSTP 网络由于技术和设备都比较落后，缺乏维保，也需要向分组增强型 OTN、ASON 技术演进。

2. **节能及功耗优化**

随着设备容量和功率密度的不断提升，设备功耗和机房供电能力的矛盾愈演愈烈。数据骨干路由器设备和分组 OTN 承载网设备都在向集群方向演进，单机框设备的功耗超过 10kW，传统的下送风制冷方式无法解决设备局部过热的问题，必须采用“微冷池”“封闭冷通道”“微模块”等新技术来解决设备制冷问题。目前在运营商的枢纽机房中，由于外电功率受限，新工程的设备加电困难，已经严重影响到运营商新业务的开通。

因此，在站点和设备规划中必须开展设备节能管理，并将设备能效比提高到重要的位置上来。

3. 降低网络时延，简化网络层级

金融交易业务、实时云业务和 5G 移动承载等对网络的端到端时延提出了更高的要求，其中金融实时交易，特别是高频交易要求响应时延低至毫秒级，而在 ITU 所提出的 5G 愿景中也提到，5G 端到端时延的最苛刻指标是低于 1ms。考虑到在真正的 5G 商用系统中从 5G 末端基站到核心网之间可能有数十到几百公里的物理距离，在连接上需经过多层汇聚和转发，协议上还要考虑 IP 层的开销和抖动，因此在网络架构设计上必须一方面进行简化，另一方面也要考虑引入新的计算网元（如移动边缘计算（MEC，Mobile Edge Computing）节点），只有这样，才有可能满足 5G 场景下的超低时延要求，保证用户体验。

在网络层级简化方面，运营商传统的网络建设方式均采用国家骨干、省内骨干、城域三级逐层汇聚的方式，其实这种建网方式与其说是为了客户，倒不如说是为了适应运营商的行政管理特性。国外的 FANG（脸书、亚马逊、Netflix 和谷歌）和国内的 BAT（百度、阿里巴巴、腾讯）等互联网企业从一开始并不这样规划和建网，它们采取的通常是全连接的一层或二层网络，以降低路由跳数和时延。近年来，随着光承载网设备造价的大幅降低，100Gbit/s 光模块应用成为主流，运营商们也开始采取相对激进的策略来开展网络层级简化工作。例如，中国电信集团最新部署的全国政企 OTN 专网，甚至采用完全扁平化组网，将国家骨干、省内骨干、城域三层的界限完全抹平，取消了传统的背对背连接，全网集中调度，从而大大降低了政企客户的专线时延。除此之外，广东电信从 2017 年开始也在集团内率先取消了本地城域网的边缘路由器（BR，Border Router），各城域内的 MSE 设备通过省内光承载网直连省网骨干路由器（CR，Core Router），大大提升了宽带接入用户感知。

4. 增强网络稳健性

由于管道或电路调度的原因，运营商现网中部分 MSE 及超过 2000 个用户的 OLT 上联链路、客户电路存在逻辑上双路由但物理上单路由的情况，一旦相应物理段落上的光纤被工程挖断，客户的通信业务将会受到较大影响。

为此，运营商需要借助类似相应的跨越不同网络层次的综合精确分析工具（如第 2.5.2 节提到的广东电信自行研发的“智能光承载网可视化平台”），借助

系统搜索出 MSE 上联 CR、大型 OLT 节点上联 MSE、重要政企客户电路的单路由隐患，在关联相应物理管井的基础上，结合承载网的 ASON/WSON 等保护特性，输出相应需要新增双路由的路径和手段建议。

5．实现边缘末梢的综合业务承载

综合未来 5G、家庭宽带、政企专线等对接入网承载的需求，以及网络架构演进目标，在网络规划中应引入“综合业务接入区”的概念，以实现“一网多用”，发挥基础设施和网络设施的综合价值，同时实现网络的进一步扁平化。

综合业务接入区是指可满足移动基站、政企专线、家庭宽带等各类业务接入需求，结合行政区域、自然区划、路网结构和客户分布，将城市区域或发达乡镇等业务密集区划分为多个能独立完成业务接入和汇聚的区域。综合业务接入区汇聚多个住宅小区、园区和商务楼宇的业务，其覆盖范围大于接入网机房而小于一般机楼的覆盖范围，包括综合业务局站、接入网机房、主干光节点、配线光节点、主干光缆、配线光缆等网络要素，其网络结构如图 2-2 所示。

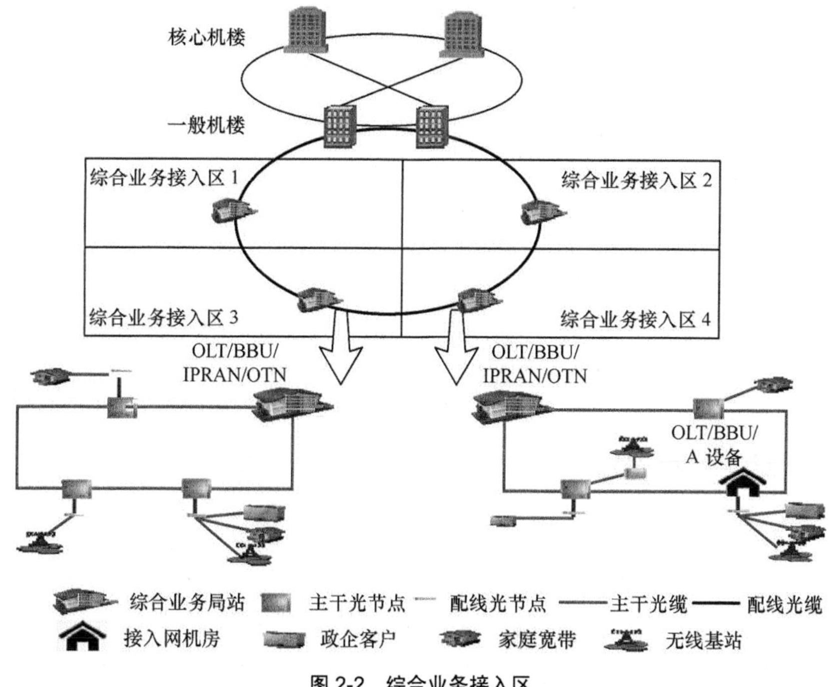

图 2-2　综合业务接入区

“综合业务接入区”概念的提出和相应规划，也是运营商进行网络重构转型、实现“以 DC 为中心重构网络”这项工作的重要组成部分。虽然它不是本书的重点，但作为重要的基础设施，在 5G 前传、中传网络设计时需要对其提出相应的机房面积、动力、空调需求。

2.1.2 规划的目标及预期效果

需要根据当下网络逐步“简化、云化、扁平化”的趋势，制订满足各种潜在业务需求的光网承载方案。一方面要能够提供丰富的网络接口资源，快速支撑各种网络需求，并通过打通不同网络层级的智能管理软件平台，实现高效率的网络灵活调度；另一方面，也要通过结合物理层和各协议层的自动保护手段的加载，实现对网络连接的高性能保障，同时实现最优的造价控制和最低的运维成本。通过规划预期收到的效果包括如下几个方面。

① 资源利用率最高：优秀的规划设计在于对波长资源、端口资源、光纤资源、站址资源的统筹规划、按需充分利用，做到高效不浪费。

② 成本最优：网络建设需要具有经济性，包括建网费用 CAPEX（Capital Expenditure）和运营成本（OPEX，Operating Expense）最低。

③ 能耗最优：体现为单位容量下的设备功耗最低。

④ 生存性最强：具备保护和恢复能力，保护能力包括具备 1+1、环网组网，能够抗多次断纤；恢复能力包括具备 ASON/WSON 重路由能力、快速倒换能力和百分比“3 个 9”以上的网络可用性。

⑤ 连通性最佳：全网 Mesh 化比例高，实时交换、连接，无阻塞。

⑥ 具备可升级性：能够实现平滑升级，不动基础设施、不大面积更换设备，以软件升级为主，硬件升级局限于部分单板和模块的替换。

⑦ 具备可扩展性：一次规划，10 年使用，网络具有灵活调整能力和综合承载能力，能够适应传统业务变更和新兴业务的按需接入。

2.1.3 光承载网的分类

光承载网是一个庞大而复杂的网络，业界对其有不同的分类方法，最常见的狭义理解一般认为光承载网是位于链路层的传输波分网络，它通常由众多的传输节点和分段转接的传输链路组成。但这种角度未免有些以偏概全。因此，本书更倾向于从广义的角度出发，将智能光承载网看成一个包括多层网络的整体概念，从协议分层的角度来进行分析，其由低到高可以依次分为光缆物理层、光网络层和电网络层。

然而，众所周知，随着 Everything over IP 成为现实，当 IP 层“尽力传送”的特点在应用于政企等场景而经常被人诟病之时，链路层的传输波分和物理层

的光缆网络又重新焕发出青春，业界也不断涌现出新的技术来为原本的刚性管道赋予智能、灵活的特性，正因如此，传统的光承载网才有机会向智能光承载网逐步演进，其中关于“智能”的一些特性会在第 4 章中讲到。同时，为便于读者理解，也需要了解在运营商中还有对智能光承载网的另一种分类，即按地域覆盖范围的不同，将智能光承载网划分为骨干承载网和本地承载网两类。骨干承载网（含相应光缆网）包括国际、国内省际长途（通常称为“一干”）、省内长途（通常称为“二干”）；本地承载网包括本地中继和接入网，均包括相应配套的光缆网。

| 2.2　光承载网的规划流程及方法 |

从运营商日常工作实践的角度来看，光承载网规划是一个循环迭代的过程，通常包括年度滚动规划和日常的动态调优规划两个维度。一方面，考虑到大型网络设备的集采周期和相关招投标管理规定，运营商须按照内部相关专业，如数据 IP 及政企客户业务发展的需求，同时结合网络转型的既定策略来开展年度的网络结构调整和能力优化；另一方面，运营商的运维部门会根据所采集的在运行网络的状态参数，结合客户节点的变化和电路的调度需求、高流量站点的变化，动态地进行相应局部网络的规划调整。通过“定期开展的滚动规划”和“小步快跑的动态调优”相结合，保证运营商网络时刻处于相对优良的运行状态。

2.2.1　规划流程

为了顺利完成光承载网的规划，制订网络部署方案，指导网络建设，光承载网规划必须先进行规划基础资料的收集和调查，以业务需求预测为基础，并考虑市场竞争以及今后网络、技术的发展等因素，进行充分比较和论证后提出可行的规划方案。常用的规划实施流程如图 2-3 所示。

（1）网络现状描述

网络现状描述可从网络宏观状况描述和网络能力具体分布的统计两个层面进行，通过尽可能量化的统计和分析，准确反映网络资源现状及利用情况，包括诸如各系统的容量、各类型用户端口容量及占用情况等。

（2）存在问题分析

对承载网络在实际运营中存在的问题进行分析，包括定性及定量的分析。

这些问题有网络安全性和保护倒换方面的问题、网上资源利用率、端到端平均时延、平均中断时长及中断产生的主要原因等。

（3）业务需求预测

全业务运营时代，电信运营商都将转型成为信息和通信技术（ICT，Information and Communication Technology）综合服务提供商。业务的丰富性带来对带宽的更高需求，直接反映为对传输网能力和性能的要求，因此需要分别预测各种业务层网络和支撑网络对承载网传输带宽的需求，同时考虑带宽出租、网络冗余保护和倒换以及备用带宽等的需求，最后经汇总整理得出端到端的各种传输需求矩阵（电路需求或光路需求）和分期建设方案，以输出相应的设备采购需求和工程施工方案。

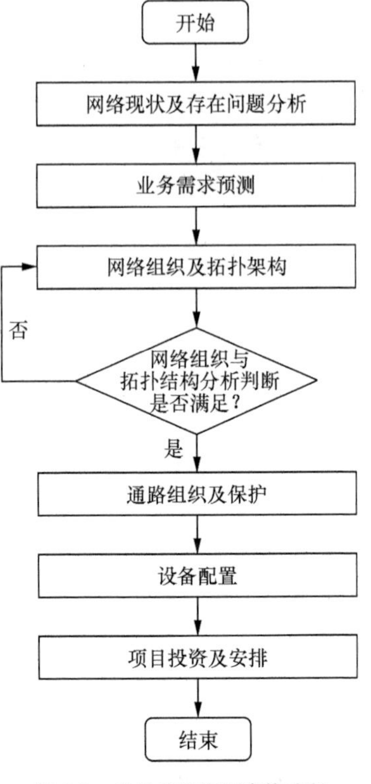

图2-3 光承载网规划实施流程

（4）网络组织与拓扑结构（含设备网层面及物理光缆网层面）

根据对传输承载网的现状描述、存在问题分析和业务需求预测，以及传输资源现状与业务需求预测进行比较分析的结果，基本可以确定规划期内的网络组织方案与拓扑结构，包括：网络节点的设置、光缆网的物理拓扑结构、光缆芯数和类型的选择、设备层面的拓扑结构、容量和保护方式等。

（5）通路组织

根据前面的网络组织方案，结合传输承载网络现状与业务需求预测的比较结果，将预测的各业务流量需求分配到各传输链路上。在实际的规划过程中，通路组织安排主要是对新增业务量进行分配和安排。在进行通路组织安排时，应尽量考虑减少传输距离，尽量选择途经传输节点个数较少的路径，同时减少需要跨接的路由段数。在进行网络优化时，要优先考虑子网内部的业务，在各子网内部尽量疏通业务，使整体网络的流量尽可能达到平衡。如有必要，还应进行网络冗余度和生存率的计算，以保证网络的整体性能。

（6）设备配置

根据前面所考虑的网络组织方案、拓扑结构和通路组织，并考虑现有传输设备条件，归纳出各环或段组网所需要的各设备的特性，选择合适的设备，并确定设备的数量和容量配置。对于需求潜力较大的节点，应优先考虑具有更强

承载能力和可扩容能力的设备；对于重要客户较集中的区域，譬如重要新兴的经济活力圈，应适当配备超前于当前需求的设备及板卡。

（7）建设项目安排及投资估算

最后，根据前面光缆网的规划拓扑和承载网通路组织、需要新建或扩容的设备和线路数量，结合工程相关配套服务的投资来进行投资测算，在进行必要的项目经济性分析后，输出相应的年度滚动规划建设项目，同时按照业务需求的轻重缓急来有序地安排后续的工程实施计划。在上述各步骤中，传输网的现状描述、存在问题分析和业务需求预测是整个规划流程中最为重要的3个环节，也是其他各步骤的基础和前提。

2.2.2　资源现状分析

光网络规划的第一步是对现有网络架构和资源状况进行分析，采集和提取基础数据进行统计归类，并将其作为整个规划流程的先决条件输入。

1．**网络架构分析和信息提取**

环链路是二层光传输网的基础架构信息，需要识别环的分布和业务承载量等。假设网络节点分为枢纽节点和接入节点，则业务流量可以归结为3类：接入节点—接入节点、枢纽节点—枢纽节点、接入节点—枢纽节点。由此设定网络中的总节点数为 N，分别对应序号 $1\sim N$，则有：

- 环枢纽节点的数量定义为 N_c，对应节点序号为 $1\sim N_c$；
- 接入节点的数量定义为 N_a，对应节点序号为 $N_c+1\sim N$，$N=N_a+N_c$。

  定义任意两个节点（i,j）间的业务流量为 L_{ij}，则有：

- 枢纽节点间的业务需求总和为 $V_c=\sum_{i=1}^{N_c-1}\sum_{j=i+1}^{N_c}L_{ij}$；
- 接入节点间的业务需求总和为 $V_a=\sum_{i=N_c+1}^{N-1}\sum_{j=i+1}^{N}L_{ij}$；
- 枢纽节点和接入节点间的业务需求总和为 $V_{ac}=\sum_{i=1}^{N_c}\sum_{j=N_c+1}^{N}L_{ij}$；
- 单个接入节点的平均业务需求量为 $a=\dfrac{2V_a}{N_a(N_a-1)}$。

此外，假设接入环的数量为 r，则每个接入环的平均接入节点数为 $n_a=N_a/r$，那么一个接入环上的业务需求负荷由以下三部分组成：

- 源和宿在同一接入环上的业务需求为 $V_1=\dfrac{n_a(n_a-1)}{2}a=\dfrac{V_a(N_a-r)}{r^2(N_a-1)}$；
- 源和宿在不同接入环上的业务需求为 $V_2=n_a(r-1)n_a a=\dfrac{2V_aN_a(r-1)}{r^2(N_a-1)}$；

- 源和宿分别在接入环和枢纽节点的业务需求为$V_3=\frac{V_{ac}}{r}$。

由此，平均每个环的统计复用平均业务需求总量为：

$$\bar{V}=V_1+V_2+V_3=\frac{V_a(N_a-r)+2V_aN_a(r-1)}{r^2(N_a-1)}+\frac{V_{ac}}{r}$$

2. 资源利用率分析和信息提取

光承载网的资源利用和余量也是光网络规划前所需要掌握的关键基础信息，通常包含线路时隙占用率、支路端口占用率和全网资源使用率 3 个部分。

$$线路时隙占用率=\frac{已经使用的线路时隙}{所有可以提供的线路时隙}\times 100\%$$

对线路时隙资源进行统计分析，目的是衡量各分段的线路时隙分配是否均衡、是否有线路瓶颈存在，以识别出可以调整的路段并在组网和业务规划时进行优化设计。

$$支路端口占用率=\frac{已经使用的支路端口}{所有可以提供的支路端口}\times 100\%$$

而对支路端口资源进行统计分析，则是为了评估客户侧业务对应的接入通道利用的饱和度、分布合理性，以用于考量区域业务接入规划的合理性。

$$全网资源使用率=\frac{开通的业务的数量}{光路段数\times 光路最大时隙量}\times 100\%$$

全网资源使用率则反映整个网络所发挥的实际效能，数值越高，表明业务分配越合理、建设效益越高。

2.2.3 规划需求导入

规划需求来源于业务，主要包括有线宽带网络、无线承载网络、内容分发网络（CDN）以及互联网数据中心（IDC）、大客户需求等。在光承载网规划中，只有精确导入业务需求，才能真正做到规划有的放矢、快速支撑业务发展。运营商承载网通常面临的需求主要包括以下几类。

1. 有线宽带网络需求

本地网有线宽带网络一般包括核心层、汇聚层和接入层三部分，如图 2-4 所示。

核心层主要包括出口设备（根据本地网的组网模式不同可设置 CR 设备或 BR 设备）和业务控制层设备（MSE、BRAS 和 SR 等）。网络链路需求包括：出口设备（CR 或 BR）到省核心网络的链路需求；出口设备（CR 或 BR）之间的链路需求；MSE、BRAS 和 SR 等设备到出口设备（CR 或 BR）的链路需求。

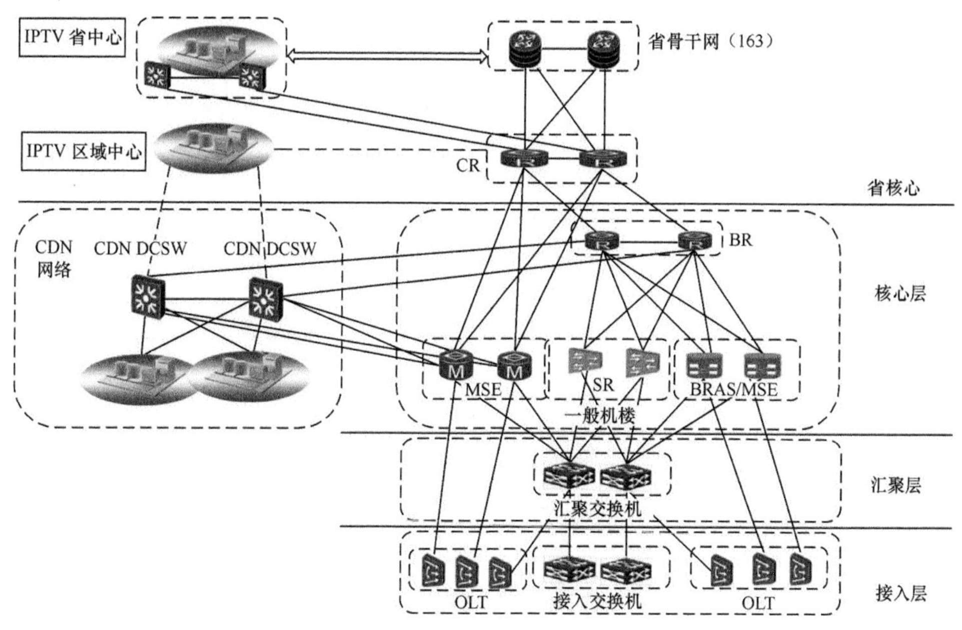

图 2-4　有线宽带网络

汇聚层主要包括汇聚交换机，网络链路包括汇聚交换机到 MSE、BRAS 和 SR 等设备的需求。

接入层主要包括接入交换机和 OLT 设备等，网络链路包括接入交换机和 OLT 等设备到 MSE、BRAS 和 SR 等设备的需求。

在汇聚层面，包括汇聚交换机到 MSE/BRAS 的链路需求、汇聚交换机到 SR 的链路需求，以及 OLT 到 MSE/BRAS/SR 等的链路需求。

2. *无线网络承载需求*

4G 及 5G 建设初期，无线侧的网络承载需求主要通过 IPRAN 来满足，本地 IPRAN 主要包括城域核心层、汇聚层和接入层三部分。其中，城域核心层包括城域 ER 和汇聚 ER（根据具体组网模式进行设置，可选择设置汇聚 ER），汇聚层一般采用 B 设备，接入层一般采用 A 设备，如图 2-5 所示。

IPRAN 对网络链路的主要需求包括以下几个方面。

- 城域核心层：城域 ER 到省级 ER 的链路需求，汇聚 ER 到城域 ER 的链路需求，城域 ER 之间的链路需求，以及汇聚 ER 之间的链路需求。
- 汇聚层：B 设备到本地城域 ER 的链路需求，以及 B 设备到汇聚 ER 的链路需求。B 设备一般成对部署在同一个机房中，通过同机房链路进行互联。
- 接入层：A 设备到 B 设备的链路需求。

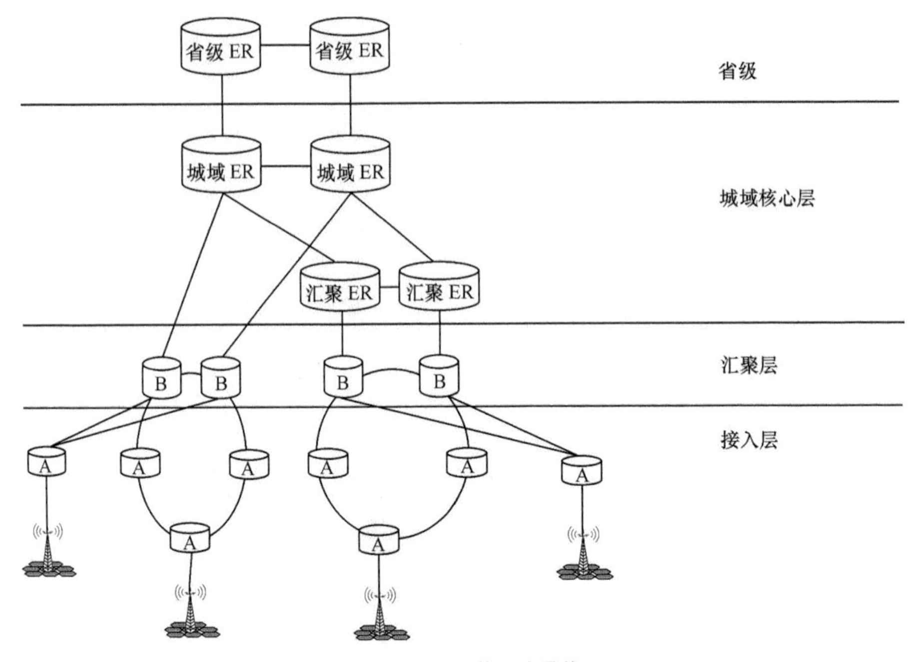

图 2-5　4G 无线网络承载

对于即将开展规划和建设的 5G 承载网，根据相关标准的要求，网络将从 4G 的 BBU、RRU 两级结构，演进到 CU、DU 和 AAU（有源天线处理单元，Active Antenna Unit）三级结构（如图 2-6 所示），规划需求主要包括以下 3 个方面。

① 前传（Fronthaul）：主要是 5G 网络的 AAU 与 DU 之间的连接需求。

② 中传（Middlehaul）：主要是 5G 网络的 DU 与 CU 之间的连接需求。

③ 回传（Backhaul）：主要是 5G 网络的 CU 与核心网之间以及相邻 CU 之间的连接需求。

3. CDN 需求

本地网 CDN 业务访问点（POP，Point of Presence）节点一般部署在核心机楼或部署了 MSE 的一般机楼，传输链路的需求主要包括 CDN POP 节点到 CDN 核心交换机的链路需求、CDN 核心交换机到出口设备（CR 设备或 BR 设备）的链路需求，以及 CDN 核心交换机之间的链路需求。如果 MSE 采用直挂 CDN 的组网方式，则传输链路的需求还包括 MSE 到 CDN 核心交换机的链路需求。具体如图 2-4 所示。

4. IDC 需求

IDC 需求主要包括本地出口路由器到 CR、数据中心交换机（DCSW，Data Center Switch）到本地出口路由器（如图 2-7 所示），以及汇聚交换机（HJSW）

到 DCSW 等的链路需求。

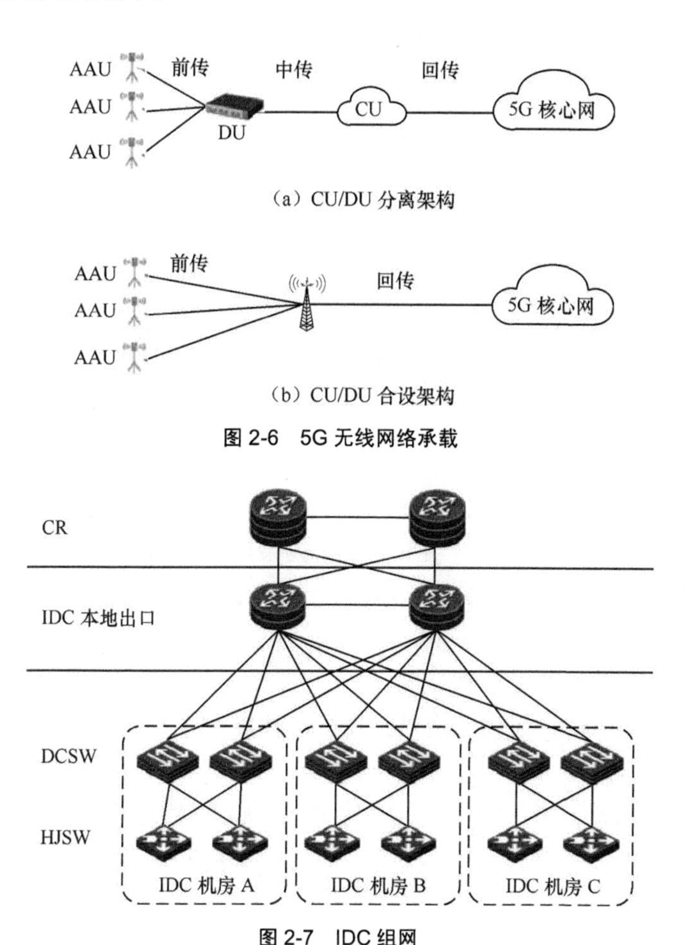

（a）CU/DU 分离架构

（b）CU/DU 合设架构

图 2-6　5G 无线网络承载

图 2-7　IDC 组网

2.2.4　拓扑规划

光承载网主要有链形、星形、树形和环形 4 种拓扑结构形态，在实践中，通常需要结合光缆的路由及业务网络的需求来对拓扑结构进行合理的选择。

由于链形拓扑将网络节点以非闭合的形式连接在一起，一旦中间部分链路或节点失效，整个拓扑网络将无法工作，因此只能用在对生存性要求不高的网络中。

星形拓扑对中心节点的能力要求很高，通常只能由具有 OXC 的节点来承担，并且要求节点能够对全网进行管理和流量疏导。星形网络的生存性同样面临挑战，因为中心节点一旦失效，也会导致全网瘫痪。

环形和树形网络在连通性和可靠性上都具有普遍适用性，对于二者的选择，要考虑具体业务场景来进行对比择优。原则上，当“环改树”的综合成本低于扩环时，推荐选择树形结构。树形与环形网络拓扑结构的对比如图2-8所示。

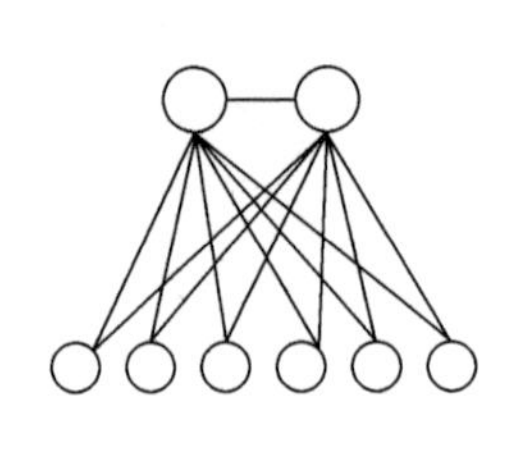

（a）树形网络拓扑

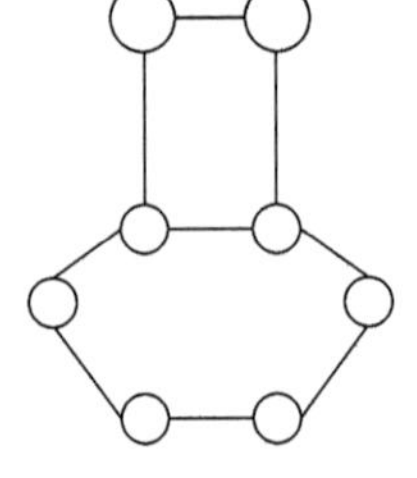

（b）环形网络拓扑

图2-8　树形与环形网络拓扑结构对比

两种结构的对比说明如下。

（1）从流量大小和分布进行考虑

对于环形网络，每个链路需承担环上的所有流量，所以需要站与站之间进行中继。此外，当环流量达到分组丢失阈值时，所有的环节点都要扩容互联端口，而树形拓扑则可以按站点需求单独扩容。

（2）从业务与端口的匹配程度进行考虑

整体上，树形网络承载的总业务量更大，环形网络使用的端口量最少。因此，如果业务量较小且未来扩容需求不大，建议采用环形拓扑。如果预计未来业务需求很大，需要确保网络端口充足，则建议直接采用树形结构。否则，后续扩容无法增加端口及带宽时，只能进行“环改树”。

（3）从光纤资源进行考虑

与环形网络相比，树形网络对光纤的消耗非常大，因此环形网络适用于光纤资源相对紧缺的场景。对于光纤资源相对充裕的场景，即使进行“环改树”，考虑到未来的业务发展，也应尽量避免全部使用光纤来直接构建树形拓扑，初期可考虑先采用裂环以减少环上节点数，然后通过光分插复用器件来实现“物理环，逻辑树”。

2.2.5　架构规划

整个光承载网的架构规划，从上到下可以分为骨干和城域两部分。规划的重点在于如何基于现有网络架构，优化光缆网结构，提高路由安全性，同时进一步完善高速传输系统覆盖，提升网络容量、灵活调度和对重要客户的保护能力。

1. 骨干规划：以数据中心（DC）为中心实现Mesh互联，立体化建设，精准投资

从2014年开始，随着云计算、SDN/NFV的兴起，网络上的IP流量方向正横向发展，逐步由南北向（网络 <=> 用户）为主向东西向（数据中心 <=> 数据中心）为主转变。如图2-9所示，根据思科公司的统计，到2020年，数据中心内部的数据流量将成为主要数据中心业务数据量，占比高达77%，复合增长率为

27%，而数据中心之间流量占比为 9%，数据中心与用户之间的数据流量占比为 14%。因此，电信运营商也正顺应这种流量流向的变化趋势主动开展网络架构升级，在承载网的规划建设上逐步转向以数据中心为核心。

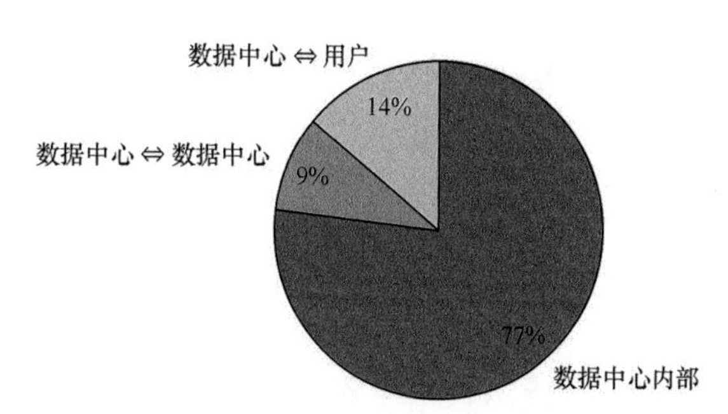

图 2-9　2020 年全球数据中心流量构成

（来源：Cisco Global Cloud Index）

对于骨干网的年度滚动规划，首先，要明确光承载网的核心节点必须打破行政区划限制，以 DC 为中心来进行选址，节点间的光缆资源必须统一规划，同时尽可能在节点间提供直达光缆。其次，在中间节点上引入全光交换设备并配备 100Gbit/s 及以上的大颗粒管道，以满足 DC 间东西向流量大带宽、低时延、高效率的调度需求。最后，在 DC 出口和网络边缘节点上引入 OTN 交换设备，同时实现 DC 出口的大颗粒灰光接口转换成彩光波长，小颗粒灰光接口到大颗粒波长管道的汇聚，以及不同网络间的小颗粒业务调度。总之，以 DC 为中心建网必须要坚持“大带宽、低时延、全互联”，这就要求 DC 间一跳直达，尽可能减少中间节点的电层处理环节，从而构建全 Mesh 化的高效网络。

在进行日常的动态调优规划时，我们提出了一种全新的“立体骨干规划”思路。具体来说，由于新建一个平面需要考虑机房空间、基础动力电源及空调配套、部署时间和成本等一系列问题，传统做法通常是尽量把一个平面用满后再新建一个平面。但实际工作中大部分的情况是小部分热点链路发生拥塞即导致出现“一个平面用满”的假象。为此，需要借助精确的分析工具（如第 2.5.2 节提到的广东电信自行研发的“智能光承载网可视化平台”），挑选热点及相应的拥塞链路，通过分析可用及最优的光缆物理路由，在热点之间建设高速直达链路，并与原来的骨干网组成一个新拓展的立体架构（类似于城市建设中的“立交桥”），从而疏导热点间的流量交通。相比完全新建一个平面，立体骨干规划思路可以在大幅节省投资建网时间的前提下，成倍提升网络容量。同时，在原平面上延伸更多的路由方向，也意味着可以增强 ASON 的路由选择空间，进一步提升全网的可靠性。

2．城域规划：通过 OTN 承载 IP（IP over OTN）、OTN 直连综合业务接入点（CO，Central Office），构建高效、灵活的硬管道通路

IP 多业务承载网是城域网络的基础。传统 IP 城域网基于分组交换技术实现统计复用，采用“路由器 / 交换机 + 光纤直连”的方式实现层次化组网。首

先，光线路终端（OLT，Optical Line Terminal）连接多组用户光网络单元（ONU，Optical Network Unit），并向上层连接到接入汇聚网关（AGG，Access Aggregation Gateway），实现网络侧与本地交换机的交互。随后，宽带网络网关（BNG，Broadband Network Gateway）作为宽带接入网和骨干网之间的桥梁，连接 AGG 和核心路由器（CR，Core Router），提供宽带接入服务，实现多种业务的汇聚与转发。CR 作为 IP 城域网的出口设备，可实现数据分组选路和高速数据转发，并向上连接到运营商边缘（PE，Provider Edge）设备。

但是，随着近年来 IP 数据网络流量的暴增，传统的流量统计复用方式效率不断降低，并且由于多层汇聚增加了路由跳数，网络建设成本居高不下，因此简化 IP 网络层次成为必然。再者，由于受到光纤容量、机房位置等的限制，越来越多的政企大客户（尤其是金融客户）要求其专线同时包括刚性管道（传送关键内部业务数据，如 OA、ERP、内部视频会议）和柔性管道（传送对外交流数据，如 Web 访问、E-mail），现在运营商在进行城域网络规划时，已普遍采用 OTN 技术作为 IP 网络的底层技术，IP 城域网也逐步向“IP+OTN 城域网”演进。

城域部署 OTN 架构时需要考虑覆盖范围大小和业务规模，通常建议小城市采用“双核心 + 环形”，中等城市采用“四核心 + 环形”，大城市则采用“多核心 + 环形”，核心层采用 Mesh 结构。

3．通路规划

光网络通路规划的主要内容包括：光纤衰减、光信噪比（OSNR，Optical Signal Noise Ratio）、色散、非线性效应，以及网络模型与结构、系统速率及容量、网络接口、网络保护、光传输距离、辅助系统设计。

4．光层跨段的规划

OTN 的跨段规划需要综合考虑光功率、色散、光信噪比、非线性 / 衰耗效应等因素。

图 2-10 所示为 OTU 之间的一个传输跨段，作为光网络通路的基本单元，其主要包含以下组成部分：

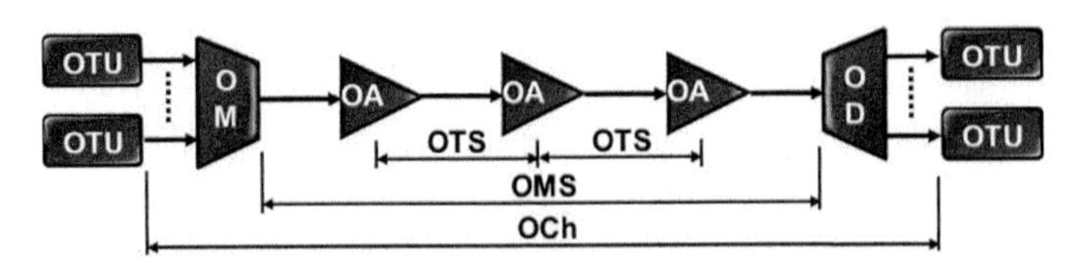

图 2-10　单个 OTN 网络跨段

- 光传输段（OTS，Optical Transmission Section）；
- 光复用段（OMS，Optical Multiplex Section）；

• 光通道（OCh）。

这里，常用的传输级数（Transmitting Hop）、光放跨段（Optical Amplifier Span）与光传输段（OTS）是同一概念，都是指由一段光纤以及两端光放组成的最小的光传输单元。

中国电信定义了“等效跨段 $N\times22$dB”的概念，以区别于物理跨段（即直观的光传输段）的数量。大多数复用段都是非均匀的，即不会全都是22dB光放段。对于非均匀跨段系统，采用如下等效为22dB跨段的方法来确定跨段数量。

① 对于跨段损耗小于22dB的情形，按照22dB核算（即 N 按1取值）。

② 对于跨段损耗大于22dB的情形，按照等效22dB跨段数核算，公式表示为：$N=1+(X-22\text{dB})\times0.2$，其中 N 为等效的22dB跨段数，按照复用段累计后四舍五入取整，X 是实际跨段损耗。即每个光放段都有一个 N 值，一个包含 m 个光放段的复用段的 N 值 = 取整（$N_1+N_2+\cdots+N_m$）。

（1）光功率预算

OTN整体光功率受限于光纤的传输距离和衰耗系数，如图2-11所示，其对应关系如下：

光纤损耗（dB）=$P_{输出}$（dBm）–$P_{输入}$（dBm）= 距离 L(km) × 衰耗系数 a(dB/km)。

在1550nm窗口，G.652和G.655光纤的损耗系数 a=0.22dB/km，但实际使用的光缆由于多段转接（转接头衰耗0.5dB/个）和老化常常达不到这个标准，规划时可根据实际测量情况修正。

图2-11 光纤损耗

（2）色散

光纤的色散影响主要考虑两种：色度色散（CD，Chromatic Dispersion）和偏振模色散（PMD，Polarization Mode Dispersion）。

色度色散主要表现为：不同波长的光信号在光纤中传输，由于折射率和传输路径不一致引起脉冲展宽，图2-12展示的即是色度色散的产生原理。

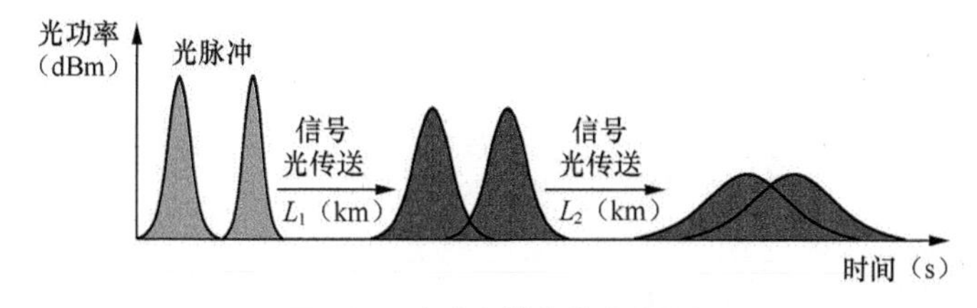

图2-12 色度色散传输脉冲展宽

• 色度色散（ps/nm）= 距离（km）× 色散系数（ps/nm·km）。

- G.652 光纤：色散系数 =17ps/nm·km。
- G.655 光纤：色散系数 =4.5ps/nm·km。

需要注意的是，100Gbit/s 系统的 CD 容限超过了 55 000ps/nm，远高于 10Gbit/s 系统的 CD 容限，实际规划时基本不用考虑色度色散，无须像 10Gbit/s 系统那样配置 DCM 模块。因此，100Gbit/s 系统主要考虑的是偏振模色散。

偏振模色散主要表现为，不同相位状态的光信号在光纤中传输，由于各相位速度不一致引起脉冲展宽。图 2-13 展示的即是偏振模色散的产生原理。

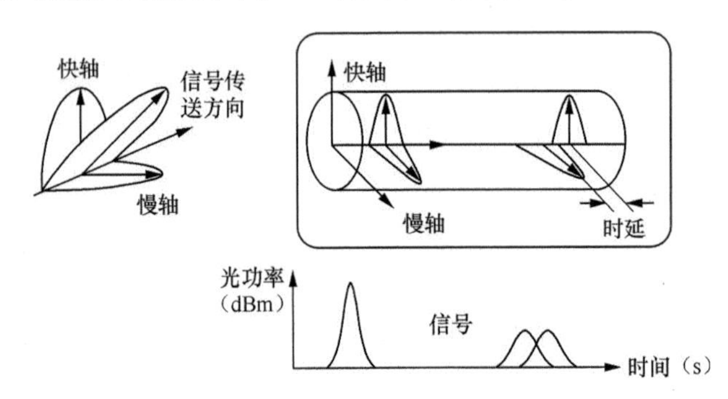

图 2-13　偏振模色散的产生原理

DGD(ps)= $\sqrt{距离(km)}$ × PMD 系数（ps/$\sqrt{km}$）。

其中，DGD 为差分群时延（Differential Group Delay）。

（3）光信噪比

光信噪比（OSNR，Optical Signal-to-Noise Ratio）的定义是在光有效带宽为 0.1nm 时光信号功率（$P_{信号}$）和噪声功率（$P_{噪声}$）的比值。

如图 2-14 所示，光信号的功率一般取峰峰值，而噪声的功率一般取两相邻通路的中间点的功率电平。OSNR 可以表示为

$$OSNR(\text{dB}) = 10\log\frac{P_{信号}(\text{mW})}{P_{噪声}(\text{mW})} = P_{信号}(\text{dBm}) - P_{噪声}(\text{dBm})$$

如果级联的每个放大器输出的总光功率相同，并且放大器增益 G 远大于 1，OSNR 可以进一步表示为

$$OSNR = P_{\text{out}} - L - NF - 10\log N - 10\log\left[h\upsilon\Delta\upsilon_0\right]$$

其中，

P_{out} 为单通道的输出光功率（dBm）；

L 为放大器之间的段损耗（dB）；

NF 为噪声系数（dB）；

$\Delta\upsilon_0$ 为光信号带宽；

N 为链路中的光放段数，并假设每一段的损耗相同。

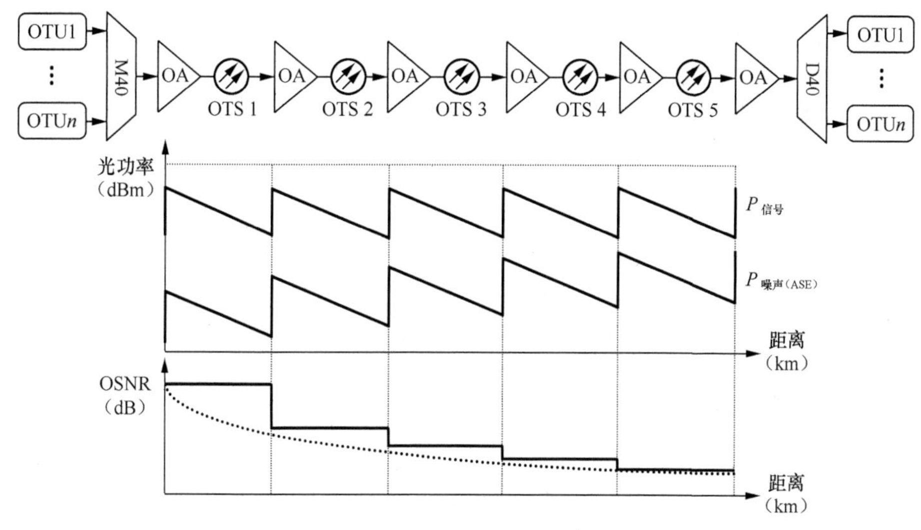

图 2-14　光信噪比形成

在 1550nm 波段，$\Delta\upsilon_0$ 取 0.1nm 时，$10\log(h\upsilon\Delta\upsilon_0)=-58$（dBm）。

（4）非线性效应

非线性效应是指强光作用下由于介质的非线性极化而产生的效应，包括：

- 受激拉曼散射（SRS，Stimulated Raman Scattering）；
- 受激布里渊散射（SBS，Stimulated Brillouin Scattering）；
- 四波混频（FWM，Four-Wave Mixing）；
- 自相位调制（SPM，Self-Phase Modulation）；
- 交叉相位调制（XPM，Cross-Phase Modulation）。

规划时需要通过将入纤光功率控制在一定的区间内，降低非线性效应影响的同时，提高 OSNR 值。

5. **波长规划**

光承载网的波长规划需要保证网络波长不冲突，同时避免波长碎片的产生，具体规划如下。

① 分步建设传输网。当初期使用波长资源较少时，应优先分配长波长资源（即频率较低波长），建议先使用第一波，之后再使用第二波，并以此方式逐波后推。之所以这样做，有两个原因：一是波数较少时长波长通道性能更佳；二是扩容后长波长通道功率预算更稳定，不易受影响。

② 为工作和保护业务分配相同的波长资源。对于基于单波道的光通道 1+1 保护来说，工作和保护业务应分配相同的波长资源，以保证整个环上的同一波长资源都能被该业务所占用。如果为未被保护的业务分配不同的波长资源，则

长、短路径都会出现部分波长资源空闲的现象，在其他业务分配波长资源时会很容易与该业务产生波长冲突。

③ 中继电路在中继前后采用同一波长。鉴于中继前后的波长业务是路由互斥的，若中继前后占用不同的波长资源，就会对其他业务的波长分配产生冲突。

6. **网络接口**

光模块是实现光通信系统中光信号和电信号转换的重要器件，在光承载网规划中必须要做好光模块类型的匹配。当前主流的光模块类型有 1Gbit/s、10Gbit/s、100Gbit/s，400Gbit/s 光模块目前尚处在试用阶段，2.5Gbit/s、10Gbit/s、40Gbit/s POS 的使用量正逐步下降。若按传输距离来分，光模块可分为短距（10km 单模）、中距（40km 单模）和长距（70km 或 80km 单模）等。在封装类型上，目前 100Gbit/s 以上光模块的主流封装形式有 100Gbit/s 封装可插拔（CFP，Centum Form-factor Pluggable）、100Gbit/s 封装可插拔 2 型（CFP2，Centum Form-factor Pluggable 2）、小型可插拔（SFP，Small Form-factor Pluggable）、小型可插拔加长型（SFP+，Small Form-factor Pluggable Plus）、双密度四通道小型可插拔（QSFP-DD，Quad Small Form-factor Pluggable-Dual Density）、28 型四通道小型可插拔（QSFP28，Quad Small Form-factor Pluggable 28）等，如图 2-15 所示。

7. **OTU 规划**

传统支线路合一的 OTU 单板通过调制技术，将客户侧的白光调制成波分侧的彩光。引入 OTN 交叉概念后，支线路分离的 OTU 单板对客户侧（又称支路侧）和波分侧（又称线路侧）模块进行分离设计，以便支持更灵活的波长配置及端到端调度能力。进行 OTU 规划时主要遵循的原则建议如下。

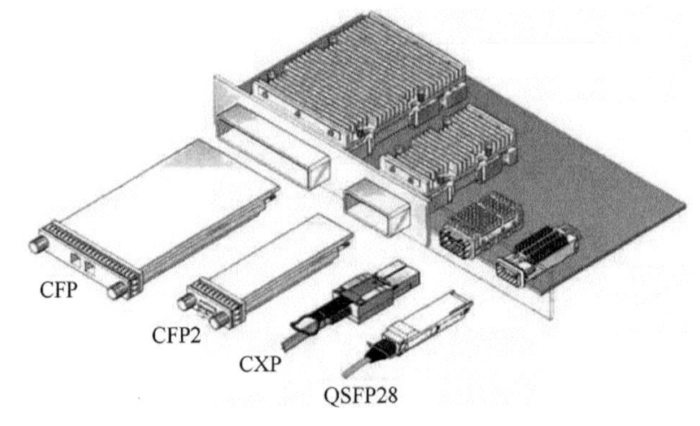

图 2-15 常见的光模块接口封装类型（图片来源：中国电子网）

① 核心层面的 OTN 波分系统主要考虑技术演进和投资效益。虽然 200Gbit/s 系统需要更精确的方案核算，但在后期的业务开通上具有更大优势（50GHz 间隔兼容 100Gbit/s 系统平滑升级），且 200Gbit/s 和 100Gbit/s 系统的硬件投资相近，又能满足长距离骨干超千公里传输，所以当前状态下建议采用 200Gbit/s 系统。此外，由于核心层面 OTN 的投资主要集中在 OTU 和交叉模块上，而合 / 分波系统不是投资的主要部分，因此波分系统建议采用更高波道数的系统，如 80 波道、

96 波道及以上系统。

② OTN 硬件配置主要考虑单波成本。任何层面的 OTN 硬件配置都宜选用端口集成密度大的板件，以降低单波成本。

③ 支线路合一板卡配置原则。若系统容量在初期规划点到点开通业务时就已达到满配，则建议采用支线路合一的 OTU 单板以减少单板投入；否则采用支线路分离的 OTU 单板以节约波道资源。

2.2.6　设备配置

1. 分组增强型 OTN 设备的配置要求

(1) 超大交叉容量，实现业务自由调度

- 要求具备超大容量电交叉能力。单子框最大可具备 20Tbit/s 的交叉容量，可实现超大容量节点多颗粒度电交叉自由调度。
- 支持 VC/Packet/ODU*k* 交换，支持 ODU0/1/2/2e/3/4/flex 的全颗粒 OTN 交换。
- 支持 CDC（波长无关、方向无关、竞争无关）组网模式，光层调度灵活。
- 背板带宽 400Gbit/s，并可升级至 1Tbit/s，平均功耗和成本低，单个光层子框支持单方向 80 波光层配置。

(2) 高速线路带宽，超长跨距传输

- 支持 100Mbit/s ～ 100Gbit/s 任何速率和协议的业务接入，单槽位的最大接入容量为 400Gbit/s，根据业务按需分配带宽，可充分发挥“大带宽、大管道”的传输效率。
- 支持分组和 OTN 混合业务模式，可实现 ODU*k* 刚性管道和分组设备弹性管道的无缝结合，充分发挥设备的性能和传输效率。
- 提供完善的 VPN 业务，支持 L2VPN。
- 支持 GE/10GE/40GE/100GE 以太网业务。
- 提供灵活的组网能力，支持链形、星形、环形、Mesh 等各种拓扑的混合组网。
- 支持 10Mbit/s ～ 400Gbit/s 业务的接入，支持 ODU0/1/2/3/4/flex，支持光电混合调度及 WSON，可实现 4×STM-4 信号到 ODU1 的封装和映射，以及业务的快速开通、调度和智能恢复。
- 支持超长跨距（80dB）传输，实现数千公里、上万公里的无电再生光纤传输。

(3) 高效的安全保护，灵活的运行维护

- 提供完善的网络级和设备级保护机制，最大限度地保障业务的安全。

- 支持单盘、节点和网络的时间同步和频率时钟同步功能。
- 支持超 100Gbit/s 信号和光纤质量监测、网络级智能功率调整。
- 支持丰富的 OAM 功能，提升网络运维能力，快速定位故障，降低运维成本。
- 支持灵活的 QoS 策略及丰富的模板，简化 DiffServ 部署，充分发挥分组网的统计复用特性，同时确保重要业务的电信级高质量。

2. **光层 /ROADM 的配置**

可重构光分插复用器（ROADM）是光承载网中的一类重要网元，通常包含以下两类基本功能模块。

① 可重构波长上下路模块（R-WADD，Reconfigurable Wavelength Add/Drop Device），其功能为实现任意一个波长通路从一个光线路方向传输到另一个线路方向；

② 可重构本地上下路模块（R-LADD，Reconfigurable Local Add/Drop Device），其功能为实现任意线路方向的任意波长下路和任意本地波长上路到任意线路方向，这些功能模块通过端口间的交叉连接（Inter-port Cross-connection）进行连接。

ROADM 设备的本地上下路端口可以具有如下 4 种灵活性中的一种或者两种以上的组合。

① 波长无关（Colorless）：上下路端口可以灵活配置为 WDM 系统支持的任意波长通道，上下路端口的波长通道调整可通过软件远程实现，不需要现场对 ROADM 设备进行硬件操作。

② 方向无关（Directionless）：上下路端口可以灵活配置为任意一个线路方向的波长通道，上下路端口对应的线路方向可以通过软件进行远程调整，不需要现场对 ROADM 设备进行硬件操作。

③ 竞争无关（Contentionless）：方向无关特性可能导致多个线路方向的频谱发生重叠的波长通道无法同时上下路，这就是波长竞争；竞争无关特性是指在支持方向无关特性的同时，多个或者全部线路方向的频谱发生重叠的波长通道均可同时上下路。

④ 栅格无关（Gridless）：栅格无关特性是对波长无关特性的增强，首先本地上下路波道的中心频率和波道间隔满足灵活栅格（FlexGrid）的要求，其次可以根据承载业务的实际谱宽需求，通过软件远程调整灵活栅格波道的中心频率和波道间隔，不需要现场进行硬件操作。

ROADM 设备常见的本地上下路灵活性包括如下几种组合：

① 方向无关 ROADM（简写为 D-ROADM）；

② 波长无关、方向无关 ROADM（简写为 CD-ROADM）；

③ 波长无关、方向无关、竞争无关 ROADM（简写为 CDC-ROADM）；

④ 其中，CD-ROADM 和 CDC-ROADM 根据未来兼容 400Gbit/s WDM 系统的需要，需要支持栅格无关特性。

运营商目前主要使用的 ROADM 类型为 CD-ROADM，由于 CDC-ROADM 技术实现复杂度高、成本高，需求也并不迫切，所以现阶段实际商用较少。

3．光放大器及配置

① 链路光放大器（简称“光放”）的接收灵敏度和功率参数应遵循如下原则。

- 光放的最低接收灵敏度要求应小于输入光功率；
- 光放的最大输出光功率应能满足下游输入光功率的要求。

② 链路光放大器的最大增益应能满足如下要求。

- OBU：最大光放增益≥本光放输出光功率要求－本光放输入光功率；
- OAU：最大光放增益≥本光放输出光功率要求－本光放输入光功率＋DCM 损耗（TDC 和 RDC 间损耗）。

③ 链路光放大器配置选择顺序为：

- 单个单级放大器优先于单个双级放大器；
- 单个双级放大器优先于两个单级放大器；
- 普通功率放大器优先于高功率放大器。

4．光网络时钟规划

（1）移动网对承载网的同步需求

通信网络中对同步的需求包括频率同步和时间同步两种，无线技术从 3G、4G 和 5G 演进，不仅需要频率同步，还需要精确的时间同步。不同无线制式对同步有不同的要求。

各种无线技术时钟要求见表 2-1。

表 2-1　各种无线技术时钟要求

无线制式	频率同步精度要求	时间同步精度要求
GSM	5×10^{-8}	NA
WCDMA	5×10^{-8}	NA
cdma2000	5×10^{-8}	±3μs
LTE FDD	5×10^{-8}	NA
TD-LTE	5×10^{-8}	±1.5μs

（2）移动网同步解决方案

在现有移动通信网中，同步解决方案主要是在基站侧安装 GPS 来解决频率同步和时间同步问题。但随着基站的不断增多，采用安装 GPS 的同步方式也带来了一些问题。如安装地点选择困难，尤其是在 BBU 集中部署的站点，存在安装困难、维护困难和成本高等问题。

针对无线基站高精度的时间需求及现有 GPS 解决方案的各种问题，运营商需要采用一种高精度的地面传送时间方式来解决时间同步问题。

（3）1588v2 原理

IEEE 1588 的全称是“IEEE Standard for a Precision Clock Synchronization Protocol for Networked Measurement and Control Systems”（即“网络测量和控制系统的精密时钟同步协议标准”），2002 年年底该协议通过了 IEEE 标准委员会认证，1588v1 正式发布。2008 年 3 月正式发布了 1588v2。

IEEE 1588 精确时间传送协议可以实现亚微秒级别精度的时间同步，精度与 GPS 方式类似，其优点是成本低、安装维护方便，图 2-16 是 1588v2 的同步传送方案，其架构主要包括时钟源、承载网和基站三部分。

由于当前 1588v2 技术在传输网中的应用较好地解决了无线时钟同步问题。因此，在运营商光承载网规划和建设中，为快速开通新建基站、简便维护，有必要同步考虑全网时钟同步方案，以实现对 1588v2 精密时钟信号的传送、满足移动网络部署的需求。

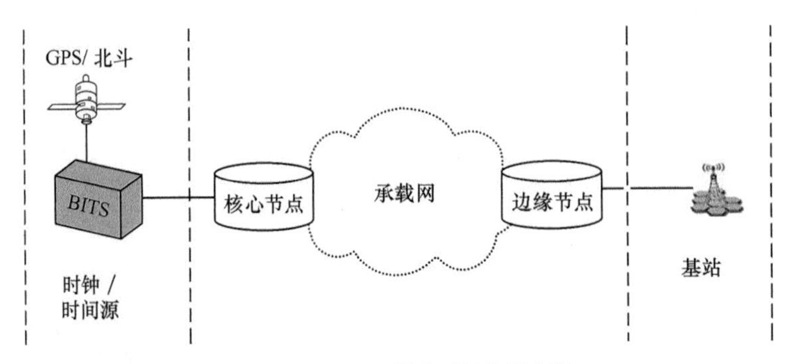

图 2-16　1588v2 同步时钟传送方案

5. 中继光缆网规划

如前所述，电信运营商一方面要应对市场的激烈竞争，如中国电信开展的“双提升”工作，即为打造移动和宽带精品网而开展的一项网络覆盖、性能、服务提升的全国性专项活动，通过提升网络的稳健性，确保重要电路和业务均有冗余路由；另一方面还要提升政企专线业务的竞争实力，为 5G 网络建设做好光缆网络资源储备。由于光缆网投资巨大，宜采取“总体规划、分段建设、分步实施”的原则展开规划建设，在保障重点区域和投资效益的前提下，有节奏

地开展中继光缆建设。

在当下的实际工作中，运营商已由传统的仅考虑自身常规扩容及发展的需要，转向面向竞争、面向网络转型环境带来的压力，而考虑以DC为中心（此处的DC包括大型的用户DC）的原则，结合热点区域分布，尽量围绕用户DC、运营商核心DC、区域DC以及边缘DC机楼进行光缆路由及容量规划。同时注意坚持以下原则：

- 完善中继节点至中心局的双路由功能，提高网络安全性；
- 根据中继光缆使用情况，在中继纤芯使用率比较高的段落新建光缆；
- 根据业务及区域发展，对层次不合理的节点进行优化，进一步完善中继光缆网结构；
- 减少中间跳点，提升光路的调度效率。

2.2.7 保护规划

光承载网的网络保护主要包括光层和电层的保护，电层的保护一般用于应急保护，光层保护主要应用于主备保护，通常可以根据相应上层电路的安全级别要求来合理选择保护方式。具体分类情况见表2-2。

表2-2 光网络保护分类

分类			描述
光层	光通道保护	光通道1+1波长保护	运用OCP盘的并发选收功能实现客户业务在通道层的1+1保护，此时OCP盘位于客户侧设备与OTU之间
		光通道1+1路由保护	运用OCP盘的并发选收功能实现客户业务在通道层的1+1保护，此时OCP盘位于OTU与ODU/OMU之间
	光复用段1+1保护		运用OMSP盘的并发选收功能实现复用段层信号的1+1保护
	光线路1+1/1:1保护		运用OLP盘配合1+1/1:1保护倒换协议，在相邻站点间提供线路光纤的1+1/1:1保护
电层	OCh 1+1		运用电层交叉功能，实现单个通道的1+1保护
	OCh m:n		运用电层交叉功能，实现单个通道的m:n保护
	OCh环		运用电层交叉功能，实现单个通道的环网保护
	ODUk 1+1		运用电层交叉功能，实现基于ODUk的1+1保护
	ODUk m:n		运用电层交叉功能，实现基于ODUk的m:n保护
	ODUk环		运用电层交叉功能，实现基于ODUk的环网保护

2.2.8 规划总结

总的来说，一个完整的光承载网规划过程，从其中最核心的OTN网络层面来看，首先需要根据业务网络提出的电路需求，分析、梳理出哪些电路需要通过OTN承载，然后根据OTN现状，判断现有OTN资源能否满足本期电路的承载需求。其次，对不能满足需求的段落进行扩容，新增波道甚至新增光方向，对新增电路需求进行光通路的分配，包含工作路由、保护路由、工作波道、保护波道的分配，从而配置出线路侧、支路侧OTU，在此环节中要考虑是否有冗余线路侧和支路侧OTU资源等。再次，结合主流的OTN设备形态（ROADM、电交叉设备等），通过借助能跨越光承载网多层的可视化支撑系统，实现对光缆、设备网络拓扑、上层电路、光通路组织、设备立面等信息的查询和优化计算，以及对常用技术指标如波道配置率、通道利用率等参数的分析，及时发现网络瓶颈、安全隐患。最后，输出光承载网的电路调度以及资源配置方案。

后面会发现，由于运营商的光承载网资源体量庞大，所以本节所述的规划流程必须依靠科学的OTN规划平台和相应的可视化支撑系统，才能有效提升规划编制效率，提高规划编制内容的合理性和准确性。

2.3 骨干网规划实例分析

目前骨干承载网需要规划的内容有长途干线光缆、DWDM/OTN、SDH/ASON等。由于目前厂家已逐步停产SDH/ASON，运营商也从2015年左右开始停止相应的网络扩容，相关电路需求逐步向DWDM/OTN上迁移，所以本节主要介绍光缆和波分网络的规划。

2.3.1 长途干线光缆规划

1. **规划思路**

长途干线光缆通常特指运营商国内或省内的跨地域长途干线光缆，此处仅取省内来进行分析。如图2-17所示，其主要规划过程包括：在整理骨干光缆现

状的基础上，分析现有长途光缆网络存在的问题，同时结合数据业务承载、传输设备组网对长途光缆网发展的具体要求，从路由安全、光缆物理性能、承载能力等多方面进行综合分析，对现有长途光缆网目标架构进行优化设计，最后结合规划指导原则输出具体的光缆规划方案和项目建议。

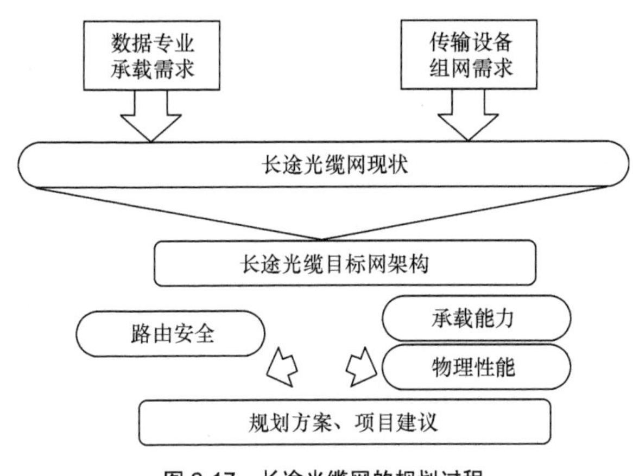

图 2-17　长途光缆网的规划过程

2. 网络现状收集

在开展长途光缆网规划时，需要先收集现网资源的情况，主要包括目前长途光缆网的路由图、各长途光缆段落的年限及衰耗数据表、来自网运部门的长途光缆故障汇总表等。

3. 业务需求分析

随着业务的发展，目前长途光缆网上承载着大量的高速率业务系统，主要包括数据网、IDC 网络等数据业务。在传统的规划思路指导下，由于这些上层业务网络主要围绕各本地网的核心节点来进行组网，相应的传输波分系统也只能以核心节点为中心来进行网络架构的搭建。作为为上层网络服务的物理层光缆网，必须充分考虑上层网络的需求、架构和安全性要求，因此长途光缆网络的目标架构也必须围绕各本地网的核心节点进行设计。

（1）数据业务承载需求

长途光缆网必须通过叠加于其上的长途波分设备来承载数据业务，因此长途光缆网需要和波分网相互协同，以共同匹配数据业务对承载网的要求。

数据网对长途光缆网络建设的影响主要有以下几点。

- 数据业务节点设置和网络结构会直接影响承载网络的节点设置和组网方式。若某节点存在大量的数据汇聚业务，则会天然形成承载网的重要核心节点，因此对于长途光缆网络来说，其组网应同样围绕核心节点进行规划，这样才能形成有效匹配。

- 数据业务的组织方式和保护方案影响传输网的组网和选用的保护技术。数据网要求选用多条不同物理路由的电路承载，这对传输网的组网有着严格的要求。
- 数据业务的种类多样性和要求的差异性导致传输网组网的方式发生了变化，如过去以 TDM 电路为主时，环网保护技术已基本符合业务网的需求，当 5G 时代来临，承载网需面对带宽、时延、安全性、快速开通等指标各不相同的业务需求，底层光缆网络的组织也必须做出相应的改变，如采用“物理环—逻辑树”。
- 数据业务网络类型的变化会导致对传输的电路带宽需求发生变化。如过去主要为 TDM 汇接网服务，则带宽主要以 2Mbit/s 为主，155Mbit/s 为辅；当承载网络主要为数据 IP 业务服务时，带宽提升到 10 ～ 100Gbit/s，并有向超 100Gbit/s 方向发展的趋势。

下面简单介绍几种电信业务对长途光缆网的不同要求。

① 数据网业务。

在“双提升”专项工作中，为保证数据业务路由的安全性，提出了同方向链路至少要求具备 3 个不同路由的要求，具体如图 2-18 所示。

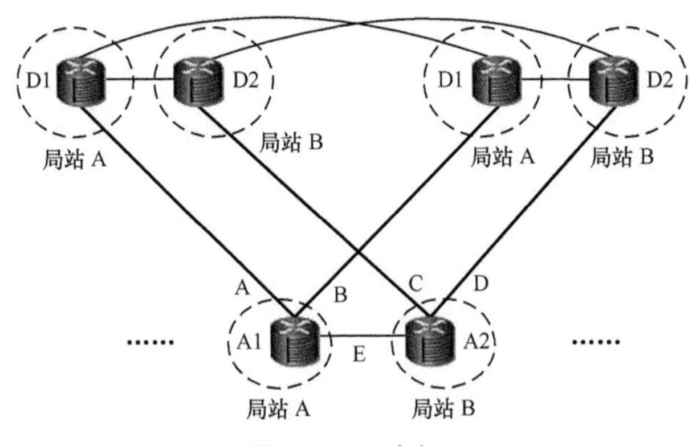

图 2-18 “三路由”

链路 A 和 B 之间、C 和 D 之间不允许有任何传输段落的重合，不同局向电路尽可能分布在不同的传输系统上。如果存在 4 条不同的传输物理路由，则 A、B、C、D 分别走在 4 条传输物理路由上；如果只有 3 条不同的传输物理路由，

则可以采用 A、D 分别走在两条不同的传输物理路由上，B 和 C 重合走在第 3 条传输物理路由上。此外，还要求同一方向不同局向电路的物理路由距离差原则上应达到省内小于 500km，省际小于 1000km。

② IDC 业务。

对于各本地网的 IDC 数据中心等重要数据业务，要求必须双归上联到中心城市的核心路由器。如图 2-19 所示，链路安排原则为：要求 A1 与 B1、A2 不同路由，B1 与 A1、B2 不同路由，A1 与 B2 可以同路由，A2 与 B1 可以同路由。

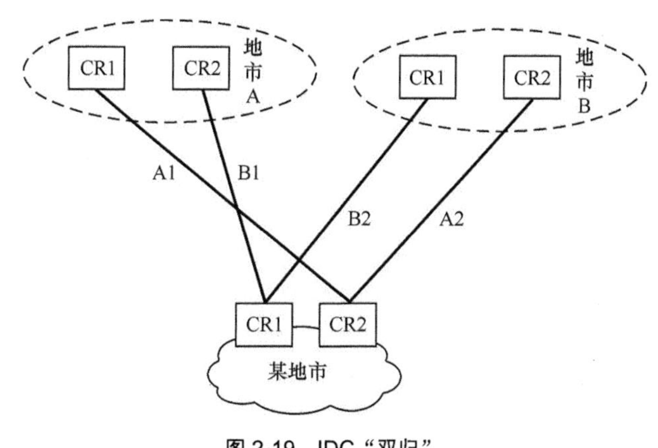

图 2-19　IDC“双归”

由上述安排可见，这种组网模式下的最低条件即“四上联双路由”，一条路由中断则该地市上联 A 地市或 B 地市最多各中断一半，不会全阻；然而，一处光缆故障仍可能中断一半业务电路，单个路由电路承载流量较高时引发拥塞。

为解决上述问题，目标网络定位为实现“四路由四上联”，这样一处光缆发生中断故障时只影响 25% 的业务电路，业务安全性获得大大的提升；网络中等负载时数据层面也同时启动保护，将可避免以往只有一个路由中断时出现的拥塞、分组丢失，且可保护节点，避免发生单点故障。

③ 政企大客户专线。

大客户专线业务目前对低时延的要求日益提升。对于政企大客户，需进一步提升网络连接及交换速度，提升用户及自身竞争力（如 BAT、金融、证券专线）。运营商需要采取各种可能的措施来降低专线的端到端时延，以提升政企专线、上云专线、互联网专线的业内竞争力。从表 2-3 可以看出，光承载网的主要时延还是来自物理层的光缆。

表 2-3　网络各层时延估算

网络分类	网络层级	网元	设备时延	网络时延
传输网	1 层（光层）	光学器件（ROADM、合 / 分波器、滤波器、耦合器）	ns 量级	国内范围，双向时延为 1 ～ 60ms
		EDFA	100ns 量级	
		光纤（包括用作色散补偿的 DCF）	5μs/km 5ms/1000km	
	1 层（电层）	OTN 节点（封装 / 解封装、FEC 编解码、交换）	10 ～ 100μs	
		SDH 节点（封装 / 解封装、交换）	100μs 量级	
数据网	2 层	L2 交换机	100μs 量级	
	3 层	路由器、L3 交换机等	100μs 量级	

光缆路由时延约占网络时延的 90%，因此优化传输路由，降低转接、缩短距离是降低时延的最有效手段，长途光缆的规划必须尽量考虑优化光缆距离，并结合大客户特定业务的时延要求，合理规划出不同“时延圈”的范围，以提高专线业务的竞争力。

（2）传输波分设备组网需求

由于长途高速传输波分业务的调度、管理和网络保护均要依托长途光缆网来实现，因此在长途光缆网规划时，必须考虑传输设备组网对光缆网络的要求。

- 100Gbit/s 及超 100Gbit/s 高速波分：传输介质影响 100Gbit/s 及超 100Gbit/s 高速波分系统的突出因素主要为光纤损耗和非线性效应，因此要尽量减小光缆衰耗、缩短光缆距离。
- 波道层面电层保护（SNCP、ASON 等）：子网连接保护（SNCP）、自动交换光网络（ASON）都是在 OTN 电交叉设备上基于 ODU*k* 实现的波长、子波长级通道保护。电层保护模式下，设备需增加 100% ～ 160% 的保护成本，要求光缆至少具备两路由。
- OLP/OMSP：即 OLP 可以将波分系统在主备用物理路由分离的光纤上实现双发选收，自动实现主用光纤到备用光纤的监控和切换。OLP/OMSP 光保护模式下，设备增加 10% 的保护成本，要求光缆具备两个或两个以上相互分离的路由。
- WSON 保护：即基于波分光层网络的 ASON，该技术在波分网络中主要解决了光纤 / 波长自动发现、在线波长路由选择、基于损伤模型的路由选择等问题，能实现光波长的动态分配。WSON 保护方式下，设备投资

增加 10%。要求光缆具备三个或三个以上路由，尽量具备四路由。四路由四上联 + 重点业务 WSON 将是对传输业务最优的保护方案，但实际操作时也要综合衡量相应的投资成本效益。

4. 现有光缆网存在问题分析

（1）光缆年限问题

光缆的使用年限一般为 15 ～ 20 年，但实际使用中由于受运营商资本性投资额度限制，大量的长途光缆还在超龄使用。在实际运维的过程中还会发现，部分光缆由于使用年限较长性能下降已非常严重，因此在传输网络规划中必须考虑对超过 20 年仍在网运行的光缆进行逐步替换。

（2）光缆质量问题

由于容易受外界自然环境影响，长途干线光缆使用年限较长时性能下降严重，甚至会出现光缆的涂敷层自然脱落、光缆外保护套发生爆裂、油膏干枯等问题。而光缆的纤芯质量会随光缆的使用年限呈非线性下降，当使用年限在 15 年以上时，光纤质量下降更为明显。

在光缆的日常维护（如网络割接和故障处理）工作中，光缆接头的增加会影响光缆的纤芯衰耗，而纤芯衰耗则会直接影响长途干线传输系统的稳定运行，纤芯质量劣化也会造成割接或抢修时接续困难、接续损耗大。当光纤变脆时甚至会导致自然断纤，直接威胁干线传输系统的安全，事实上，这的确也是长途光缆发生中断的主要原因之一。因此，在网络规划中，对于质量劣化的光缆，要开展局部整治或整段替换。

（3）光缆故障分析

对实际维护作业过程中遇到的光缆故障类型进行了统计分类，各种故障原因的构成比例见表 2-4。可以看到，干线光缆网故障的主要原因分别为"外力施工（29.25%）""自然断纤（23.58%）""交通事故（12.26%）"。

表 2-4　某省长途网络光缆年度故障分类统计

序号	项目	一级	二级	合计	比例
1	外力施工	7	24	31	29.25%
2	破坏被盗	1	3	4	3.77%
3	交通事故	2	11	13	12.26%
4	雷击	0	0	0	0.00%
5	自然灾害	4	2	6	5.66%
6	自然断纤	4	21	25	23.58%

续表

序号	项目	一级	二级	合计	比例
7	火烧	1	5	6	5.66%
8	枪击	0	2	2	1.89%
9	蚁鼠咬	5	2	7	6.60%
10	路由塌方	0	7	7	6.60%
11	其他	2	3	5	4.72%
12	合计	26	80	106	100.00%

（4）同路由安全隐患问题

长途光缆网的总体架构较为完善，路由较为丰富。但在某些光缆段，主用、备用光缆之间存在同路由安全隐患。例如，地市A到地市B、地市C之间有多条直达路由，然而地市A—地市B路由1、地市A—地市B路由2之间，地市A—地市C路由1、地市A—地市C路由2之间，可能存在几千米甚至几十千米的同路由隐患，导致安全的路由数降至3条。还有一种情况是，地市A各出局光缆之间还可能存在短距离（几千米以内）的同路由。出现这些情况时，就需要进行光缆路由优化。因此，为保障整体网络的安全稳定，运营商需要对全省长途光缆的安全隐患进行详细摸查并切实解决问题，由于涉及的长途和本地光缆存量巨大，这项工作通常要借助智能光承载网可视化平台（见第2.5.2节）来开展。

5. **规划方案**

规划原则为：在规划期内，以实现“双平面、四路由组网”为网络建设目标，逐步提高长途光缆网络的整体安全性，并对性能下降及存在安全隐患的段落进行更新改造。

规划指导思想如下。

① 加强省际、省内干线光缆网的协同规划和资源的综合利用，促进省际、省内干线光缆网协同发展。在实际规划和实施过程中，尽量将一干（国家层面）和二干（省内）光缆网络作为一个整体进行规划和使用，对于起点和终点相同但路由不同的一干和二干光缆，应充分考虑其不同路由所提供的安全性和路由保护作用。

② 对于纤芯资源紧张、投产运行时间较长、性能老化的光缆，逐步进行替换新建工作。需对各段老化光缆进行比较，从多个维度考虑，包括目前纤芯占用情况、未来业务需求量、网络安全性等；优先替换处于新建DWDM系统路由段落的光缆或规划期内业务需求旺盛的光缆段落。

③ 切实解决长途光缆的安全隐患。存在较长段同路由的光缆均视为同一路由，如有分开路由的必要，应考虑另建新路由解决；较小段同路由建议采用路由分离优化方式来解决。

④ 新建长途光缆一方面充分考虑共建共享，通过共建和资源置换的方式降低成本，另一方面因地制宜地选择直埋光缆管道、架空、租用高速公路管道等多种敷设方式。

⑤ 考虑到低损耗光纤、超低损耗光纤的衰减分别小于 0.185dB/km、0.170dB/km，相比于普通光纤，低损耗、超低损耗光纤可分别减少跨段损耗 2dB、3dB。即便跨段数不变，也能带来每跨段提升 17% 的距离，总传输距离也能提升 17%，对于 400Gbit/s 及以上的高速传输网络，低损耗光纤能同时减少约 20% 的再生站数，超低损耗光纤能减少约 40% 的再生站数。因此为应对 5G 时代的流量突增需求，新建长途光缆可考虑采用低损耗光纤（G.652D）或超低损耗（ULL，Ultra Low Loss）光纤，并通过实际使用积累经验，为下一步的推广打下基础。

除此之外，还需考虑以下问题。

① 长途光缆目标网中未覆盖的路由段落需要通过新建光缆来解决。

② 长途光缆目标网中各段落的路由应至少保证有一条可用光缆，要求剩余纤芯在 6 芯以上，可用纤芯的衰耗系数小于 0.26dB/km。如果不满足要求，应先进行光缆优化，清理并释放业务纤芯或优化光缆质量。

③ 长途光缆目标网路由间存在短距离（10km 以内）同路由问题的，应尽量采用光缆路由优化方式解决，无法优化的再考虑新建。路由间存在较长距离（10km 以上）同路由问题的，采用新建光缆方式解决。

④ 长途光缆目标网建设需求与本地光缆的建设项目进行衔接，综合利用相关管道，避免重复建设。

6. 建设项目安排

最后根据前面所提到的原则，借助第 2.5.1 节中的“OTN 规划平台”和第 2.5.2 节的“智能光承载网可视化平台”，对存在的问题和现网光缆资源进行分析，通过设置各考虑因素的权重因子，输出需建设的项目清单排序，后续根据相应的投资预算额度，分期、分批动态合理安排相应的长途光缆网建设项目。

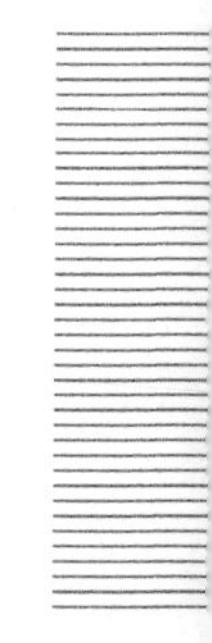

2.3.2 DWDM/OTN 网络规划

1. 规划思路

DWDM/OTN 作为最重要的基础承载网，应朝着“带宽高速化、承载综合化、传输智能化”等方向发展，其规划应充分考虑宽带业务、IPTV 视讯业务、移动业务以及政企客户出租业务需求，以此提升运营商的全业务承载能力。目前长途 DWDM/OTN 的发展思路与策略如下。

（1）加速完善网络结构，不断提升网络安全

网络安全包括域外出口安全及域内多路由安全：域外出口是指规划网络（如长途网、本地网）和外网的网络连接，域内路由是指网络内部核心节点之间的连接路由。域外出口应尽量多地规划路由分离的出口光缆，波分系统均衡分布在这些光缆上；域内安全则要建设规划区域内的各节点间的多路由互联光缆，并在其上均衡建设波分系统。提升路由的安全性还需要通过不断完善传输网结构，加强上下层各专业间协同，选择合理的端口速率和保护策略，实现业务电路的合理安排和安全承载。对于具备多路由条件的网络，应采用 ROADM 的 Mesh 网络结构，利用双平面立体“类立交桥式”架构，突破单平面组网的带宽瓶颈，增加网络容量。在实施规划和建设时，应采用业务分担的方式提高业务的安全性，对于重要业务，尽量走不同平面的波分系统和不同的路由。

（2）跨专业多网络协同规划，充分利用网络资源

为满足已经到来的 5G 时代各类飞速增长的流量业务需求，长途 DWDM/OTN 当下的建设重点主要是容量超前扩充，同时进一步完善组网结构，增强软件定义控制（SDN）能力，提升敏捷服务开通能力。

长途 DWDM/OTN 网络规划需重视与 IP 网络规划的衔接，在节点设置、链路容量、电路流向、端口类型、安全性等方面协同规划，以实现网络能力匹配及最优，为上层网络的业务发展提供强有力的支撑。

长途 DWDM/OTN 网络规划也需加强与光缆网、国家干线的规划协同。省干长途 DWDM/OTN 在保持核心网络结构稳定的情况下，通过不断挖掘现有网络资源、优化目标网络架构以充分提高资源利用率。持续引入新技术，针对未来网络的发展演进目标，平滑升级到 200Gbit/s、400Gbit/s OTN，以确保规划期内新建的系统能够获得性能与投资的综合最优。

（3）加强光电融合协同，实现业务灵活调度

OTN 电层处理主要负责 100Gbit/s 以下带宽业务的映射、复用和交叉处理，能提供毫秒级的保护倒换；OTN 光层处理则负责 100Gbit/s 及以上大带宽业务的承载，并能提供分钟级的倒换保护。对于业务速率与系统线路侧速率一致，且无毫秒级倒换需求的业务，可以直接进行光层交叉而无须进入电架处理。在网络规划中应关注光层和电层的有效协同，充分发挥光、电层调度业务的优势，进一步提升网络支撑保障能力及运维效率。

（4）以DC化为导向，实现智能、高效的传输网

随着传输网的不断完善，各类业务的数量也在稳步增长，近几年运营商的IDC业务发展迅猛，在整体传输波分承载网中的业务带宽占比高达70%以上，是长途传输网承载的主要业务类型。随着公有云业务的飞速发展，国内阿里云、腾讯云中心流量正由以前的分散部署，逐步向超大型云计算中心收敛。而这些超大型云计算中心的机架通常都在万架以上，因此原来IDC传统业务流量以南北向为主的模式，正逐步向以云计算中心之间的东西向流量和中心内部的流量为主的新模式转变。

新的流量模式自然也带来了DWDM/OTN传输承载网组网模式的变化，运营商必须研究DC化网络演进方向，打破原有一干、二干、市县、县乡的波分网络架构，协同IP城域网重构目标。合理组建核心、汇聚、接入等各层级的传输波分系统，必须结合IDC及BAT云计算中心的地域分布和流量特点，协同长途光缆的规划建设来制订新型的以自有核心及区域DC、BAT云计算中心为核心的DWDM/OTN目标网络，以减少路由迂回、提高网络安全性、降低时延为原则，打造适合网络演进趋势和客户需求的新一代DWDM/OTN传输承载网。

2. 网络现状收集

在开展DWDM/OTN波分网络规划时，需要先收集现网资源的情况。实际操作中可以参照表2-5对规划区域内的DWDM/OTN网络资源进行收集。

表2-5　波分网络现状收集

系统序号	波分名称	复用段名称	系统速率	满配置波道数	现状				
					已占用波道数	未占用波道数	维护波道数	未配置波道数	其他波道数
1	2018年A-B 80×100Gbit/s DWDM系统	地市A—地市B	100Gbit/s	80	19	12	4	42	3
		地市B—地市C		80	19	12	4	42	3

当然，也需要收集各DWDM/OTN波分系统的光缆路由图、波道配置图等资料。

3. 业务需求分析

业务预测数据由各相关专业提供资料，目前需要承载在传输波分网络上的业务主要包括：数据业务、IDC业务、国际专线延伸业务、移动网业务、视频业务、平台类业务、核心网业务、大客户业务等。需要收集两两节点间的需求，并区分传输的颗粒（如155Mbit/s、1Gbit/s、10Gbit/s、100Gbit/s等），整理结果见表2-6。

表 2-6　传输波分网络业务需求收集

地市	数据业务：（10Gbit/s 链路数）			IDC 业务：（10Gbit/s 链路数）			移动网业务：（10Gbit/s 链路数）		
	A	B	C	A	B	C	A	B	C
A			511			601	0	0	1112
B	64	4		19	54		83	58	0
C	79		16	97		18	176	0	34
小计	143	4	527	116	54	619	259	58	1146

4. 规划方案

DWDM/OTN 新建及扩容工程中所考虑的传输容量主要为满足规划期内及规划区域的数据网、国际 IP 业务国内延伸、大客户波道出租业务，并为同期建设的 MS-OTN 等网络工程提供相应的通道，同时提供适当比例的维护调度波道。

由于近年来数据业务发展极其迅猛，业务预测具有一定的不确定性，因此按照光承载网应适当超前建设的原则，DWDM/OTN 长途传输波分网的建设应满足未来一至两年的数据业务需求。

5. 建设项目安排

综上，根据网络现状、业务需求及流量预测，即可输出相应的 DWDM/OTN 新建及扩容工程初步清单，再结合重要或紧急程度进行项目排序，在运营商年度资本性支出预算规模控制下，最终确定下一年度的 DWDM/OTN 新建及扩容工程项目清单及实施计划。

2.4　本地网规划实例分析

以广东某地市为例，由于地处粤港澳大湾区，近年来随着经济的不断发展，该地市的数据、无线网络和大客户等业务增长迅速，传输承载网作为各业务网络的基础传送平台，必须有针对性地扩充相应的承载能力及网络覆盖面。

2.4.1　现状分析

2013 年该地市开始建设 4G 网络，当时已确定采用 IPRAN 作为 4G 的承载网，在刚开始进行建设时就发现该地市已有的光缆资源难以持续满足后续的

通路连接。2015年年底，广东电信省公司统一启动全省IP城域网扁平化改造工作，将省市三层架构更改为二层架构，采用MSE直挂CR，老旧的BRAS设备逐步退网，SR网络平稳过渡，逐步取消BR。与此同时，为了提升IPTV的网络质量，简化网络架构，将POP节点下移，与MSE设备进行直接连接，由此导致大量的中继链路加剧集中在该地市的两个核心机房，现有网络资源根本无法满足各种业务的需求。

在现网的光缆方面，虽然中继光缆能从核心机楼到达各个一般机楼，但是两个核心机楼的出局光缆不均衡，纤芯容量不足，中继光缆的使用效率不高，业务开通跳点过多，产生的损耗加大。由于资源的不均衡，个别机楼已经没有资源进行双路由的开通。在波分传输方面，虽然早期已部署了两个2个环的40×10Gbit/s的FONST W1600城域波分系统，网元覆盖共计9个区域，但覆盖面少，容量小。

对现有的网络资源进行评估时发现，无论是光缆还是波分系统，都无法很好地支撑IPRAN、IDC、CDN和城域网的电路需求。考虑到该地市的中继资源紧张，再加上近年来中继光缆建设过程中所遇到的管道不通、居民阻拦等问题，在较短的规划期内根本无法完成全网中继光缆的部署。因此，经研究比较，该公司决定通过采用本地分组增强型OTN光承载网的方案来满足各种上层业务网络的发展需要，同时协同做好中继光缆的规划，逐步完善中继光缆网络的部署。

2.4.2 业务需求分析

该地市的业务需求具体包括有线宽带网络、无线承载网络、CDN以及IDC、大客户需求等。需求预测需要统计各个业务站点的总体带宽需求，确定链路路由、方向、接口能力等。各种主要需求如图2-20所示。

1. 有线宽带网络业务需求

根据该地市的业务发展及网络部署需求，有线宽带网络在各相关站点未来3年的带宽需求如下。

该地市的城域光承载网架构如图2-21所示，可以看到，该地市的整个城域光承载网包括4个核心节点和6个汇聚环，核心环之间采用Mesh结构，核心节点又分为两组，分别带3个汇聚环。全市共28个机楼部署了MSE设备，其中核心机楼两个，一般机楼26个，采用10Gbit/s链路实现MSE设备直挂城域网省核心CR设备。M1、M2为核心枢纽节点，A1～A5是东北部镇区区域的一般机楼节点，B1～B5是西北部镇区区域的一般机楼节点，C1～C6是南部镇区区域的一般机楼节点，D1～D4是东部镇区区域的一般机楼节点，E1～E4是西部镇区区域的一般机楼节点，F1和F2是城区区域的一般机楼节点。均采用 10Gbit/s 链路实现 MSE 设备直挂城域网省核心 CR 设备。各 MSE 上联 CR 的带宽需求分布见表 2-7，MSE 上联 CDN 带宽需求分布见表 2-8。

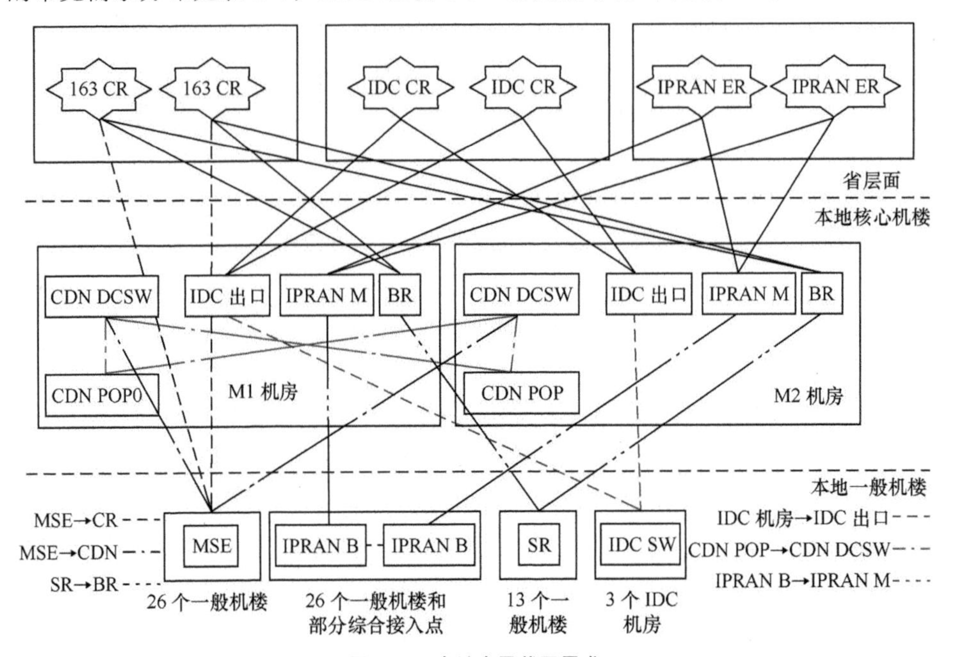

图 2-20　本地光承载网需求

表 2-7　MSE 上联 CR 带宽预测需求

站点名称	现状	三年净增带宽需求（Gbit/s）			三年到达带宽（Gbit/s）		
	当前上联 BR 带宽（Gbit/s）	第一年	第二年	第三年	第一年	第二年	第三年
合计	1340	920	740	800	2260	3000	3800
M1	80	40	20	40	120	140	180
M2	80	40	20	40	120	140	180
A3	60	20	40	20	80	120	140
A2	40	20	40	20	60	100	120
A1	80	60	60	40	140	200	240
A4	20	20	0	20	40	40	60
A5	40	20	40	20	60	100	120
F1	40	40	40	20	80	120	140
B1	40	20	40	20	60	100	120
B2	60	40	60	60	100	160	220
B3	40	40	40	20	80	120	140

续表

站点名称	现状	三年净增带宽需求（Gbit/s）			三年到达带宽（Gbit/s）		
	当前上联 BR 带宽（Gbit/s）	第一年	第二年	第三年	第一年	第二年	第三年
B4	20	20	0	20	40	40	60
B5	20	40	0	20	60	60	80
C5	60	40	40	40	100	140	180
C4	100	80	60	40	180	240	280
C3	20	20	0	20	40	40	60
C2	20	20	0	20	40	40	60
C1	20	20	20	20	40	60	80
C6	20	20	0	20	40	40	60
D1	40	20	0	20	60	60	80
D2	20	20	0	20	40	40	60
D3	80	40	40	40	120	160	200
D4	40	20	0	20	60	60	80
F2	80	40	40	40	120	160	200
E3	40	20	0	20	60	60	80
E4	60	60	40	40	120	160	200
E2	60	40	40	40	100	140	180
E1	60	40	60	40	100	160	200

表 2-8　MSE 上联 CDN 带宽需求

站点名称	现状（Gbit/s）	三年净增带宽需求（Gbit/s）			三年到达带宽（Gbit/s）		
		第一年	第二年	第三年	第一年	第二年	第三年
合计	0	1000	200	300	1000	1200	1500
M1	0	40	0	20	40	40	60
M2	0	40	0	20	40	40	60
A3	0	40	0	20	40	40	60
A2	0	20	0	20	20	20	40
A1	0	40	20		40	60	60
A4	0	20	0		20	20	20
A5	0	40	0	20	40	40	60
F1	0	40	0	20	40	40	60
B1	0	40	0	20	40	40	60

续表

站点名称	现状（Gbit/s）	三年净增带宽需求（Gbit/s）			三年到达带宽（Gbit/s）		
		第一年	第二年	第三年	第一年	第二年	第三年
B2	0	60	20	20	60	80	100
B3	0	40	20		40	60	60
B4	0	20	0		20	20	20
B5	0	20	0		20	20	20
C5	0	40	0	20	40	40	60
C4	0	60	20	20	60	80	100
C3	0	20	0		20	20	20
C2	0	20	0		20	20	20
C1	0	20	20	20	20	40	60
C6	0	20	0		20	20	20
D1	0	20	0		20	20	20
D2	0	20	0		20	20	20
D3	0	60	20		60	80	80
D4	0	20	0	20	20	20	40
F2	0	80	20	20	80	100	120
E3	0	20	0		20	20	20
E4	0	40	20		40	60	60
E2	0	40	20	20	40	60	80
E1	0	60	20	20	60	80	100

在 SR 网络方面（见表 2-9），初期是维持现有网络架构，后续将与 MSE 网络进行整合。整体网络链路需求不多，近期的中继需求只需考虑局部的扩容。

表 2-9　SR 上联带宽需求

站点名称	当前带宽（Gbit/s）	三年净增带宽需求（Gbit/s）			三年到达带宽（Gbit/s）		
		第一年	第二年	第三年	第一年	第二年	第三年
合计	320	60	0	0	380	380	380
M1	20	20	0	0	40	40	40
M2	20	20	0	0	40	40	40
F1	20	0	0	0	20	20	20
F2	20	0	0	0	20	20	20
A1	20	0	0	0	20	20	20
A5	20	0	0	0	20	20	20

续表

站点名称	当前带宽（Gbit/s）	三年净增带宽需求（Gbit/s）			三年到达带宽（Gbit/s）		
		第一年	第二年	第三年	第一年	第二年	第三年
E1	20	0	0	0	20	20	20
A3	20	0	0	0	20	20	20
D3	20	0	0	0	20	20	20
C1	20	0	0	0	20	20	20
E4	20	0	0	0	20	20	20
D1	40	0	0	0	40	40	40
C5	20	20	0	0	40	40	40
B2	20	0	0	0	20	20	20
C4	20	0	0	0	20	20	20

在 CDN 方面（见表 2-10 和表 2-11），由于该地市的 POP 节点主要部署在核心机楼，根据 MSE 直连 CDN 的部署要求，将产生大量的中继带宽需求。

表 2-10 CDN POP 节点上联 CDN 汇聚交换机带宽需求

站点名称	上联带宽现状（Gbit/s）	三年净增带宽需求（Gbit/s）			三年到达带宽（Gbit/s）		
		第一年	第二年	第三年	第一年	第二年	第三年
合计	400	160	120	100	560	680	780
M1	240	80	40	40	320	360	400
M2	160	80	80	60	240	320	380

表 2-11 CDN 汇聚交换机之间带宽需求

站点名称	上联带宽现状（Gbit/s）	三年净增带宽需求（Gbit/s）			三年到达带宽（Gbit/s）		
		第一年	第二年	第三年	第一年	第二年	第三年
合计	0	120	60	80	120	180	260
M1	0	60	30	40	60	90	130
M2	0	60	30	40	60	90	130

2. IDC 网络的业务需求

在 IDC 方面（见表 2-12 和表 2-13），由于该地市的 IDC 出口路由器部署在两个核心机楼，IDC 机房分布在 3 个机楼，IDC2 与核心机楼在同一栋楼，IDC1 与机房 F2 在同一个机楼，另外一个是单独的 IDC 机房。根据 IDC 的业务发展，各个机房将产生大量的中继带宽需求，相应的出口路由同样需要大量的电路连接到省 IDC CR 设备。

表 2-12 IDC 机房到 IDC 出口路由器带宽需求

IDC 机房名称	接入机楼	当前带宽（Gbit/s）	三年净增带宽需求（Gbit/s）			三年到达带宽（Gbit/s）		
			第一年	第二年	第三年	第一年	第二年	第三年
	合计	1300	640	660	640	1940	2600	3240
IDC1	F2	620	400	200	200	1020	1220	1420
IDC2	M2	360	40	60	40	400	460	500
IDC3	D3	320	200	400	400	520	920	1320

表 2-13 IDC 出口到省 IDC CR 路由器带宽需求

IDC 出口机房名称	当前带宽（Gbit/s）	三年净增带宽需求（Gbit/s）			三年到达带宽（Gbit/s）		
		第一年	第二年	第三年	第一年	第二年	第三年
合计	720	400	600	600	1120	1720	2320
M1	360	200	300	300	560	860	1160
M2	360	200	300	300	560	860	1160

3. 4G/5G 初期无线承载网的业务带宽需求

如表 2-14 所示，主要考虑 B 设备上联 P 设备的链路需求，接入 A 设备主要由接入光缆负责，不在本方案规划范围内。

表 2-14 4G/5G 初期承载 IPRAN 带宽需求

站点名称	现状（Gbit/s）	三年净增带宽需求（Gbit/s）			三年到达带宽（Gbit/s）		
		第一年	第二年	第三年	第一年	第二年	第三年
合计		1460	700	480	1460	2160	2640
M1	0	80	20	20	80	100	120
M2	0	80	20	20	80	100	120
A3	0	40	20	20	40	60	80
A2	0	20	20	20	20	40	60
A1	0	40	20	20	40	60	80
A4	0	20	20	0	20	40	40
A5	0	20	20	20	20	40	60
F1	0	80	40	20	80	120	140
B1	0	80	20	0	80	100	100

续表

站点名称	现状（Gbit/s）	三年净增带宽需求（Gbit/s）			三年到达带宽（Gbit/s）		
		第一年	第二年	第三年	第一年	第二年	第三年
B2	0	100	40	20	100	140	160
B3	0	20	20	20	20	40	60
B4	0	20	20	0	20	40	40
B5	0	20	20	0	20	40	40
C5	0	80	40	20	80	120	140
C4	0	120	40	20	120	160	180
C3	0	20	20	20	20	40	60
C2	0	20	20	20	20	40	60
C1	0	20	20	20	20	40	60
C6	0	40	20	20	40	60	80
D1	0	20	20	20	20	40	60
D2	0	20	20	20	20	40	60
D3	0	120	40	20	120	160	180
D4	0	20	20	20	20	40	60
F2	0	180	40	20	180	220	240
E3	0	20	20	20	20	40	60
E4	0	40	20	20	40	60	80
E2	0	40	20	20	40	60	80
E1	0	80	40	20	80	120	140

4. 整体综合业务需求统计

每个站点都有不同的业务网络的需求，现在需要对每个站点的带宽需求进行汇总，表 2-15 仅以 M2 站点作为样例统计，统计上述整体的带宽需求。

表 2-15　M2 站点整体业务带宽需求

站点名称	网络带宽需求		现有带宽（Gbit/s）	三年净增带宽需求（Gbit/s）			三年到达带宽（Gbit/s）		
	网络类型	链路流向		第一年	第二年	第三年	第一年	第二年	第三年
M2	城域网	MSE（BRAS）→ CR	80	40	20	40	120	140	180
M2	城域网	MSE → CDN	0	40	0	20	40	40	60

续表

站点名称	网络带宽需求		现有带宽（Gbit/s）	三年净增带宽需求（Gbit/s）			三年到达带宽（Gbit/s）		
	网络类型	链路流向		第一年	第二年	第三年	第一年	第二年	第三年
M2	城域网	SR → BR	20	20	0	0	40	40	40
M2	IPRAN	B → P（M）	0	80	20	20	80	100	120
M2	CDN	POP → CDN 汇聚 DC	160	80	80	60	240	320	380
M2	CDN	CDN 汇聚 DC → CDN 汇聚 DC	0	60	30	40	60	90	130
M2	IDC	IDC 机房→本地出口	360	40	60	40	400	460	500
M2	IDC	本地出口→ CR	360	200	300	300	560	860	1160
M2	统计	小计	980	560	510	520	1540	2050	2570

参照表 2-15 中 M2 样例站点的整体业务带宽需求统计，可计算并汇总其余各站点的业务带宽需求，最后汇总结果见表 2-16。

表 2-16　各站点整体业务带宽需求汇总

网元名称	现有带宽（Gbit/s）	三年端口扩容需求（Gbit/s）			三年到达带宽（Gbit/s）		
		第一年	第二年	第三年	第一年	第二年	第三年
合计	4080	4760	3080	3000	8840	11 920	14 920
M1	700	520	410	460	1220	1630	2090
M2	980	560	510	520	1540	2050	2570
A3	80	100	60	60	180	240	300
A2	40	60	60	60	100	160	220
A1	100	140	100	60	240	340	400
A4	20	60	20	20	80	100	120
A5	60	80	60	60	140	200	260
F1	60	160	80	60	220	300	360
B1	40	140	60	40	180	240	280
B2	80	200	120	100	280	400	500
B3	40	100	80	40	140	220	260
B4	20	60	20	20	80	100	120
B5	20	80	20	20	100	120	140
C5	80	160	80	80	240	320	400

续表

网元名称	现有带宽（Gbit/s）	三年端口扩容需求（Gbit/s）			三年到达带宽（Gbit/s）		
		第一年	第二年	第三年	第一年	第二年	第三年
C4	120	260	120	80	380	500	580
C3	20	60	20	40	80	100	140
C2	20	60	20	40	80	100	140
C1	40	60	60	60	100	160	220
C6	20	80	20	40	100	120	160
D1	60	60	20	40	120	140	180
D2	20	60	20	40	80	100	140
D3	440	420	500	460	860	1360	1820
D4	40	60	20	60	100	120	180
F2	720	720	300	280	1440	1740	2020
E3	40	60	20	40	100	120	160
E4	80	140	80	60	220	300	360
E2	60	120	80	80	180	260	340
E1	80	180	120	80	260	380	460

5. 业务网络链路局向需求分析

从经济性的角度出发，在选择链路承载方式时，首先，对于处于同一机房（或同一机楼）内的链路，通常不会使用波分系统或局间中继光缆，而是直接通过楼间光缆进行承载；其次，对于经济较发达、物理距离较短、纤芯资源较丰富的城区，主要考虑以裸纤为主、OTN 承载为辅。此外，为提高光承载网的利用率，后续匹配 OTN 端口时，一般会按照 80% 利用率的要求来规划实际物理端口的数量。最终得出本地光承载网三年内汇总的链路局向分布和带宽需求（分裸纤和波分两种解决方式），具体见表 2-17。

表 2-17 本地光承载网链路局向分布和带宽三年需求汇总

站点名称	总体网络规划需求			
	M2		M1	
	裸纤直连（Gbit/s）	波分（Gbit/s）	裸纤直连（Gbit/s）	波分（Gbit/s）
合计	350	589	350	609
M1	115	19	115	
M2	126		126	39

续表

站点名称	总体网络规划需求			
	M2		M1	
	裸纤直连（Gbit/s）	波分（Gbit/s）	裸纤直连（Gbit/s）	波分（Gbit/s）
A3	0	20	0	20
A2	0	15	0	15
A1	0	26	0	26
A4	0	9	0	9
A5	0	18	0	18
F1	13	11	13	11
B1	0	19	0	19
B2	0	33	0	33
B3	0	17	0	17
B4	0	9	0	9
B5	0	10	0	10
C5	0	27	0	27
C4	0	39	0	39
C3	0	10	0	10
C2	0	10	0	10
C1	0	15	0	15
C6	0	11	0	11
D1	0	13	0	13
D2	0	10	0	10
D3	0	116	0	116
D4	0	12	0	12
F2	96	32	96	32
E3	0	11	0	11
E4	0	24	0	24
E2	0	22	0	22
E1	0	31	0	31

再根据每年的业务实际预测需求，测算需逐年满足的链路局向和带宽需求，见表 2-18。

表 2-18　本地光承载网需求分期规划

站点名称	第一年				第二年				第三年			
	西区		网管大楼		西区		网管大楼		西区		网管大楼	
	裸纤直连（Gbit/s）	波分（Gbit/s）	裸纤直连（Gbit/s）	波分（Gbit/s）	裸纤直连（Gbit/s）	波分（Gbit/s）	裸纤直连（Gbit/s）	波分（Gbit/s）	裸纤直连（Gbit/s）	波分（Gbit/s）	裸纤直连（Gbit/s）	波分（Gbit/s）
合计	207	367	207	387	76	110	76	110	67	112	67	112
M1	66	12	66		25	2	25		24	5	24	
M2	66	0	66	32	31		31	2	29		29	5
A3	0	13	0	13	0	4	0	4	0	3	0	3
A2	0	8	0	8	0	4	0	4	0	3	0	3
A1	0	17	0	17	0	6	0	6	0	3	0	3
A4	0	7	0	7	0	1	0	1	0	1	0	1
A5	0	11	0	11	0	4	0	4	0	3	0	3
F1	9	6	9	6	4	2	4	2	0	3	0	3
B1	0	12	0	12	0	5	0	5	0	2	0	2
B2	0	20	0	20	0	6	0	6	0	7	0	7
B3	0	10	0	10	0	5	0	5	0	2	0	2
B4	0	7	0	7	0	1	0	1	0	1	0	1
B5	0	8	0	8	0	1	0	1	0	1	0	1
C5	0	17	0	17	0	5	0	5	0	5	0	5
C4	0	26	0	26	0	6	0	6	0	7	0	7
C3	0	7	0	7	0	1	0	1	0	2	0	2
C2	0	7	0	7	0	1	0	1	0	2	0	2
C1	0	9	0	9	0	3	0	3	0	3	0	3
C6	0	8	0	8	0	1	0	1	0	2	0	2
D1	0	10	0	10	0	1	0	1	0	2	0	2
D2	0	7	0	7	0	1	0	1	0	2	0	2
D3	0	56	0	56	0	30	0	30	0	30	0	30
D4	0	8	0	8	0	1	0	1	0	3	0	3
F2	66	26	66	26	16	3	16	3	14	3	14	3
E3	0	8	0	8	0	1	0	1	0	2	0	2
E4	0	16	0	16	0	4	0	4	0	4	0	4
E2	0	13	0	13	0	4	0	4	0	5	0	5
E1	0	18	0	18	0	7	0	7	0	6	0	6

2.4.3 规划思路

本节主要介绍本地光承载网规划设计的相关具体思路，包括网络架构规划原则、网络架构规划目标、通道配置的原则、光承载网保护方案的选择、容量和波道规划、ROADM 规划原则及方案选择和时钟同步方案规划等，以及相关规划辅助支出平台的相关说明。

1. **总体架构设计**

该地市一共有 26 个边缘 DC（一般机楼）站点，几乎所有的出局链路都需要连接到两个区域 DC（核心机楼）站点，光缆物理网的光缆主要类型为 G.652，因此在网络拓扑结构上考虑采用包括两个核心节点、26 个汇聚节点的两层结构，以构建扁平化的本地承载网络。各汇聚节点之间直接组环，不做汇聚，之后再与核心点连接。汇聚节点采用环网方式与核心节点互联，根据容量和路由情况，每个环网的汇聚节点一般为 4 ～ 6 个，同时汇聚环不要过于集中在核心层的某个节点。

从图 2-21 可以看到，该地市的整个城域光承载网包括 4 个核心节点和 6 个汇聚环，核心环之间采用 Mesh 结构，核心节点又分为两组，分别带 3 个汇聚环。

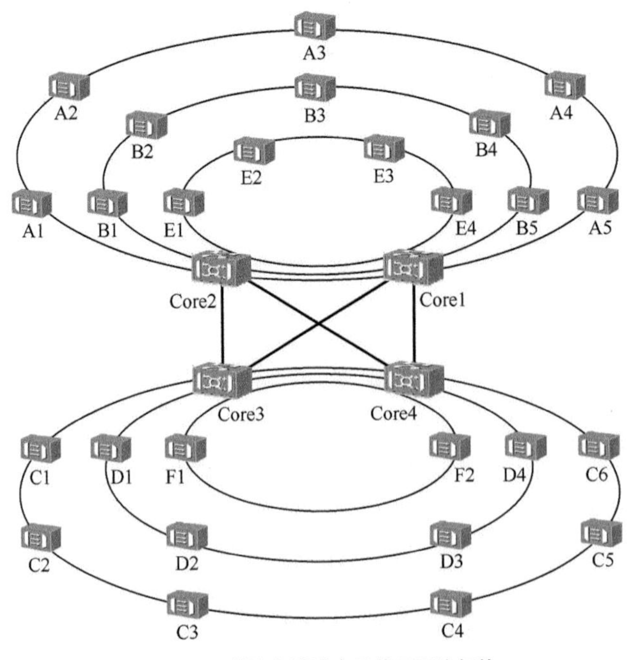

图 2-21　某地市城域光承载网网络架构

2. **通路设计**

城域光承载网主要满足 IP 网络的需求，对通道配置和网络调度原则做如下要求。

- 汇聚环的每个节点，直接部署汇聚节点与两个核心节点的波道电路和 ODU*k* 电路，满足业务网络一般机楼的 IPRAN、IDC 和 CDN 可以直连相应的核心网络设备。
- 对于城域网内的节点互通业务，一般通过在核心节点进行上下电路来部署。

3. **网络保护设计**

在可选择的保护技术方面，主要有线路保护、光层保护和电层保护 3 种。如果采用 OLP，由于该地市两个相连的汇聚节点之间一般只有一个光缆路由，因此 OLP 备用路由会部署在反方向的光缆上，主备两个路由的光缆衰耗特性就会有较大的差距，可能会导致系统倒换保护失败。如果采用电层保护，需大量增加 OCh 或 ODU*k* 资源，造成整个系统造价增加。如采用光层光通道 1+1 路由保护，则只需要增加相应的 OCP 板卡即可，所需造价不高。因此在系统保护中，建议优先选用光通道 1+1 路由保护方式。同时，根据维护的需求，需考虑配置少量的应急波道供维护调度使用。

图 2-22 所示为光通道 1+1 路由保护工作方式。其中，OCP 盘位于 OTU 与 ODU/OMU 之间。利用 OCP 盘的并发选收功能，将业务盘输出的特定波长信号并发至不同 OMU，即将业务并发至不同的光缆路由，实现业务在本、对端业务盘之间的完全保护。

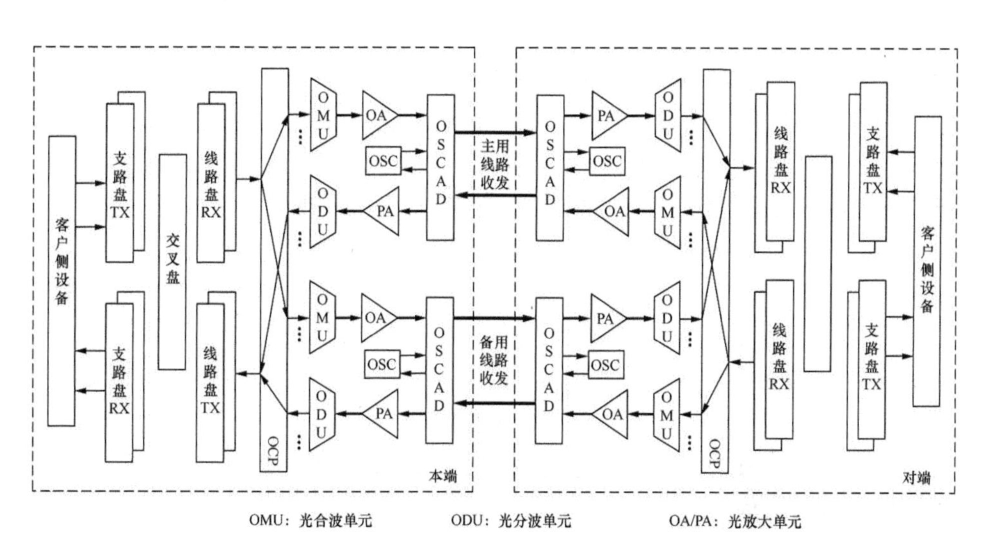

图 2-22　光通道 1+1 路由保护

4. 容量和波道设计

容量和波道是相关的，在考虑容量规划时建议同步进行波道规划，根据核心节点和汇聚环每个节点各个方向的带宽需求，对每个站点的容量和波道进行统一规划，如：规定各网元节点所使用的 λ 范围，以及哪些 λ 必须预留作为应急波道及其他用途使用，以方便日后的关联及业务开通。同时要考虑好 OCP 光通道 1+1 路由保护所需要的波道资源。当一个环的系统容量不足时，解决的办法是根据需要增加光方向容量，或者减少环内网元节点。

5. ROADM 规划设计

目前本地光承载网所采用的 OTN 技术已经非常成熟，随着单波速率的提高，一条纤芯可以传送 80 波 ×100Gbit/s，因而从带宽上看已经完全没有“瓶颈”。在网络运维调度过程中，传统模式需要手工完成大量现场的跳纤操作，而引入 ROADM 后，能实现对波长的自动管理，从而使网络具备更智能的组网调度管理能力。ROADM 技术经过近 4 代的发展，目前已能支持高带宽（80×100Gbit/s 组网和向 200/400Gbit/s 的平滑演进）、低时延（核心层 Mesh 化，任意两点之间光层直连）、快响应（无须人工跳纤，直接网管远程操作），因而在城域内引入 ROADM，能推动本地光传送网进一步向高速、灵活、智能的下一代光承载网演进。

第 2.2.6 节已就目前常见的 ROADM 类型进行了介绍，主要有 D-ROADM、CD-ROADM 和 CDC-ROADM 等，常用的类型为 CD-ROADM。考虑未来兼容 400Gbit/s WDM 系统的需要，CD-ROADM 和 CDC-ROADM 需要支持栅格无关（Gridless）的特性。

对于由方向无关（Directionless）特性带来的上下路波道竞争关系，可以通过扩展更多的波长选择开关（WSS）本地组或接入专用的多播开关（MCS，Multicast Switch）器件，使发生频谱重叠的波长通道可以在不同本地上下路功能模块组同时完成本地上下路操作。其中，CD-ROADM 采用扩展 WSS 本地组的方式，对其他 WSS 组和现网业务无影响，组网简单，使用灵活；而 CDC-ROADM 采用接入专用 MCS 器件的方式，组网相对复杂，同时引入的 MCS 器件的插损较大，需要额外增加 EDFA 补偿。目前常用的 MCS 最大支持 8×16 维，即支持 8 个线路方向和 16 个本地上下端口。16 个本地上下路端口在大多数应用场景中都不够用，也需要通过级联 WSS 来扩展端口。因此在本地 ROADM 组网方面建议优先选择 CD-ROADM 模式，如图 2-23 所示。

在 CD-ROADM 的配置方面，该地市为满足后续的网络扩容、升级演进要求做出如下规划。

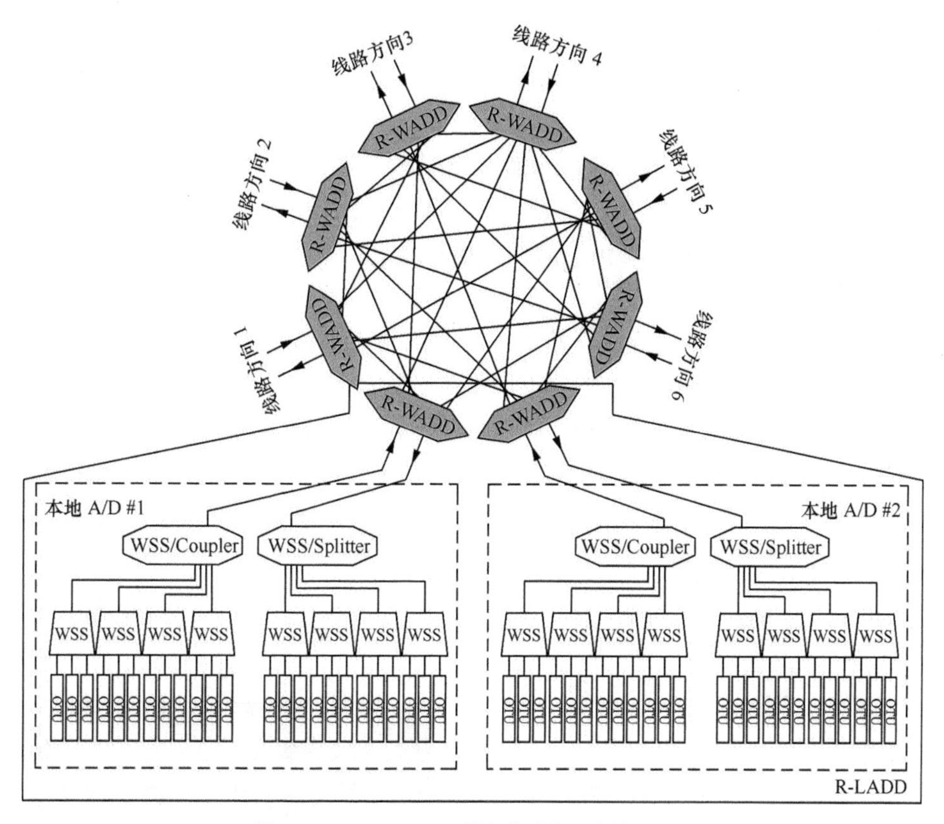

图 2-23　CD-ROADM 设备本地上下路端口扩展

- 节点一般根据对外光方向的数量配置相应的 WSS 方向组和 2 个本地组，另外，本地上下路模块推荐采用两级 WSS 级联的方式，配置 1 个 9 维 WSS 组和 1 ～ 4 个 20 维 WSS 组。
- 核心节点的本地组推荐采用 20 维 WSS。
- 汇聚节点的本地组推荐采用 9 维 WSS。

6. **设备配置**

为了保证网络的安全可靠，针对具体的设备配置需做如下要求。

① 光子框配置要求：每个光方向配置一个光子框，每个本地组配置一个光子框，包括核心层和汇聚层节点。

② 电子框配置要求：每个站点建议配置两个电子框，核心层节点可根据实际网络带宽需求进行扩容。同一个汇聚站点内的板卡，按照不同的业务走向（核

心站点）均衡分布到两个电子框内，核心站点做好相应的对接。

③ 线路板配置要求：100Gbit/s OTU 采用 PM-QPSK 和相干接收方式。

④ 支路端口配置要求：对应 10Gbit/s 端口采用支线分离的板块，同时同一块支路板的端口应在各个方向上均衡使用；100Gbit/s 端口原则上采用支线路合一的板卡。

⑤ 光模块配置要求：由于汇聚节点已经部署到各个区域，为降低造价，应根据业务网络与 OTN 节点间的距离合理配置不同距离的光模块。

⑥ 支路模块带宽和线路带宽应尽量相匹配。

7. **时钟同步设计**

在各运营商开展的 4G 网络建设中，时钟同步主要通过安装传统的 GPS 来实现，但近年来采用 GPS 作为时钟同步存在较多问题，主要有以下两个。

① 以 BBU 内置 GPS 来实现同步，无备用时钟；

② BBU 集中部署时需要安装大量的 GPS 天线（如图 2-24 所示），安装 GPS 天线的站点天面难以协调，施工时也易被业主阻挠，甚至会影响基站其他设施的安装或导致站址逼迁。

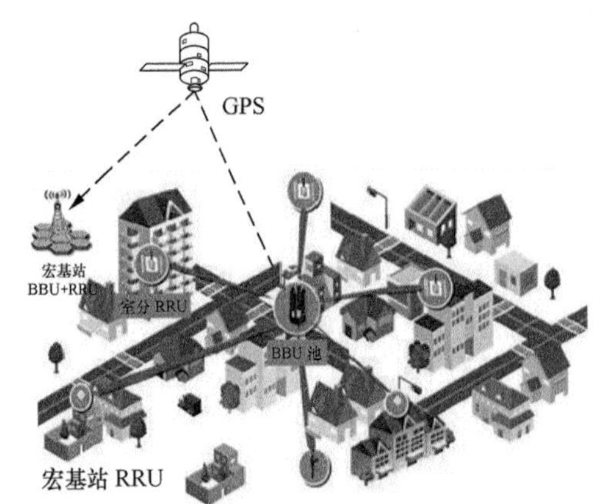

图 2-24　传统无线网络的 GPS 部署方式

由于 1588v2 同步技术已经成熟，为了在解决时钟源问题的同时降低 GPS 单站投资，减少光纤资源的消耗，可以利用 OTN 承载网传送实现高精度 1588v2/ 以太网时间同步。具体做法是在核心节点 M1 和 M2 各新增一套 BITS-SYNLOCK V3，时钟信号源目前为 GPS，后续可以接入北斗系统；输出时钟信号包括 1588v2、以太时钟、2Mbit/s、2MHz。利用 OTN 传送 1588v2 的网络

架构如图 2-25 所示。

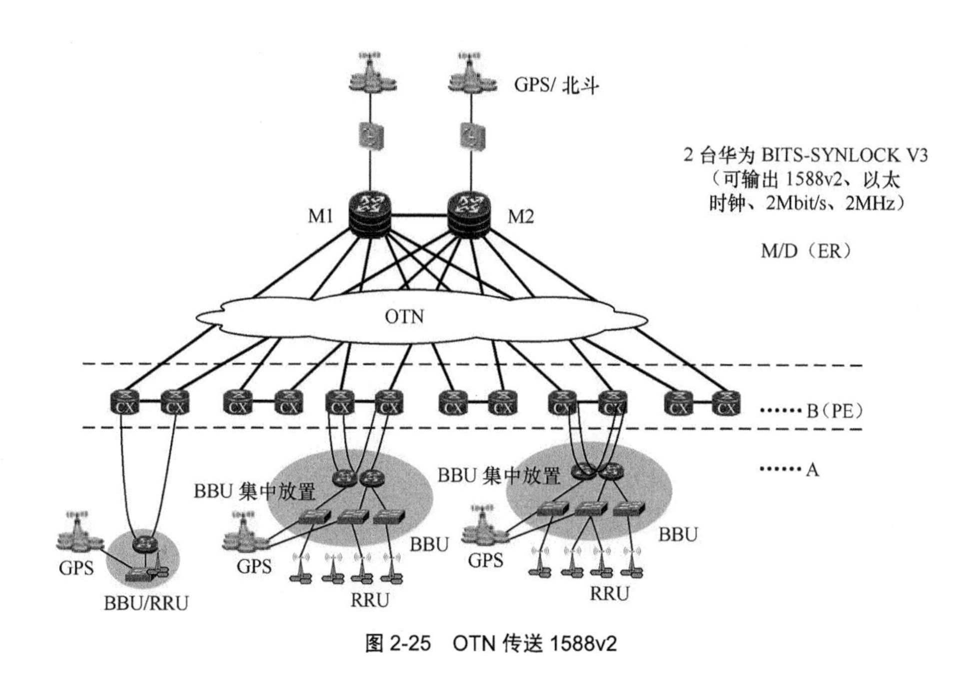

图 2-25　OTN 传送 1588v2

在网络应用中已成功验证，OTN 和 IPRAN 结合可以为 4G/5G 无线网络提供精准的时钟和时间同步信号，并实现同步信号的稳定传送。

2.4.4　总体规划方案

为了做好本地光承载网的规划，总体规划阶段需要根据全网各种网络链路的需求进行需求预测、需求统计、需求局向链路汇总，再进行整体网络规划，包括架构规划、路由保护规划和各种功能参数规划等。具体工作包括以下几个方面。

1．网元节点总体规模估算

根据网络的端口需求，按照规划网络的架构，测算整体网络中各个网元节点的总体规模，包括波道、端口等，具体见表 2-19。其中 Core1 和 Core2 连接汇聚环 1、汇聚环 4 和汇聚环 5，Core3 和 Core4 连接汇聚环 2、汇聚环 3 和汇聚环 6。

表2-19　本地光承载网总体规划

Core1和Core2：连接汇聚环1、汇聚环4、汇聚环5 Core3和Core4：连接汇聚环2、汇聚环3、汇聚环6		规划方案		
环号	站点名称	10Gbit/s端口	100Gbit/s端口	100Gbit/s波道
核心环1	Core1	322		38
	Core2	322		38
	Core3	226	8	36
	Core4	226	8	36
	核心层合计	1096	16	148
汇聚环1	E1	62		8
	E2	44		6
	E3	22		4
	E4	48		6
汇聚环4	B1	38		4
	B2	66		8
	B3	34		4
	B4	18		2
	B5	20		2
汇聚环5	A1	52		6
	A2	30		4
	A3	40		4
	A4	18		2
	A5	36		4
汇聚环2	D1	26		4
	D2	20		2
	D3	112	12	24
	D4	24		4
汇聚环3	C1	30		4
	C2	20		2
	C3	20		2
	C4	78		8
	C5	54		6
	C6	22		4

续表

Core1 和 Core2：连接汇聚环 1、汇聚环 4、汇聚环 5 Core3 和 Core4：连接汇聚环 2、汇聚环 3、汇聚环 6		规划方案		
环号	站点名称	10Gbit/s 端口	100Gbit/s 端口	100Gbit/s 波道
汇聚环 6	F1	22		4
	F2	24	4	8
	汇聚层合计	980	16	136
	整网统计	2076	32	284

2. **设备配置及投资**

根据上述各节点端口规模，实际配置各节点设备，包含机框、板卡、模块和 WSS 组等，并进行相应的投资测算，以便把握本次规划的总体需求及投资，具体见表 2-20。

表 2-20　网络设备配置及投资估算规划

序号	项目	设备型号	单位	单价（万元，不含税）	数量	合计（万元，不含税）
一	DWDM 设备					
1	波分复用设备（OTM-80）	FONST6000 U	端	0.1	30	3.0
2	光分插复用设备（ROADM-80）	WSS8	套	1.3	52	67.6
		WSS20	套	3.6	32	115.2
3	WSS 本地组	WSS8	套	1.3	52	67.6
		WSS20	套	3.6	8	28.8
4	WSS 本地上下路模块组	WSS8	套	1.3	60	78
		WSS20	套	3.6	70	252
5	电交叉子架	FONST6000 U30	端	6.4	52	332.8
		FONST6000 U60	端	11.9	8	95.2
6	100Gbit/s 收发合一型板卡	1TL4	个	12.8	32	409.6
7	100Gbit/s 线路侧板卡	1LN4	个	17.5	252	4410.0
8	10Gbit/s 支路侧板卡（12×10Gbit/s）	12TN2	个	4.6	192	883.2
9	10Gbit/s 支路侧模块（10km）		个	0.3	1859	557.7
10	10Gbit/s 支路侧模块（40km）		个	0.5	445	222.5
11	DWDM 网元管理系统（EM）		套	—	1	—
12	DWDM 远程终端（X-Terminal）		套	2.0	4	8.0

续表

序号	项目	设备型号	单位	单价（万元，不含税）	数量	合计（万元，不含税）
13	架内线（电源线、光跳纤等）		批	1.0	41.95	41.95
	主设备合计					7573.15
二	工程配套					
	工程配套（按设备 20% 计列）					1514.63
	合计投资					9087.78

根据整体网络建设规模及投资测算，折算到 10Gbit/s 端口，平均造价约为 3.46 万元。由于包含设备平台，初期网络的建设投资规模偏大，待网络部署完成，后续的建设投资主要是以板卡扩容为主，平均造价会偏低一些。

同时，根据总体规划，需要测算相关节点的动力配套需求（见表 2-21 和表 2-22），以便提前做好机房的动力容量分析。如果机房动力不足，则需要提前做好规划和建设，避免在 OTN 部署阶段影响设备加电，导致业务无法开通。

表 2-21　核心层节点能耗需求

序号	局站名称	站型	机架编号	机架类型	机架数量（个）	单机架		合计	
						本期功耗（W）	满配功耗（W）	本期功耗（W）	满配功耗（W）
1	Core1	OADM	1	方向组 -3	2	690	2190	1380	4380
			2	方向组 -2	1	460	1460	460	1460
			3	本地组 -2	1	520	920	520	920
			4	电子框	2	4705	10 420	9410	20 840
2	Core2	OADM	1	方向组 -3	2	690	2190	1380	4380
			2	方向组 -2	1	460	1460	460	1460
			3	本地组 -2	1	520	920	520	920
			4	电子框	2	4705	10 420	9410	20 840
3	Core3	OADM	1	方向组 -3	2	690	2190	1380	4380
			2	方向组 -2	1	940	1460	940	1460
			3	本地组 -2	1	520	920	520	920
			4	电子框	2	4170	10 420	8340	20 840

续表

序号	局站名称	站型	机架编号	机架类型	机架数量（个）	单机架		合计	
						本期功耗（W）	满配功耗（W）	本期功耗（W）	满配功耗（W）
4	Core4	OADM	1	方向组 -3	2	690	2190	1380	4380
			2	方向组 -2	1	940	1460	940	1460
			3	本地组 -2	1	520	920	520	920
			4	电子框	2	4170	10 420	8340	20 840

表 2-22　每个汇聚节点能耗需求汇总

序号	局站名称	站型	机架编号	机架类型	机架数量（个）	单机架		合计	
						本期功耗（W）	满配功耗（W）	本期功耗（W）	满配功耗（W）
1 ～ 26	E1	OADM	1	方向组 -2	1	460	1460	460	1460
			2	本地组 -2	1	500	900	500	900
			3	电子框	2	1545	5400	3090	10 800

2.4.5　分阶段实施计划

根据业务网络部署的进度要求，对三年内的需求制订相应的分批建设方案，其中第一批网络需要安排快速部署，完成整个网络架构的搭建，第二、三批则按需进行扩容，具体方案可以根据后续的业务网络需求进行动态调整，这里先只做一个预测方案。

1. **第一阶段建设方案**

第一阶段计划新建一个核心环、6 个汇聚环，新增 186 个波道、1348 个 10Gbit/s 端口、16 个 100Gbit/s 端口。由于第一阶段重点对整个网络进行部署，实现光层和电层网络到位，整个网络与目标网络基本相同，只是能力有所不同，如图 2-26 所示。

设备配置见表 2-23。

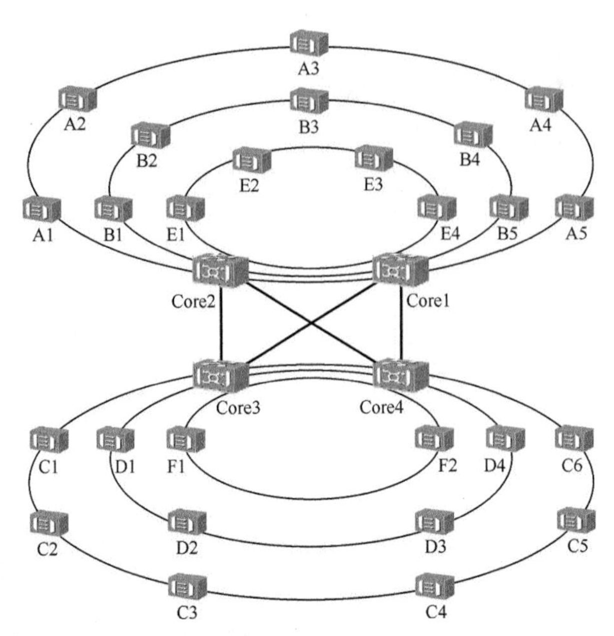

图 2-26 某地市城域光承载网第一阶段网络架构

表 2-23 第一批规划方案

Core1 和 Core2：连接汇聚环 1、汇聚环 4、汇聚环 5 Core3 和 Core4：连接汇聚环 2、汇聚环 3、汇聚环 6		第一批规划方案		
环号	站点 / 环名称	10Gbit/s 端口	100Gbit/s 端口	100Gbit/s 波道
核心环 1	Core1	212		27
	Core2	212		27
	Core3	147	4	22
	Core4	147	4	22
	核心层合计	718	8	98
汇聚环 1	E1	36		4
	E2	26		4
	E3	16		2
	E4	32		4
汇聚环 4	B1	24		4
	B2	40		4
	B3	20		2
	B4	14		2
	B5	16		2

续表

Core1 和 Core2：连接汇聚环 1、汇聚环 4、汇聚环 5 Core3 和 Core4：连接汇聚环 2、汇聚环 3、汇聚环 6		第一批规划方案		
环号	站点 / 环名称	10Gbit/s 端口	100Gbit/s 端口	100Gbit/s 波道
汇聚环 5	A1	34		4
	A2	16		2
	A3	26		4
	A4	14		2
	A5	22		4
汇聚环 2	D1	20		2
	D2	14		2
	D3	72	4	12
	D4	16		2
汇聚环 3	C1	18		2
	C2	14		2
	C3	14		2
	C4	52		6
	C5	34		4
	C6	16		2
汇聚环 6	F1	12		2
	F2	12	4	6
	汇聚层合计	630	8	88
	整网统计	1348	16	186

一期方案整体投资约为 6526.02 万元，折算到 10Gbit/s 端口，造价约为 3.66 万元，网络属于初次部署，造价比较高。

2. **第二阶段建设方案**

第二阶段无新节点加入，计划扩容一个核心环、6 个汇聚环，新增 50 个波道、360 个 10Gbit/s 端口、8 个 100Gbit/s 端口。设备配置见表 2-24，主要用于满足 IPRAN、MSE 和 IPTV 的链路扩容需求。

表 2-24　第二批规划方案

Core1 和 Core2：连接汇聚环 1、汇聚环 4、汇聚环 5 Core3 和 Core4：连接汇聚环 2、汇聚环 3、汇聚环 6		第二批规划方案		
环号	站点名称	10Gbit/s 端口	100Gbit/s 端口	100Gbit/s 波道
核心环 1	Core1	57		6
	Core2	57		6
	Core3	35	2	7
	Core4	35	2	7
	核心层合计	184	4	26
汇聚环 1	E1	14		2
	E2	8		0
	E3	2		0
	E4	8		0
汇聚环 4	B1	10		0
	B2	12		2
	B3	10		2
	B4	2		0
	B5	2		0
汇聚环 5	A1	12		2
	A2	8		2
	A3	8		0
	A4	2		0
	A5	8		0
汇聚环 2	D1	2		2
	D2	2		0
	D3	20	4	6
	D4	2		0
汇聚环 3	C1	6		2
	C2	2		0
	C3	2		0
	C4	12		2
	C5	10		2
	C6	2		0

续表

Core1 和 Core2：连接汇聚环 1、汇聚环 4、汇聚环 5 Core3 和 Core4：连接汇聚环 2、汇聚环 3、汇聚环 6		第二批规划方案		
环号	站点名称	10Gbit/s 端口	100Gbit/s 端口	100Gbit/s 波道
汇聚环 6	F1	4		0
	F2	6		0
	汇聚层合计	176	4	24
	整网统计	360	8	50

第二期方案的整体投资约为 1257.85 万元，折算到 10Gbit/s 端口，造价为 2.9 万元，网络属于板卡扩容，造价相对较低。

3. 第三阶段建设方案

第三阶段项目计划扩容一个核心环、6 个汇聚环，新增 48 个波道、368 个 10Gbit/s 端口、8 个 100Gbit/s 端口。设备配置见表 2-25，主要用于满足 IPRAN、MSE 和 IPTV 的链路扩容需求。

表 2-25 第三批规划方案

Core1 和 Core2：连接汇聚环 1、汇聚环 4、汇聚环 5 Core3 和 Core4：连接汇聚环 2、汇聚环 3、汇聚环 6		第三批规划方案		
环号	站点名称	10Gbit/s 端口	100Gbit/s 端口	100Gbit/s 波道
核心环 1	Core1	53		5
	Core2	53		5
	Core3	44	2	7
	Core4	44	2	7
	核心层合计	194	4	24
汇聚环 1	E1	12		2
	E2	10		2
	E3	4		2
	E4	8		2
汇聚环 4	B1	4		0
	B2	14		2
	B3	4		0
	B4	2		0
	B5	2		0

续表

Core1 和 Core2：连接汇聚环 1、汇聚环 4、汇聚环 5 Core3 和 Core4：连接汇聚环 2、汇聚环 3、汇聚环 6		第三批规划方案		
环号	站点名称	10Gbit/s 端口	100Gbit/s 端口	100Gbit/s 波道
汇聚环 5	A1	6		0
	A2	6		0
	A3	6		0
	A4	2		0
	A5	6		0
汇聚环 2	D1	4		0
	D2	4		0
	D3	20	4	6
	D4	6		2
汇聚环 3	C1	6		0
	C2	4		0
	C3	4		0
	C4	14		0
	C5	10		0
	C6	4		2
汇聚环 6	F1	6		2
	F2	6		2
	汇聚层合计	174	4	24
	整网统计	368	8	48

第三期方案的整体投资约为 1303.91 万元，折算到 10Gbit/s 端口，造价为 2.9 万元，网络属于板卡扩容，造价相对较低。

2.4.6 第一阶段方案详解

1. **建设规模**

建设规模参见表 2-26。

表 2-26　第一阶段规划详细方案

折算到 10Gbit/s 端口：说明各汇聚网元与核心网元的端口需求能力统计		环号	核心环 1				合计端口（个）	合计波道（个）
		核心节点	Core1	Core2	Core3	Core4		
		合计波道	27	27	22	22		98
		合计端口	212	212	187	187	798	
		本地下电路	44	44	0	0	88	10
		汇聚层下电路	168	168	187	187	710	88
环内节点数（个）	环号	汇聚节点	/	/	/	/	合计端口（个）	合计波道（个）
6	汇聚环 1	E1	18	18			36	4
		E2	13	13			26	4
		E3	8	8			16	2
		E4	16	16			32	4
7	汇聚环 4	B1	12	12			24	4
		B2	20	20			40	4
		B3	10	10			20	2
		B4	7	7			14	2
		B5	8	8			16	2
7	汇聚环 5	A1	17	17			34	4
		A2	8	8			16	2
		A3	13	13			26	4
		A4	7	7			14	2
		A5	11	11			22	4
6	汇聚环 2	D1			10	10	20	2
		D2			7	7	14	2
		D3			56	56	112	12
		D4			8	8	16	2
8	汇聚环 3	C1			9	9	18	2
		C2			7	7	14	2
		C3			7	7	14	2
		C4			26	26	52	6
		C5			17	17	34	4
		C6			8	8	16	2
4	汇聚环 6	F1			6	6	12	2
		F2			26	26	52	6
		核心层下电路	168	168	187	187	710	88

2. 设备配置及投资

本批工程采用烽火设备 FONST 6000U 100Gbit/s 平台，新增 30 套波分复用设备（OTM-80）、80 套光分插复用设备（ROADM-80）、60 个电交叉子架及相关 100Gbit/s、10Gbit/s 板块等，见表 2-27。

表 2-27　设备配置及投资明细

序号	项目	设备型号	单位	单价（万元）	数量	合计（万元）
一	DWDM 设备					
1	波分复用设备（OTM-80）	FONST6000 U	端	0.1	30	3.0
2	光分插复用设备（ROADM-80）	WSS8	套	1.3	52	67.6
		WSS20	套	3.6	32	115.2
3	WSS 本地组	WSS8	套	1.3	52	67.6
		WSS20	套	3.6	8	28.8
4	WSS 上下话组	WSS8	套	1.3	60	78
		WSS20	套	3.6	70	252
5	电交叉子架	FONST6000 U30	端	6.4	52	332.8
		FONST6000 U60	端	11.9	8	95.2
6	100Gbit/s 收发合一型板卡	1TL4	个	12.8	16	204.8
7	100Gbit/s 线路侧板卡	1LN4	个	17.5	170	2975
8	10Gbit/s 支路侧板卡（12×10Gbit/s）	12TN2	个	4.6	135	621
9	10Gbit/s 支路侧模块（10km）		个	0.3	1313	393.9
10	10Gbit/s 支路侧模块（40km）		个	0.5	307	153.5
11	DWDM 网元管理系统（EM）		套	—	1	—
12	DWDM 远程终端（X-Terminal）		套	2.0	4	8.0
13	架内线（电源线、光跳纤等）		批	1.0	41.95	41.95
	主设备合计					5438.35
二	工程配套					
	工程配套（按设备 15% 计列）					1087.67
	合计投资					6526.02

由于网络属于初次部署，因此相关配套投资占比相对较大。

3．各站点明细

各种站点的波分复用设备（OTM-80）30 套，新增 80 套光分插复用设备（ROADM-80）、60 个电交叉子架及相关 100Gbit/s 和 10Gbit/s 板块等，见表 2-28 和表 2-29。

表 2-28 各站点明细清单（一）

	波分复用设备（OTM-80）	波分复用设备（OTM-80）	光分插复用设备（ROADM-80）	光分插复用设备（ROADM-80）	WSS 本地组	WSS 本地组	WSS 上下电路组	WSS 上下电路组
型号	U30	U60	WSS8	WSS20	WSS8	WSS20	WSS8	WSS20
单位	端	端	端	端	端	端	端	端
Core1		1		8		2	2	4
Core2		1		8		2	2	4
Core3		1		8		2	2	4
Core4		1		8		2	2	4
E1	1		2		2		2	2
E2	1		2		2		2	2
E3	1		2		2		2	2
E4	1		2		2		2	2
B1	1		2		2		2	2
B2	1		2		2		2	2
B3	1		2		2		2	2
B4	1		2		2		2	2
B5	1		2		2		2	2
A1	1		2		2		2	2
A2	1		2		2		2	2
A3	1		2		2		2	2
A4	1		2		2		2	2
A5	1		2		2		2	2
D1	1		2		2		2	2
D2	1		2		2		2	2
D3	1		2		2		2	4
D4	1		2		2		2	2
C1	1		2		2		2	2

续表

	波分复用设备（OTM-80）	波分复用设备（OTM-80）	光分插复用设备（ROADM-80）	光分插复用设备（ROADM-80）	WSS本地组	WSS本地组	WSS上下电路组	WSS上下电路组
C2	1		2		2		2	2
C3	1		2		2		2	2
C4	1		2		2		2	2
C5	1		2		2		2	2
C6	1		2		2		2	2
F1	1		2		2		2	2
F2	1		2		2		2	2
合计	26	4	52	32	52	8	60	70

表2-29　各站点明细清单（二）

	电交叉子架	电交叉子架	100Gbit/s收发合一型板卡	100Gbit/s线路侧板卡	10Gbit/s支路侧板卡（12×10Gbit/s）	10Gbit/s支路侧模块（10km）	10Gbit/s支路侧模块（40km）
型号	U30	U60	1TL4	1LN4	12TN2		
单位	端	端	个	个	个	个	个
Core1		2		27	22	212	52
Core2		2		27	22	212	52
Core3		2	4	18	13	125	31
Core4		2	4	18	13	125	31
E1	2			4	3	29	7
E2	2			4	3	29	7
E3	2			2	2	20	4
E4	2			4	3	29	7
B1	2			4	2	20	4
B2	2			4	4	39	9
B3	2			2	2	20	4

续表

	电交叉子架	电交叉子架	100Gbit/s 收发合一型板卡	100Gbit/s 线路侧板卡	10Gbit/s 支路侧板卡（12×10Gbit/s）	10Gbit/s 支路侧模块（10km）	10Gbit/s 支路侧模块（40km）
B4	2			2	2	20	4
B5	2			2	2	20	4
A1	2			4	3	29	7
A2	2			2	2	20	4
A3	2			4	3	29	7
A4	2			2	2	20	4
A5	2			4	2	20	4
D1	2			2	2	20	4
D2	2			2	2	20	4
D3	2		4	8	6	58	14
D4	2			2	2	20	4
C1	2			2	2	20	4
C2	2			2	2	20	4
C3	2			2	2	20	4
C4	2			6	5	48	12
C5	2			4	3	29	7
C6	2			2	2	20	4
F1	2			2	1	10	2
F2	2		4	2	1	10	2
合计	52	8	16	170	135	1313	307

4. ***相关参数规划***

下面以汇聚环 1 为例介绍相应的参数规划：网络规划为 80 × 100Gbit/s DWDM 单纤单向系统，覆盖 4 个汇聚节点和 2 个核心节点，相关拓扑结构如图 2-27 所示。

考虑到未来业务的灵活调度以及向 400Gbit/s 系统演进的要求，采用 CD-ROADM 模式进行建设。与前面所述的配置要求相对应，汇聚环 1 整体 ROADM 架构如图 2-28 所示。

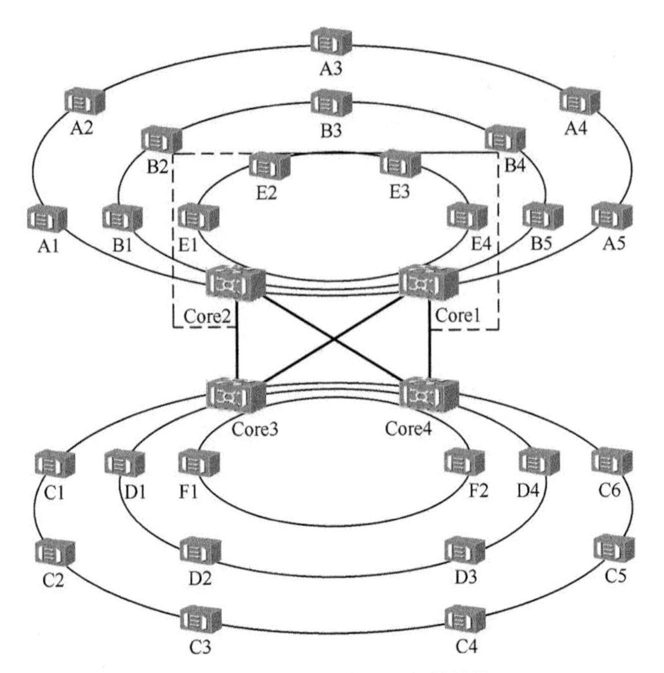

图 2-27　汇聚环 1 的网络拓扑结构

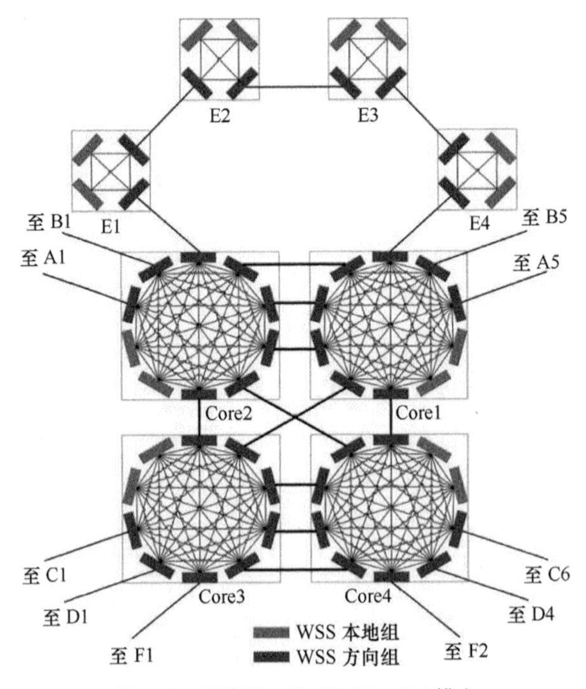

图 2-28　汇聚环 1 的 CD-ROADM 模式

按照业务需求，每个汇聚节点预留后续扩容波道，规划波道如图 2-29 所示。

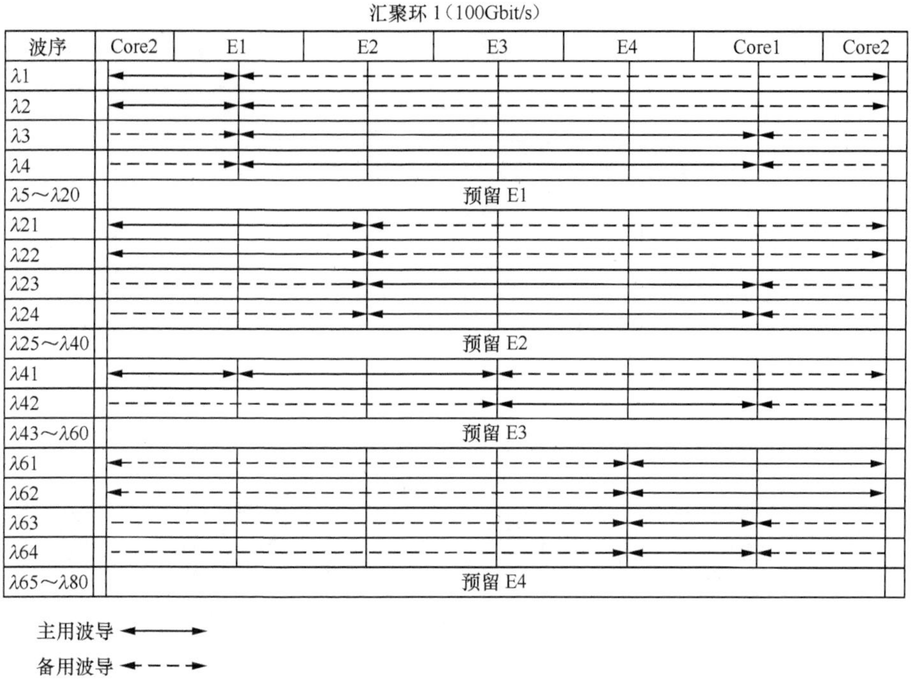

汇聚环 1（100Gbit/s）

波序	Core2	E1	E2	E3	E4	Core1	Core2
λ1							
λ2							
λ3							
λ4							
λ5～λ20	预留 E1						
λ21							
λ22							
λ23							
λ24							
λ25～λ40	预留 E2						
λ41							
λ42							
λ43～λ60	预留 E3						
λ61							
λ62							
λ63							
λ64							
λ65～λ80	预留 E4						

主用波导 ←——→

备用波导 ←- - -→

图 2-29　汇聚环 1 的波道规划

（1）线路参数计算

根据各光放段光缆的长度对相应光缆的线路衰耗和色度色散值进行计算，再根据业务走向计算各复用段的偏振模色散值，光放段参数和复用段参数分别见表 2-30 和表 2-31。

表 2-30　光放段参数

光放段			光放段参数					
序号	起点	终点	线路距离（km）	正向 / 反向				
	局站代码	局站代码		衰减（dB）（含光缆富余度）	单波平均入纤光功率（dBm）	色散补偿值（DCM 标称值）	DGD（ps）	平均 CD 容限（ps/nm）
1	Core2	E1	20.95	12.38	0.70	356.15	0.92	≥ 55 000
2	E1	E2	11.41	8.56	0.70	193.97	0.68	≥ 55 000
3	E2	E3	21.61	12.64	0.70	367.37	0.93	≥ 55 000

续表

光放段			光放段参数					
序号	起点	终点	线路距离（km）	正向 / 反向				
	局站代码	局站代码		衰减（dB）（含光缆富余度）	单波平均入纤光功率（dBm）	色散补偿值（DCM 标称值）	DGD（ps）	平均 CD 容限（ps/nm）
4	E3	E4	7.86	7.14	0.70	133.62	0.56	≥ 55 000
5	E4	Core1	9.88	7.95	0.70	167.96	0.63	≥ 55 000
6	Core1	Core2	3.45	5.38	0.70	58.65	0.37	≥ 55 000

注：1. G.652 光缆色散系数取 17ps/nm·km，DGD 系数取 0.2ps/$\sqrt{\text{km}}$，衰耗系数取 0.4dB/km；
2. 光放段光缆富余度取 3dB，线路插损取 1dB。

表 2-31　复用段参数

光放段			复用段参数	
序号	起点	终点	DGD（ps）（含器件）	
	局站代码	局站代码	复用段总 DGD（ps）	平均 DGD 容限（ps）
1	E1	Core2	1.1038	≥ 35
2	E1	E2	1.5647	≥ 35
	E2	E3		
	E3	E4		
	E4	Core1		
3	E2	E1	1.2983	≥ 35
	E1	Core2		
4	E2	E3	1.4063	≥ 35
	E3	E4		
	E4	Core1		
5	E3	E2	1.6008	≥ 35
	E2	E1		
	E1	Core2		

续表

光放段			复用段参数	
序号	起点	终点	DGD（ps）（含器件）	
	局站代码	局站代码	复用段总 DGD（ps）	平均 DGD 容限（ps）
6	E3	E4	1.0492	≥ 35
	E4	Core1		
7	E4	E3	1.7003	≥ 35
	E3	E2		
	E2	E1		
	E1	Core2		
8	E4	Core1	0.8807	≥ 35

注：各复用段总 DGD 值由烽火公司规划支撑软件计算得出。

从上述数据可以看出，对于本期 100Gbit/s 系统的设计，复用段差分群时延 DGD 均在门限值范围内，所以无须考虑色度色散和偏振模色散。

（2）光放大器参数设计

根据各光放段线路衰耗及 100Gbit/s 入纤光功率要求，选择合适的光放大器。本期工程选用增益为 18dB、饱和输出光功率为 21dBm 的放大板。光放大器的参数设置见表 2-32。

表 2-32　光放大器的参数设置

序号	起点局站代码	终点局站代码	输入光功率（dBm）	输出光功率（dBm）	增益（dB）	噪声系数（dB）
1	Core2	E1	7.60	21.00	13.4	OA < 4.5
2	E1	E2	11.40	21.00	9.6	OA < 4.5
3	E2	E3	7.30	21.00	13.7	OA < 4.5
4	E3	E4	12.80	21.00	8.2	OA < 4.5
5	E4	Core1	12.00	21.00	9.0	OA < 4.5
6	Core1	Core2	14.60	21.00	6.4	OA < 4.5

（3）光信噪比及色散残值

光信噪比（OSNR）为某信道的光功率与该信道波长上的 ASE 光功率之间的比值。通常光信号在沿着光纤路径传输的过程中，OSNR 数值会逐步降低（劣化）。对于一个带光放大的传输链路，接收比特误码率（BER）指标作为衡量系统性能的最终手段，直接与接收器的 OSNR 有关。

在制订规划方案的过程中，按照上述波道图使用烽火公司提供的规划软件对全部业务的 OSNR 值进行了计算，见表 2-33。为确保系统具有最优的传输性能，选择了软判决方式。

表 2-33　波道 OSNR 和色散参数设置

复用段	正向			反向			
波道	OSNR 模拟值（dB）	OSNR 容限值（dB）	色散残值（ps/nm）（TDC 补偿前）	OSNR 模拟值（dB）	OSNR 容限值（dB）	色散残值（ps/nm）（TDC 补偿前）	码型
1	32.11	17.5	323.89	32.11	17.5	323.89	PM-QPSK
2	32.29	17.5	324.31	32.29	17.5	324.31	PM-QPSK
3	26.24	17.5	786.27	26.24	17.5	786.27	PM-QPSK
4	26.39	17.5	787.29	26.39	17.5	787.29	PM-QPSK
5 ～ 20							PM-QPSK
21	29.15	17.5	511.61	29.15	17.5	511.61	PM-QPSK
22	28.48	17.5	512.26	28.48	17.5	512.26	PM-QPSK
23	26.9	17.5	623.7	26.9	17.5	623.7	PM-QPSK
24	27.61	17.5	624.48	27.61	17.5	624.48	PM-QPSK
25 ～ 40							PM-QPSK
41	27.52	17.5	872.69	27.52	17.5	872.69	PM-QPSK
42	29.05	17.5	287.03	29.05	17.5	287.03	PM-QPSK
43 ～ 60							PM-QPSK
61	26.03	17.5	1021.43	26.03	17.5	1021.43	PM-QPSK
62	25.96	17.5	1022.05	25.96	17.5	1022.05	PM-QPSK
63	31.65	17.5	163.51	31.65	17.5	163.51	PM-QPSK
64	32.27	17.5	163.71	32.27	17.5	163.71	PM-QPSK
65 ～ 80							PM-QPSK

注：硬判决 FEC、软判决 FEC、超长距 FEC 都有各自的 OSNR 门限，即使是同种判决方式，当复用段跨段数位于不同数量区间时，这个门限也不一样。跨段数越大，门限越高。一般情况是，12 跨段以内，按正常门限；12 跨段以上，门限提高 0.5dB。

5. 网络建成效果

在完成了对该本地网的光承载网规划后，该地市用两个多月（设备到货后）

的时间完成了第一阶段的工程实施及交付，以及中继光缆层次化网络架构调优（如图 2-30 所示），并在此基础上实现了全市部署一个统一管理调度的、包括一个核心环和 6 个汇聚环的 100Gbit/s OTN 平台。

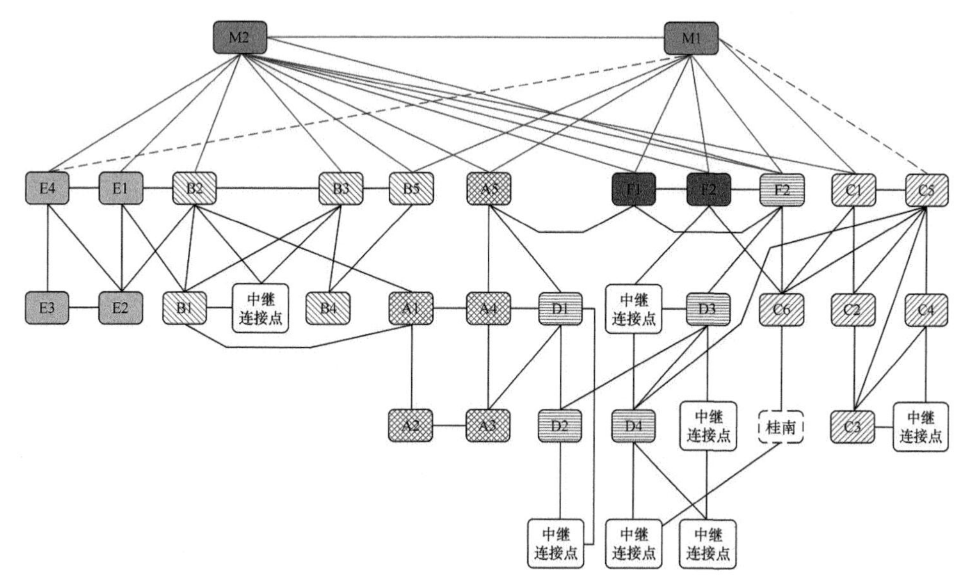

图 2-30　中继光缆网络架构

光缆网络架构调优完成后，该地市对各区域的中继路由使用原则同时进行了规范，如城区中继链路以直达光缆为主，OTN 为辅；镇区以 OTN 为主，光缆为辅，以确保在汇聚点和核心点实现中继链路的“即申请、即开通”，从而大大提升了中继链路的开通效率，节省了中继调度开通时间和相应的人工成本。

对于项目实施后的中继电路开通，一般机楼到核心机楼节点的本地中继电路跳接具体场景如下。

① 通过 OTN 直接开通电路，以实现“即申请、即开通”，中间无须跳接。整个电路开通调度如图 2-31 所示。

② 城区及周边镇区节点，通过裸纤直接开电路，一般也可以实现“即申请、即开通”，中间无须跳接，个别点需要进行楼间光缆跳接。整个电路开通调度如图 2-32 所示。

③ 在离核心机楼比较远的一般机楼，如果通过裸纤来进行调度，一般中间有 2 ～ 3 个跳点，电路顺利开通需要一天；个别节点需要 4 个跳点，电路顺利开通需要 1.5 天，如图 2-33 所示。

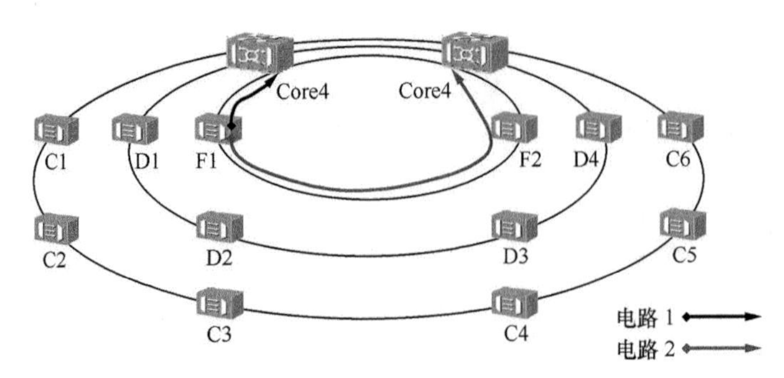

图 2-31 一般机楼到核心机楼节点电路开通调度

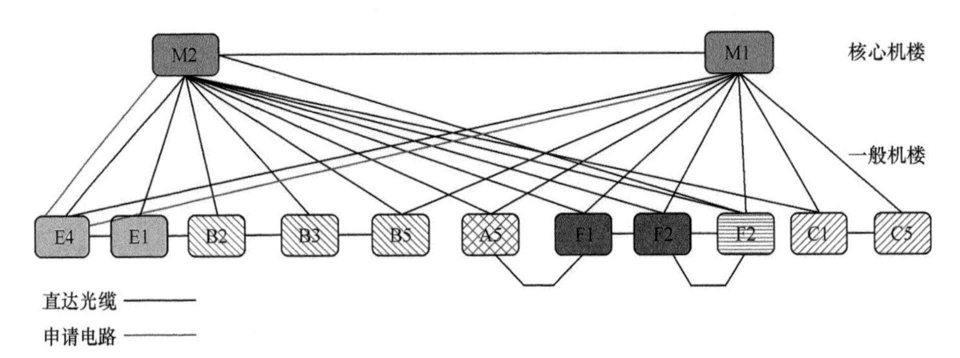

图 2-32 城区及一般镇区节点间电路开通调度

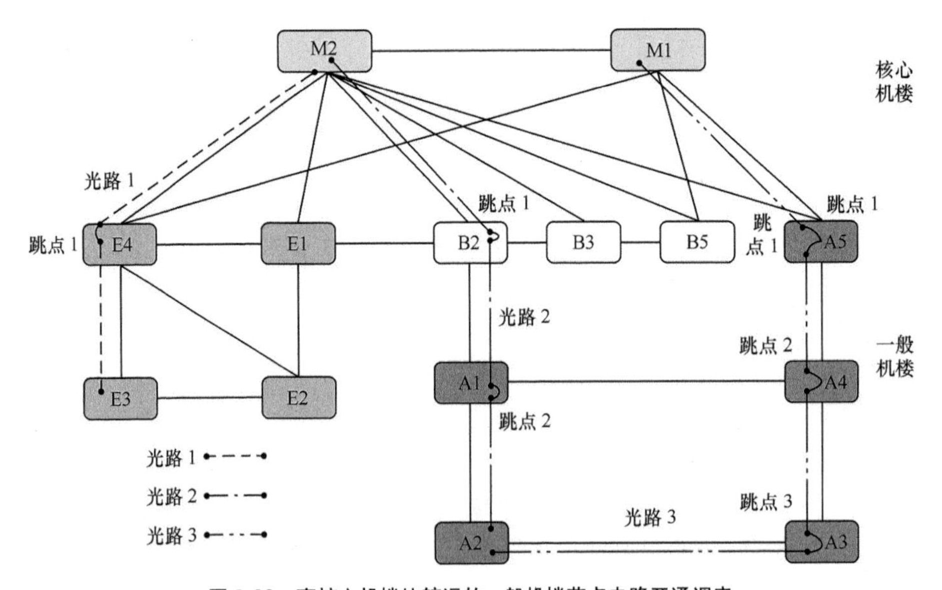

图 2-33 离核心机楼比较远的一般机楼节点电路开通调度

网络交付后的各项指标表明：结合未来光承载网的演进趋势，在进行现网资源大数据分析的基础上，通过对城域网、IDC、IPTV、IPRAN、传输、无线和光缆等专业的横向协同规划，以及对各专业网络业务需求的统筹，该地市的光承载网较好地满足了家庭宽带千兆提速、4G 业务、4K 视频业务、政企灵活专线以及 IDC 业务的发展，各项网络技术指标均在同类公司中处于领先地位，如在前述某集团的“双提升”专项工作中，该本地网的各项性能指标如下。

（1）网络稳健性指标全省综合排名

网络稳健性指标综合排名主要根据 MSE-CR 长途和本地传输双物理路由、2000 户以上 OLT 双物理路由和移动业务承载网双物理路由等方面的完成情况来进行考核。从表 2-34 中可以看出，该本地网的排名逐月提升。

表 2-34　网络稳健性指标逐月排名提升情况

2018 年						
月份	4 月	5 月	6 月	7 月	8 月	9 月
全省排名	14	10	7	9	3	4

（2）MSE-CR 长途和本地传输双物理路由

在开展 MSE-CR 宽带承载双物理路由方面，通过割接光路、调整 OTN 波道和线路路由方式进行整治，累计完成 35 台 MSE 设备的网络稳健性提升，实现全市 41 台 MSE 设备 100% 双路由，提前两个季度完成全年任务，全省第一批实现 MSE-CR 100% 双物理路由。

（3）承载 2000 户以上业务的 OLT

全市承载 2000 户以上业务的 OLT 规模共计 155 套，其中满足上联链路双路由的设备有 62 套，通过路由优化整改，共计完成 93 套 OLT 双路路由整治。截至 2018 年 9 月底，承载 2000 户以上业务的 OLT 设备上联链路物理双路由率达 100%。

（4）移动业务承载网双物理路由

在移动业务承载网方面，全市 IPRAN B1 设备共计 130 组。截至 2018 年 9 月底，通过路由优化，实现 115 组 IPRAN B1 设备上联链路物理双路由，双路由率达到 88.84%。

实践证明，该本地网用严格方法论进行规划推演并指导后续工程建设交付，不仅可以快速支撑当下的城域网、IDC、IPTV、IPRAN 和无线等业务网络的资源需求与快速开通，同时也为 5G 商用前相应承载网的提前部署打下了坚实基础。

2.4.7 5G 承载网规划

目前对于 5G 网络的部署，运营商应根据 5G 技术白皮书的规范，开展前传 / 回传 / 中传需求分析与规划工作。通过结合本地网热点区域和高价值客户的分布，对相应承载网（含光缆、机房等基础设施）的规模及造价进行摸底和估算，制定相关承载网络的技术方案。

1. 总体策略

面对 5G 场景和技术需求，需要选择合适的承载网演进策略和技术路线。中国电信 5G 白皮书中有关承载网网络演进的策略主要有以下要点。

- 5G 承载网应遵循固移融合、综合承载的原则和方向，与光纤宽带网络的建设统筹考虑。将光缆网作为固网和移动网业务的统一物理承载网络，在机房等基础设施及承载设备等方面尽量实现资源共享，以实现低成本快速部署，形成中国电信差异化的竞争优势。
- 承载网络应当满足 5G 网络的高速率、低时延、高可靠、高精度同步等性能需求，灵活性强，支持网络切片。
- 在光纤资源充足或 CU/DU 分布式部署的场景下，5G 前传方案以光纤直连为主，应采用单纤双向（BiDi）技术；当光纤资源不足且 CU/DU 集中部署时，可采用基于 WDM 技术的承载方案，具体包括无源 WDM、有源 WDM/ 面向移动承载优化的光传送网（M-OTN，Mobile-optimized Optical Transport Network）、WDM PON 等。
- 对于 5G 回传技术，由于初期业务量不太大，可以采用比较成熟的 IPRAN，后续根据业务发展情况，在业务量大而集中的区域可以采用 OTN 方案，PON 技术在部分场景可作为补充。初期基于已商用设备满足 5G 部署需求，逐步引入 SR、EVPN、FlexE/FlexO 接口、M-OTN 等新功能，回传接入层按需引入更高速率（如 25Gbit/s/50Gbit/s）的接口；中远期适应 5G 规模部署需求，建成高速率、超低时延、支持网络切片、基于 SDN 智能管控的回传网络。

2. 5G 承载网关键技术

由于某运营商 5G RAN 初期优先考虑 CU/DU 合设部署方式（如图 2-34 所示），5G 承载网将重点考虑前传和回传两部分，前传优先选用增强型通用公共无线电接口（eCPRI）。

综合考虑该运营商本地网光缆网结构和现网基站部署方式，将 5G RAN 组网方式分为以下 3 种场景。

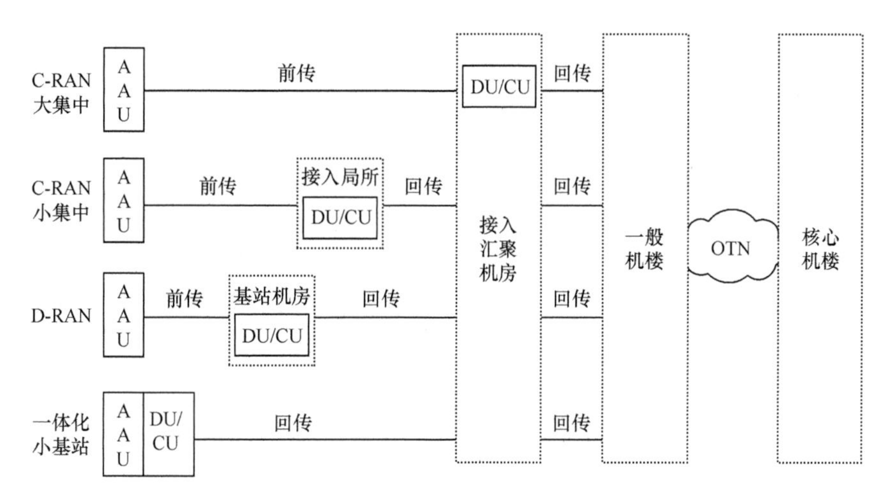

图 2-34　面向不同 RAN 部署架构的承载网络分段

- C-RAN 大集中：CU/DU 集中部署在一般机楼 / 接入汇聚机房，一般位于中继光缆汇聚层与接入光缆主干层的交界处。大集中点连接基站数通常为 10 ～ 60 个。
- C-RAN 小集中：CU/DU 集中部署在接入局所（模块局、POP 点等），一般位于接入光缆主干层与配线层交界处。小集中点连接基站数通常为 5 ～ 10 个。
- D-RAN：CU/DU 分布部署在宏站机房，接入基站数为 1 ～ 3 个。

（1）5G 前传方案

5G 前传主要有以下 3 种传送方案。

① 光纤直连方案。

如图 2-35 所示的是光纤直连的方案，即 BBU 与每个 AAU 的端口全部采用光纤点到点直连组网。

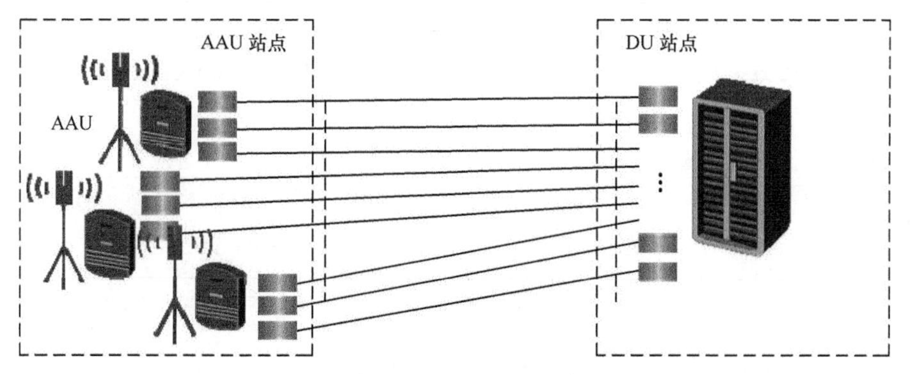

图 2-35　前传光纤直连方案

光纤直连方案实现简单，最大的问题就是占用光纤资源多。5G 时代，随着前传带宽和基站数量、载频数量的急剧增加，光纤直驱方案对光纤的占用量不容忽视。因此，光纤直连方案适用于光纤资源非常丰富的区域。在光纤资源紧张的地区，可以采用设备承载方案克服光纤资源紧缺的问题。

② 无源 WDM 方案。

无源波分方案采用波分复用（WDM）技术，将彩光模块安装在无线设备（AAU 和 DU）上，通过无源的合 / 分波板卡或设备完成 WDM 功能，利用一对甚至一根光纤可以提供多个 AAU 到 DU 之间的连接，如图 2-36 所示。

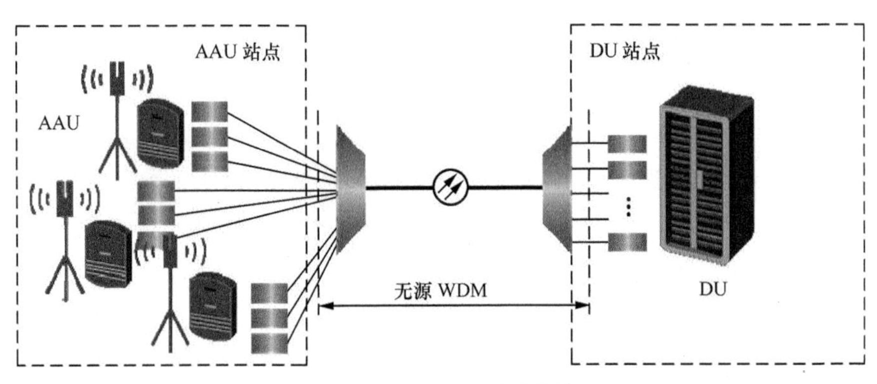

图 2-36　无源 WDM 方案架构

根据采用的波长属性，无源波分方案可以进一步区分为无源粗波分复用（CWDM）方案和无源密集波分复用（DWDM）方案。

相比光纤直驱方案，无源波分方案显而易见的好处是节省了光纤，但是也存在一定的局限性，包括波长通道数受限、波长规划复杂、运维管理复杂、故障定位困难等。

- 波长通道数受限。

虽然 CWDM 技术标准定义了 16 个通道，但考虑到色散问题，用于 5G 前传的无源 CWDM 方案只能利用前几个通道（通常为 1271 ～ 1371nm），波长数量有限，可扩展性较差。

- 波长规划复杂。

WDM 方案需要每个 AAU 使用不同波长，因此前期需要做好波长规划和管理。可调谐彩光光模块的成本较高，但若采用固定波长的彩光光模块，则将给波长规划、光模块的管理、备品备件等带来一系列工作量。

- 运维管理复杂。

彩光光模块的使用可能导致安装和维护界面不够清晰，缺少运行管理和维护（OAM，Operation Administration and Maintenance）机制和保护机制。由于无法监测误码，因此无法在线路性能劣化时执行倒换。

- 故障定位困难。

无源 WDM 方案出了故障后，难以具体界定问题的责任方。图 2-37 为无源波分方案的故障定位示意图，可见其复杂度。

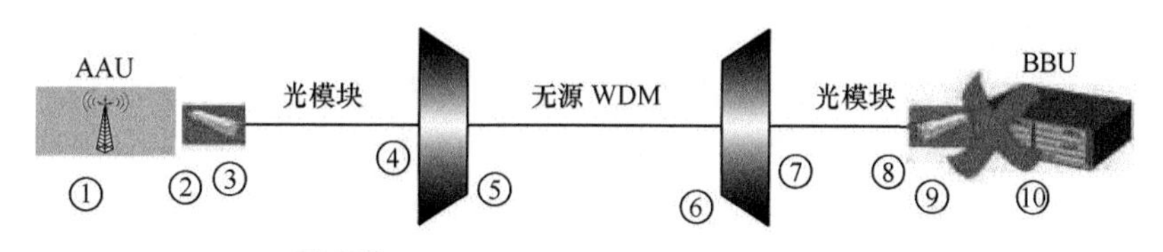

图 2-37　无源 WDM 方案故障定位

相比无源 CWDM 方案，无源 DWDM 方案显然可以提供更多的波长。但更多的波长也意味着波长规划和管控更复杂，通常需要可调激光器，因此成本更高。目前支持 25Gbit/s 速率的无源 DWDM 光模块还有待发展。

为了满足 5G 承载的需求，基于可调谐波长的无源 DWDM 方案是一种可行的方案，另外基于远端集中光源的新型无源 DWDM 方案也成为业界研究的一个热点，其原理如图 2-38 所示。该方案在降低成本（特别是接入侧成本）和提高性能和维护便利性方面具有一定的优势。

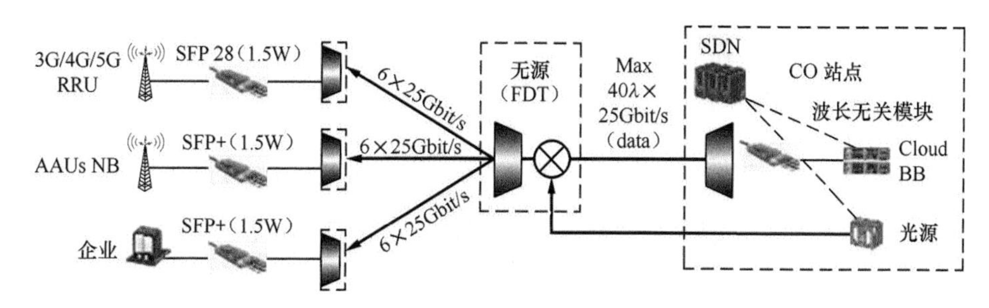

图 2-38　光源集中无源 DWDM 方案

- AAU/RRU 侧光模块无源化：AAU/RRU 侧插入的光模块不含光源，因此所有光模块都一样，不区分波长，称之为无色化或无源化，极大地降低了成本，提高了可靠性和维护便利性。
- 光源集中部署：在 CO 节点设置集中光源，并向各个无源模块节点输送直流光信号（不带调制），无源光模块通过接收来自集中光源的连续光波并加以调制成为信号光后返回 CO 节点实现上行。

因此，基于集中光源的下一代无源方案，不仅继承了传统无源方案节省光纤、成本低、方便插入无线设备的优点，还补齐了其可靠性和运维管理上的短板，成为 5G 前传承载领域有竞争力的一种方案。

对于无源 WDM 方案，同样建议线路侧采用 OTN 封装，基于 OTN 的 OAM 能够实现有效的维护管理和故障定位。

③ 有源 WDM/OTN 方案。

有源 WDM 方案在 AAU 站点和 DU 机房配置城域接入型 WDM/OTN 设备，多个前传信号通过 WDM 技术共享光纤资源，通过 OTN 开销实现管理和保护，提供质量保证。除了节约光纤以外，有源 WDM/OTN 方案还可进一步提供环网保护等功能，提高网络可靠性和资源利用率。此外，基于有源波分方案的 OTN 特性还可以提供如下功能。

- 通过有源设备天然的汇聚功能，满足大量 AAU 的汇聚组网需求。
- 拥有高效、完善的 OAM，保障性能监控、告警上报和设备管理等网络功能，且维护界面清晰，提高前传网络的可管理性和可运维性。
- 提供保护和自动倒换机制，实现方式包括光层保护（如光线路保护）和电层保护（如子网连接保护）等，通过不同管道的主—备光纤路由，实现前传链路的实时备份、容错容灾。
- 具有灵活的设备形态，适配 DU 集中部署后 AAU 设备形态和安装方式的多样化，包括室内型和室外型。对于室外型，如典型的 FO（Full Outdoor，全室外）解决方案能够实现挂塔、抱杆和挂墙等多种安装方式，且能满足室外防护（防水、防尘、防雷等）和工作环境（更宽的工作温度范围等）要求。
- 支持固网移动融合承载，具备综合业务接入能力，包括固定宽带和专线业务。

当前有源 WDM/OTN 方案成本相对较高，未来可以通过采用非相干超频技术或低成本可插拔光模块来降低成本。同时，为了满足 5G 前传低成本和低时延的需求，还需要对 OTN 技术进行简化。

（2）5G 回传承载方案

5G 回传主要考虑 IPRAN 和 OTN 两种承载方案，初期业务量不太大，可以首先采用比较成熟的 IPRAN，后续根据业务发展情况，在业务量大而集中的区域采用 OTN 方案；PON 技术在部分场景中可作为补充。

IPRAN 方案沿用现有 4G 回传网络架构，支持完善的二、三层灵活组网功能，产业链成熟，具备跨厂家设备组网能力，可支持 4G/5G 业务统一承载，易于与现有承载网及业务网衔接。通过扩容或升级可满足 5G 承载需求：回传的接入层按需引入长距高速率接口（如 50/100Gbit/s 等）；可考虑引入弹性以太网

（FlexE）接口支持网络切片；为进一步简化控制协议、增强业务灵活调度能力，可选择引入以太虚拟专网（EVPN，Ethernet Virtual Private Network）和超分辨率技术（SR，Super Resolution）优化技术，基于SDN架构实现业务自动发放和灵活调整。在长距离传输场景下，可采用WDM/OTN为IPRAN设备提供波长级连接。

OTN方案可满足高速率需求，在已经具备ODU*k*硬管道、以太网/MPLS-TP分组业务处理能力的基础上，业界正在研究进一步增强路由转发功能，以满足5G端到端承载的灵活组网需求。对于已部署的基于统一信元交换技术的分组增强型OTN设备，其增强路由转发功能可以重用已有交换板卡，但需开发新型路由转发线卡，并对主控板进行升级。OTN方案支持破环成树的组网方式，根据业务需求配置波长或ODU*k*直达通道，从而保证5G业务的速率和低时延性能。ITU-T正在研究简化封装的M-OTN技术和50/100Gbit/s FlexO接口，用于降低5G承载OTN设备的时延并缩减成本。

3. 5G部署预设条件

① 核心网络部署在两个核心机房M1和M2，或通过核心点上联到省核心网。

② 初期单站部署带宽：根据下一代移动通信网（NGMN）推荐的带宽规划，结合频段划分，设定基础参数如下。

- 单站峰值带宽 = 单小区峰值带宽 + 均值带宽 ×（N−1）。
- 单站均值带宽 = 单小区均值带宽 ×N。
- 主频段为3300～3600MHz中的100MHz的频宽。
- 基站考虑典型的3扇区，64T64T的128天线阵列。
- 频谱效率峰值为40bit/Hz，均值为7.8bit/Hz。
- 单站均值带宽为2.3Gbit/s（3×0.772）。
- 带宽收敛比取6∶1。

4. 承载网络部署规划

（1）5G部署规划

根据现有的4G基站规模，初步估计5G基站的规模大约为4G的3倍，根据单站带宽和收敛比，预测目标带宽见表2-35。

表2-35 5G部署需求规划

站点	5G部署需求规划				
	4G BBU（Gbit/s）	RRU（Gbit/s）	CU/DU（Gbit/s）	AAU（Gbit/s）	目标带宽（Gbit/s）
合计	1977	5931	6925	20 775	2940
M1	41	123	144	432	60
M2	38	114	133	399	60

续表

站点	5G 部署需求规划				
	4G BBU（Gbit/s）	RRU（Gbit/s）	CU/DU（Gbit/s）	AAU（Gbit/s）	目标带宽（Gbit/s）
A1	73	219	256	768	100
A2	57	171	200	600	80
A3	87	261	305	915	120
A4	37	111	130	390	60
A5	64	192	224	672	100
A6	53	150	175	525	80
B1	90	270	315	945	140
B2	93	279	326	978	140
B3	53	138	161	483	80
B4	26	78	91	273	40
B5	36	108	126	378	60
C1	92	276	322	966	140
C2	116	348	406	1218	160
C3	25	84	98	294	40
C4	40	120	140	420	60
C5	53	159	186	558	80
C6	53	135	158	474	80
D1	66	198	231	693	100
D2	60	180	210	630	100
D3	160	510	595	1785	240
D4	83	249	291	873	120
D5	140	435	508	1524	200
E1	66	198	231	693	100
E2	80	240	280	840	120
E3	87	261	305	915	120
E4	108	324	378	1134	160

（2）5G 带宽部署需求

5G 带宽部署采用“总体规划，分步实施”，建设初期需要保证各个核心机楼和一般机楼的承载带宽满足 5G 业务的开通，中后期根据网络业务发展及流量对承载网络进行扩容。初步设定 5G 建设需求规模等效于现有的 4G 站规模，单站点带宽按照 2.3Gbit/s 进行预估，考虑初期流量不大，按照收敛比为 6：1 进行收敛，带宽利用按照 50% 计列，计算出初期承载网络的规模，以 10Gbit/s 带宽作为基础，链路带宽为偶数。

各站点的带宽需求 =4G BBU 数 × 单站带宽 / 收敛比 / 带宽利用率。

以 A1 站点为例，A1 站点对带宽需求如下：

A1 站点带宽 =ROUNDUP(73 × 2.3Gbit/s/6/0.5，0)=60Gbit/s。

（说明：ROUNDUP 是向上取整函数。）

依此类推，各个站点的第一年规模见表 2-36。

表 2-36　5G 带宽部署及端口需求

站点	三年端口扩容需求（Gbit/s）			三年到达带宽（Gbit/s）			承载需求（10Gbit/s 端口需求）			
	第一年	第二年	第三年	第一年	第二年	第三年	第一年	第二年	第三年	三年合计需求
合计	1860	720	360	1860	2580	2940	250	88	48	386
M1	40	20	0	40	60	60	6	2	0	8
M2	40	20	0	40	60	60	6	2	0	8
A1	60	20	20	60	80	100	8	2	4	14
A2	60	20	0	60	80	80	8	2	0	10
A3	80	20	20	80	100	120	10	4	2	16
A4	40	20	0	40	60	60	6	2	0	8
A5	60	20	20	60	80	100	8	2	4	14
A6	60	20	0	60	80	80	8	2	0	10
B1	80	40	20	80	120	140	10	6	2	18
B2	80	40	20	80	120	140	10	6	2	18
B3	60	20	0	60	80	80	8	2	0	10
B4	20	20	0	20	40	40	4	2	0	6
B5	40	20	0	40	60	60	6	2	0	8
C1	80	40	20	80	120	140	10	6	2	18
C2	100	40	20	100	140	160	14	4	2	20
C3	20	20	0	20	40	40	4	2	0	6
C4	40	20	0	40	60	60	6	2	0	8
C5	60	20	0	60	80	80	8	2	0	10

续表

站点	三年端口扩容需求（Gbit/s）			三年到达带宽（Gbit/s）			承载需求（10Gbit/s 端口需求）			
	第一年	第二年	第三年	第一年	第二年	第三年	第一年	第二年	第三年	三年合计需求
C6	60	20	0	60	80	80	8	2	0	10
D1	60	20	20	60	80	100	8	2	4	14
D2	60	20	20	60	80	100	8	2	4	14
D3	140	60	40	140	200	240	18	8	4	30
D4	80	20	20	80	100	120	10	4	2	16
D5	120	40	40	120	160	200	16	4	6	26
E1	60	20	20	60	80	100	8	2	4	14
E2	80	20	20	80	100	120	10	4	2	16
E3	80	20	20	80	100	120	10	4	2	16
E4	100	40	20	100	140	160	14	4	2	20

（3）网络部署规划

按照上述的规划思路，根据多 OTN 的端口需求，本次规划方案主要是在原有 OTN 上进行扩容，具体的预测规模见表 2-37。

表 2-37　网络部署规划方案

Core1 和 Core2：连接汇聚环 1、汇聚环 4、汇聚环 5		总需求		第一批需求		第二批需求		第三批需求	
Core3 和 Core4：连接汇聚环 2、汇聚环 3、汇聚环 6									
环号	站点	10Gbit/s 端口	100Gbit/s 端口	10Gbit/s 端口	100Gbit/s 端口	10Gbit/s 端口	100Gbit/s 端口	10Gbit/s 端口	100Gbit/s 端口
核心环 1	Core1	98		64	0	22		12	
	Core2	98		64	0	22		12	
	Core3	80	0	51	0	19	0	10	0
	Core4	80	0	51	0	19	0	10	0
	核心层合计	356	0	230	0	82	0	44	0
汇聚环 1	E1	20		14		4		2	
	E2	16		10		4		2	
	E3	14		8		2		4	
	E4	16		10		4		2	

续表

Core1 和 Core2：连接汇聚环 1、汇聚环 4、汇聚环 5 Core3 和 Core4：连接汇聚环 2、汇聚环 3、汇聚环 6		总需求		第一批需求		第二批需求		第三批需求	
环号	站点	10Gbit/s端口	100Gbit/s端口	10Gbit/s端口	100Gbit/s端口	10Gbit/s端口	100Gbit/s端口	10Gbit/s端口	100Gbit/s端口
汇聚环 4	B1	18		10		6		2	
	B2	18		10		6		2	
	B3	10		8		2		0	
	B4	6		4		2		0	
	B5	8		6		2		0	
汇聚环 5	A1	16		10		4		2	
	A2	10		8		2		0	
	A3	14		8		2		4	
	A4	8		6		2		0	
	A5	14		8		2		4	
汇聚环 2	D1	14		8		2		4	
	D2	14		8		2		4	
	D3	30	0	18	0	8	0	4	0
	D4	16		10		4		2	
汇聚环 3	C1	10		8		2		0	
	C2	8		6		2		0	
	C3	6		4		2		0	
	C4	20		14		4		2	
	C5	18		10	0	6		2	
	C6	10		8		2		0	
汇聚环 6	F1	6		4		2		0	
	F2	8	0	4	0	2	0	2	0
	汇聚层合计	348	0	222	0	82	0	44	0

承载网络的最终建设方案，需要根据5G实际部署规模和推进计划，进行承载方案的调整，通过OTN和光缆网络协同支撑5G的建设。

2.5 规划相关平台及应用

近些年来，随着承载业务量的不断增加，OTN 也在不断扩张，电路调度等工作变得越来越复杂。据统计，广东某运营商目前已有的光缆总长度已超过 150 万皮长公里、管井数超过 120 万个，光承载网上承载的各种电路数超过 20 万条。由于人工能够考虑的因素和计算能力有限，因此必须借助平台和模型算法，综合考虑各项约束条件来进行 OTN 的科学规划、调优和电路调度。OTN 规划平台和中国电信自行开发的 OTMS、智能光承载网可视化平台是高效率开展光网络规划设计工作必要的支撑工具。

2.5.1 OTN 规划平台

1. **功能简介**

OTN 规划平台主要实现城域 OTN 的基础数据管理以及支撑城域 OTN 的规划编制要求，根据所要实现的功能，规划平台通常分为 7 个模块，具体如下。

（1）现状模块（拓扑及资源规划）

- 现状模块主要实现现状库的建立。通过现状库的查看，可以图示化展现网络节点相关信息（包括节点设备的立面、槽位占用、端口占用，节点所在环路系统、链路系统、局向等信息）。通过该模块的建立可输出网络拓扑、通路组织、设备立面、规划表格中的相关数据等。
- 具备完善的拓扑结构及资源规划，包括网元间、网元内的板卡配置、光纤连接、放大器布置等。
- 能够支持环网、Mesh 网以及混合网的网络规划，并可以完成网络拓扑和资源现状分析。
- 能够规划节点设备类型、单盘端口数量等信息，以及光纤光缆数量和长度。
- 能够规划波道数量、波道分布等波分系统信息。
- 按基本要求提供自动构建网络的功能，提高工作效率。

（2）分析模块

根据现状模块提供的数据，分析局部或整体网络的常用技术指标，如波道配置率、通道利用率等，从而及时发现网络瓶颈和网络隐患。通过该模块的建立可输出想要的分析结果，同时可以提供规划表中的相关数据等。

（3）调度模块（业务流量及路由优化）

- 根据需求，确定输入系统的方式和格式，以便进行系统的处理，主要包括链路局向、业务速率、端口类型、业务数量、是否保护等参数。通过该模块的建立可输出业务调单、线路以及支路交叉表等。
- 支持 OTN OTUk 等波道业务的流量统计分析；根据统计分析结果，进行业务路由优化，提高、均衡或改善网络的资源利用率。
- 在路由计算、优化时支持最小费用、最佳性能、中继限制、变波限制等的策略组合，并可设置光放大器类型和参数，确定提供或不提供 DCM 或 RAU 盘等约束条件。
- 提供完善的费用、功耗等模型：能为网络中的所有元素设置费用和功耗，包括光纤、路由、节点、设备公共部分和接口盘等。
- 业务的工作路由和保护路由、恢复路由的统筹规划和优化。

（4）波长分配规划及优化模块

- 改进传统的启发式路由算法，形成新的路由波长分配（RWA，Routing and Wavelength Assignment）算法，使之计算出业务所需要的波长以及各路由所需要的波长。
- 除成功分配波道外，还支持设置均衡和分离策略，对全网波道进行均衡分配，提高波道的综合利用率，降低波道倒换的冲突风险。
- 极端资源受限情况下，可在用户允许的前提下创建中继规避波长冲突等问题。
- 综合考虑栅格调整和波长分配，减少链路中不可用的波长碎片，并可对现网业务进行优化分析，将频谱碎片整合成可用的业务波道。

（5）物理损伤计算及配置模块

- 能够手动或自动进行色散、光功率衰减等物理特性的计算和配置，并提出相应的补偿建议措施。
- 可以设置损伤参数为路由策略 / 门槛策略 / 中继条件等。

（6）故障模拟仿真预测

针对网络拓扑进行相应故障仿真分析，包括以下几个方面。

- 对网络拓扑进行全网范围的单点、双点、多点故障分析，统计所有场景下所有业务的倒换情况（或倒换失败造成的业务丢失情况），故障类型支持链路、节点或混合方式。
- 故障模拟完成后，提供全量分析报表，输出恢复情况列表、恢复使用的路由和波道报表、使用中继板卡分析报表、业务丢失报表。

- 根据故障仿真结果，通过模糊计算，分析网络资源的瓶颈点，给出网络扩容的建议及配置清单。

（7）方案模块

根据系统设定的参数和算法，通过引用前面 3 个模块的数据，得出资源配置方案，通过“方案执行”键功能，可直接输出资源配置方案，包括建设规模及投资等。

2. **工作界面展示**

规划平台工作界面在功能上包括网络拓扑设计、设计参数配置、系统图、光复用设计、光层设计、电层设计、机柜设计、业务规划等，在网元节点层面包括网络基本元素、网络复用元素和网络业务元素，以及整个系统的设计属性等。规划平台工作界面如图 2-39 所示。

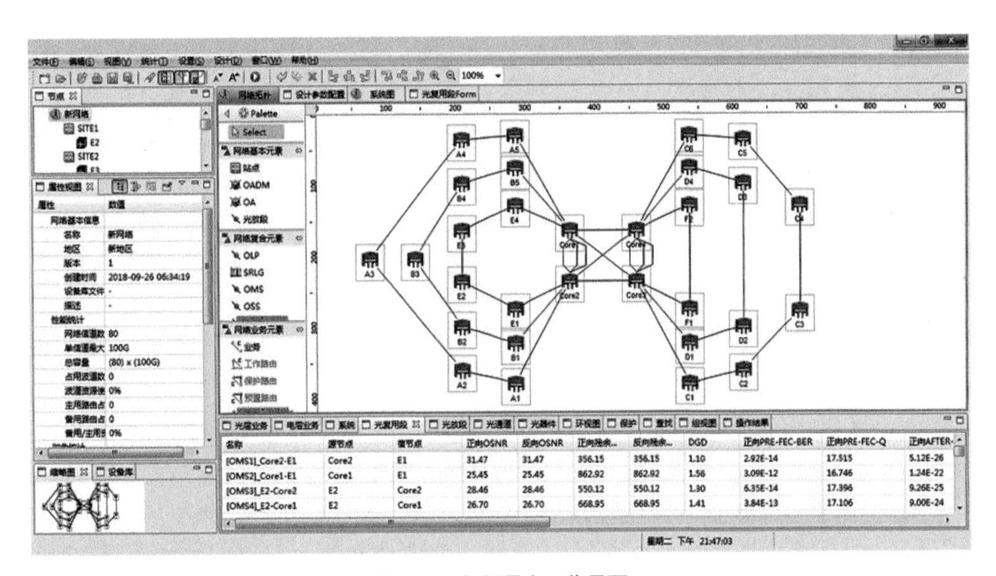

图 2-39　规划平台工作界面

3. **参数环境配置**

（1）手工拓扑搭建

设置网络参数手工创建拓扑，如图 2-40 所示。

（2）快速构建拓扑

① 快速导入界面。

可以提前使用 Excel 汇总节点、光纤、业务信息，然后进行快速导入，导入后可以对系统进行相关信息的编辑，如图 2-41 所示。

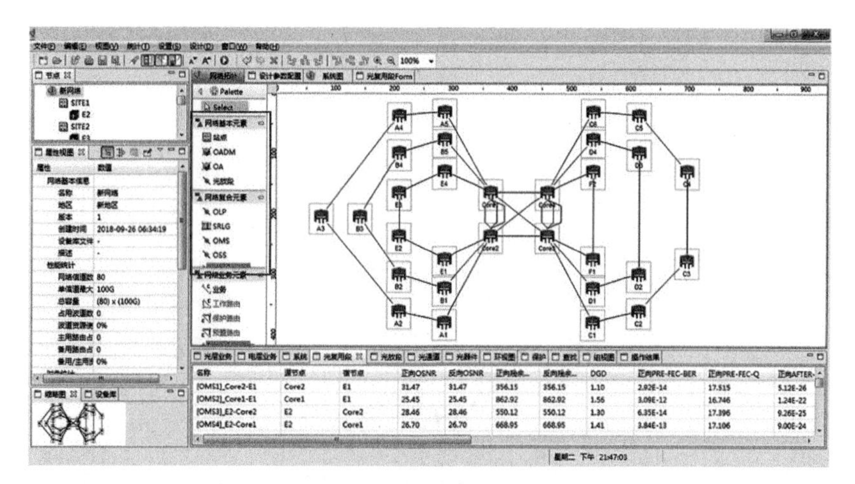

图 2-40　手工拓扑搭建界面

图 2-41　快速导入拓扑界面

② 编辑节点信息。

可以对节点的名称、节点类型、节点坐标、所属站点以及节点描述等进行相关设置，如图 2-42 所示。

③ 编辑光纤信息。

可以根据源节点和宿节点光缆路由长度、光缆型号、光纤衰耗系统、色度色散系数 D 和偏振模色散（PMD）等参数进行编辑，以便对整个网络参数进行评估和设置，如图 2-43 所示。

4. 主要功能

（1）导入节点、光纤和业务后的视图

根据上述输入信息的导入及编辑，可以得到如下视图，包括网络架构和相关参数查询，如图 2-44 所示。

2	节点名称	节点类型	节点坐标x	节点坐标y	所属站点	节点描述
3	E2	OADM	197	223	SITE1	-
4	E3	OADM	197	151	SITE2	-
5	E4	OADM	274	116	SITE3	-
6	Core1	OADM	352	151	SITE4	-
7	Core2	OADM	352	223	SITE5	-
8	E1	OADM	274	262	SITE6	-
9	B1	OADM	274	310	SITE7	-
10	B2	OADM	197	287	SITE8	-
11	B3	OADM	130	191	SITE9	-
12	B4	OADM	197	85	SITE10	-
13	B5	OADM	274	63	SITE11	-
14	A1	OADM	274	367	SITE12	-
15	A2	OADM	197	348	SITE13	-
16	A3	OADM	64	191	SITE14	-
17	A4	OADM	197	23	SITE15	-
18	A5	OADM	274	17	SITE16	-
19	Core4	OADM	448	151	SITE17	-
20	Core3	OADM	448	223	SITE18	-
21	C6	OADM	525	17	SITE19	-
22	D4	OADM	525	63	SITE20	-

Node | OTS | PigtailFiber | Fiber | Service

图 2-42　编辑节点信息界面

2	源节点	宿节点	长度	光纤类型	光纤衰耗系数	D	PMD
3	E2	E3	21.61	G.652	0.4	17.0	0.2
4	E3	E4	7.86	G.652	0.4	17.0	0.2
5	E4	Core1	9.88	G.652	0.4	17.0	0.2
6	Core1	Core2	3.45	G.652	0.4	17.0	0.2
7	Core2	E1	20.95	G.652	0.4	17.0	0.2
8	E2	E1	11.41	G.652	0.4	17.0	0.2
9	Core2	B1	38.5	G.652	0.4	17.0	0.2
10	Core1	Core2	3.45	G.652	0.4	17.0	0.2
11	Core1	B5	17.55	G.652	0.4	17.0	0.2
12	B4	B5	13.45	G.652	0.4	17.0	0.2
13	B3	B4	13.34	G.652	0.4	17.0	0.2
14	B2	B3	12.56	G.652	0.4	17.0	0.2
15	B1	B2	8.52	G.652	0.4	17.0	0.2
16	Core2	A1	25.62	G.652	0.4	17.0	0.2
17	A1	A2	15.64	G.652	0.4	17.0	0.2
18	A2	A3	13.65	G.652	0.4	17.0	0.2
19	A3	A4	15.68	G.652	0.4	17.0	0.2
20	A4	A5	17.57	G.652	0.4	17.0	0.2
21	Core1	A5	15.78	G.652	0.4	17.0	0.2
22	Core1	Core2	3.45	G.652	0.4	17.0	0.2

光纤列表

图 2-43　编辑光纤信息界面

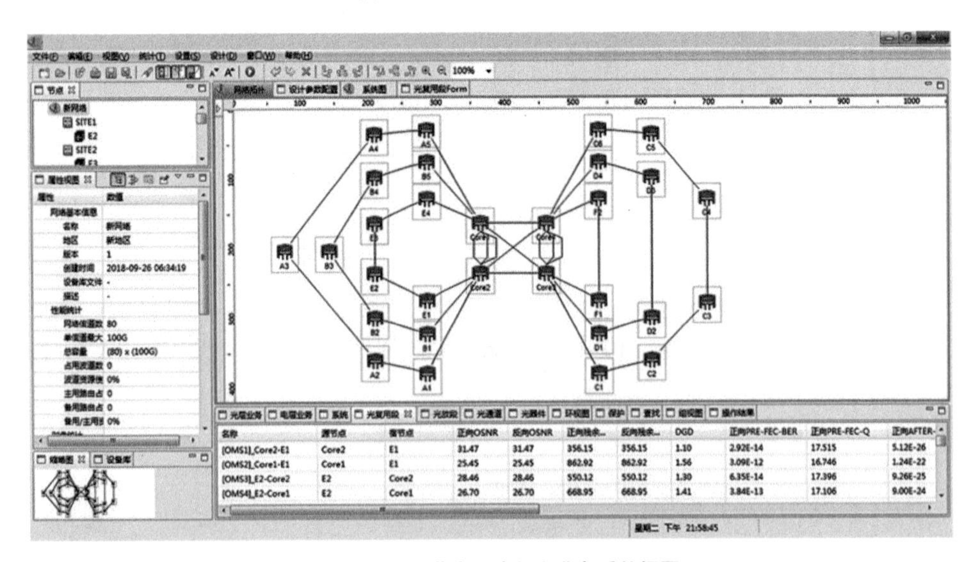

图 2-44　导入节点、光纤和业务后的视图

（2）光层自动配置

根据录入的信息，计算出各种光学参数，自动配置光层，如图2-45和图2-46所示。

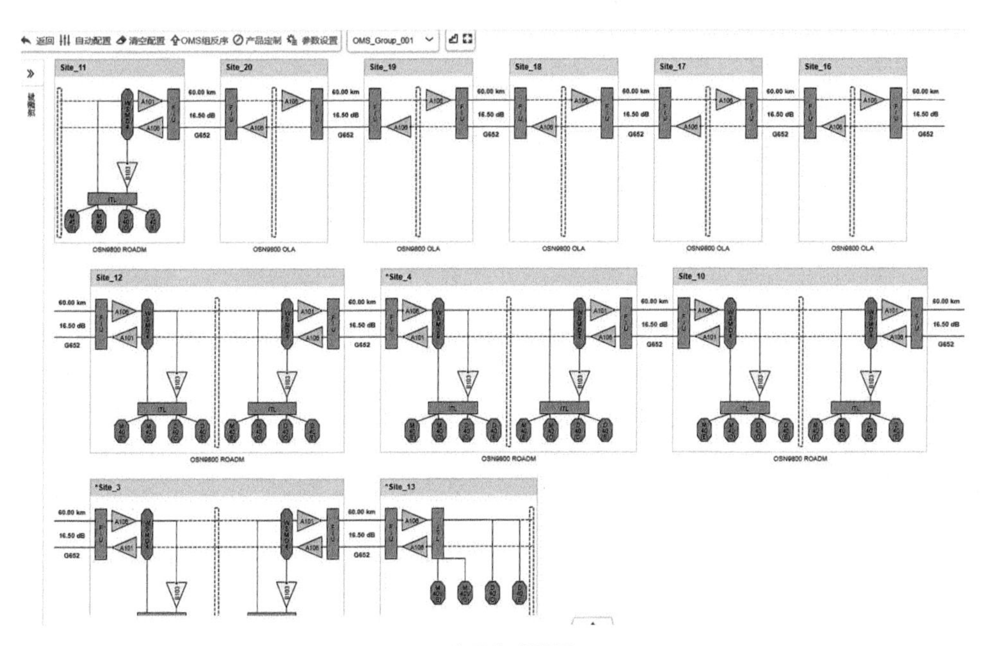

图2-45　光层自动配置（一）

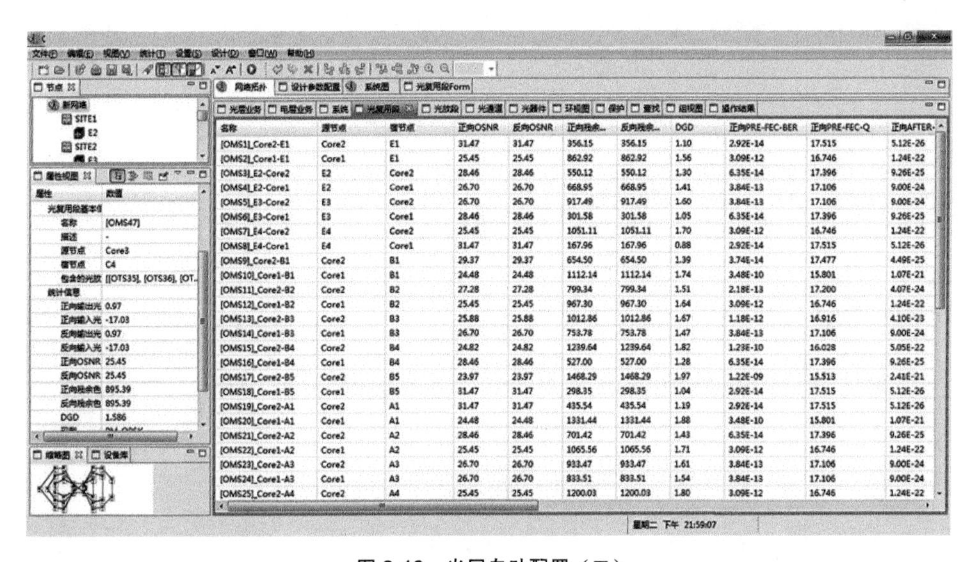

图2-46　光层自动配置（二）

（3）自动路由计算波道分配

可以先设置相关路由策略、中继策略、变波策略等，再自动计算波道规划，根据网络发展的需求，还可以对 WSON 功能部分进行展示，如图 2-47 所示。

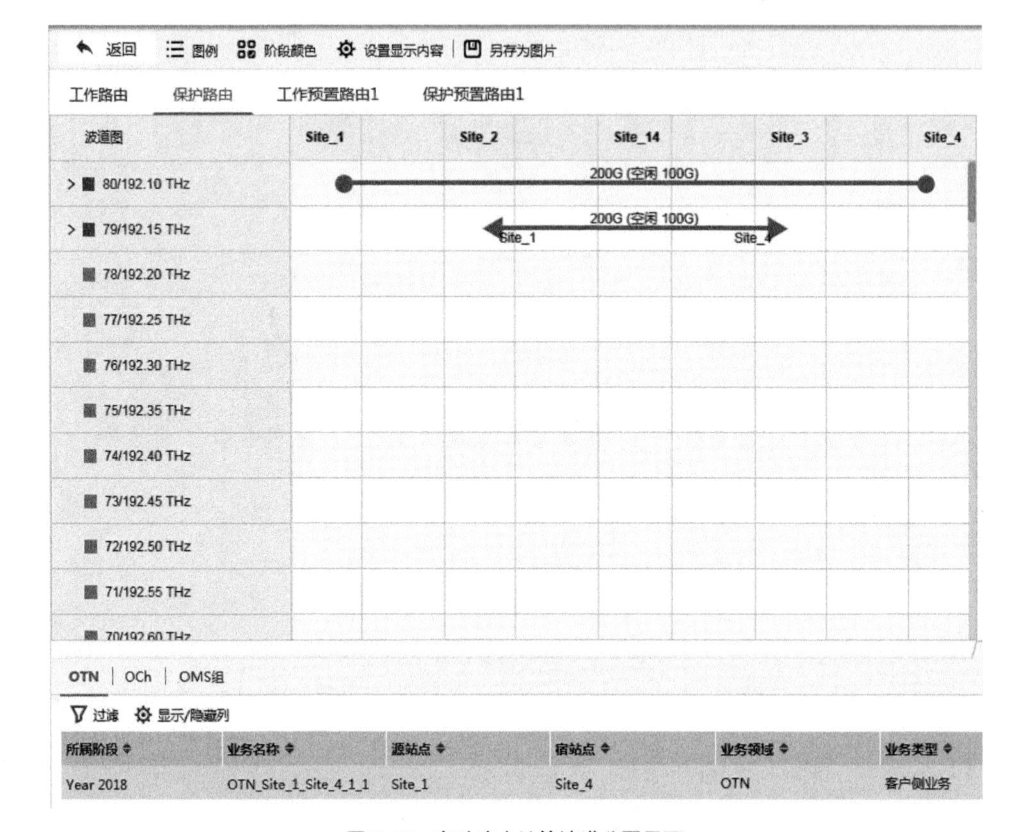

图 2-47　自动路由计算波道分配界面

（4）电层自动配置

根据业务的需求，自动配置电层单板，如图 2-48 所示。

线路板配置 | 支路板配置 | 单板管理

电层自动配置　清除配置　光参计算　过滤　显示/隐藏列

链路名称	线速率	路由类型	波长频率	源站点	宿站点	源单板	源端口	宿单板	宿端口	阶段名称	码型
OCh_Site_1_Si...	200G	工作	79/192.15 THz	Site_1	Site_4	TNU2N402PT52	IN1/OUT1	TNU2N402PT52	IN1/OUT1	Year 2018	ePDM-16(
OCh_Site_1_Si...	200G	工作	80/192.1 THz	Site_1	Site_4	TNU2N402PT52	IN1/OUT1	TNU2N402PT52	IN1/OUT1	Year 2018	ePDM-16(
OCh_Site_1_Si...	200G	工作	80/192.1 THz	Site_1	Site_4	TNU2N402PT52	IN1/OUT1	TNU2N402PT52	IN1/OUT1	Year 2018	ePDM-16(

图 2-48　电层自动配置界面

（5）ASON 智能网络模拟

可以根据需求对 ASON 智能网络进行故障模拟和生存性分析。通过模拟各种故障，验证网络的稳健性，如图 2-49 和图 2-50 所示。

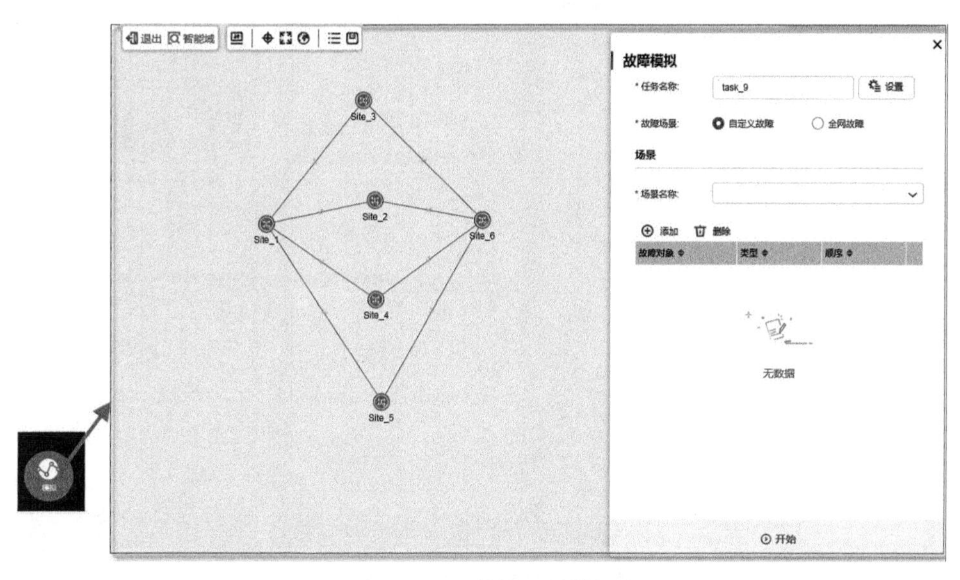

图 2-49　ASON 智能网络模拟界面

根据故障情况，查看相关故障后的网络资源和业务恢复情况。

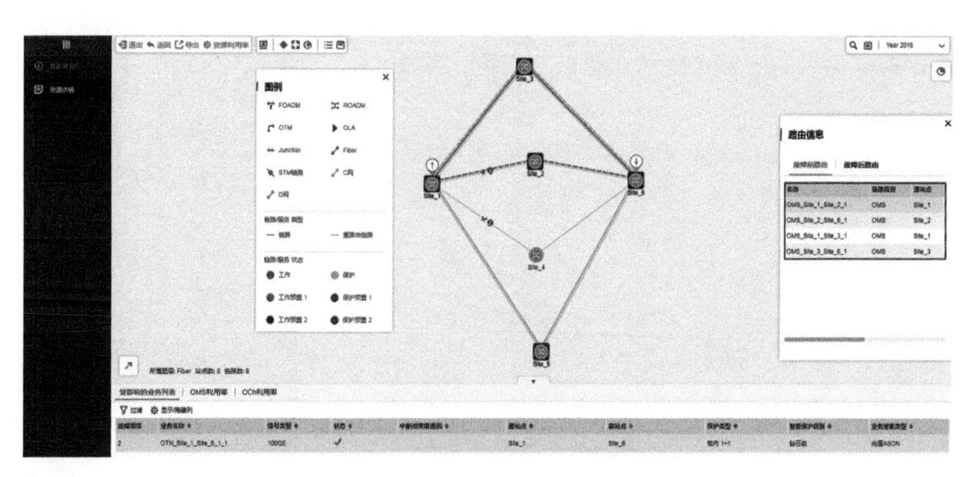

图 2-50　ASON 智能网络故障恢复模拟界面

（6）机柜板位自动设计

根据光层和电层的配置，自动完成板位设计，如图 2-51 所示。

（7）网络资源的查看和统计

通过平台可以实现对承载网网络、节点、链路、光器件及相关参数的详细查询，同时支持丰富的报表导出功能，如图 2-52 所示。

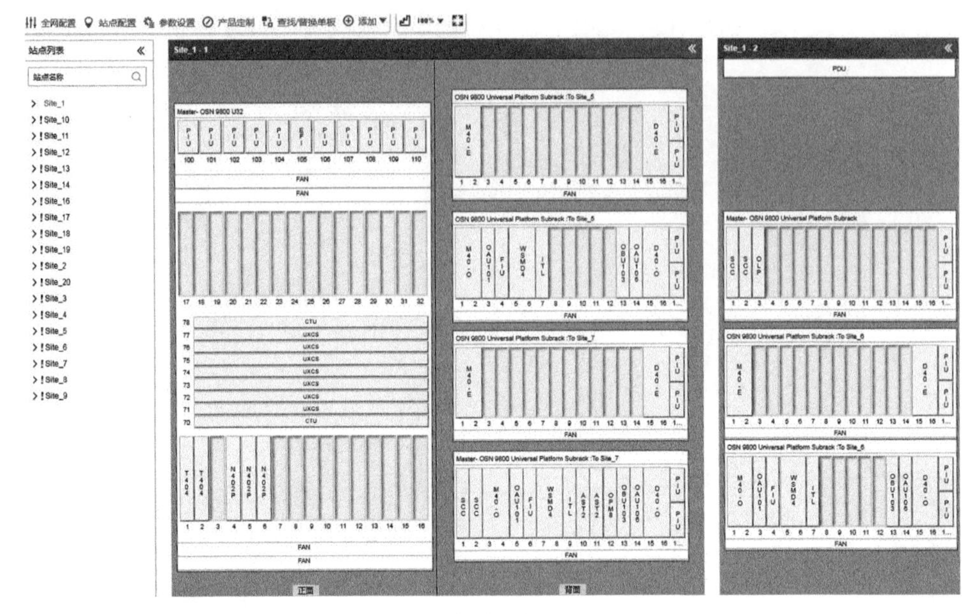

图 2-51　机柜板位自动设计界面

（8）网络故障自动分析

规划平台可进行单点故障分析、双点故障分析和三点故障分析等操作，查看相关故障后的网络资源和业务恢复情况，如图 2-53 所示。

图 2-52　网络资源查看及统计界面

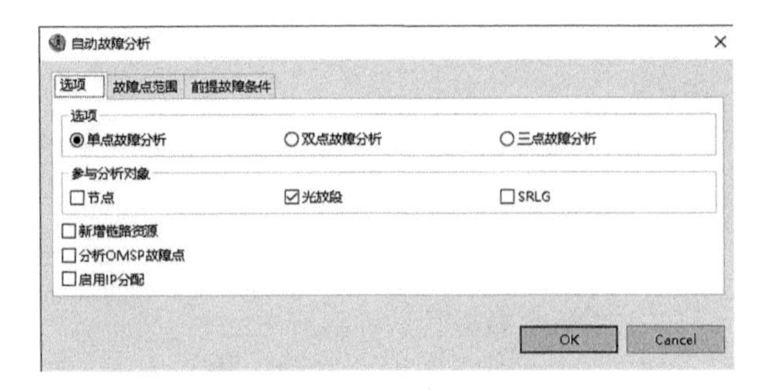

图 2-53　网络故障自动分析界面

2.5.2 智能光承载网可视化平台

随着当下大容量波分系统的引入，一根光纤上可容纳的电路带宽高达 80×100Gbit/s 甚至更多，当发生光缆中断时，对上层业务和客户的影响面也大幅增加。如何快速关联到被影响的上层设备、电路乃至重要客户，增强不同层级网络之间的联动能力，从而提升维护管理者对光承载网整体的洞察能力，成为当下运营商面临的一个现实挑战。

广东电信根据所面临的形势和自身能力，在集团所要求的基础维护能力基础上向前迈了一步，主动实践研发出了业界首套“智能光承载网可视化平台”。通过从现有的资源系统、设备网管系统等外围系统提取数据，结合管道路由（含管井、杆路）数据，将原本独立的光缆物理网络与上层传输波分及 IP 数据电路有机关联起来，实现了业务电路（分层次）→ OTN/ 波分中继→传输系统→光缆路由→管井 / 杆路的分层展示及上层向下层钻取，从而在集团内部首次创新性地实现了长途传输网的分层可视化功能。结合自行研发的一套路由健康度评价模型，平台提供了“光承载网隐患分析预警”“路由智能规划”“故障主动排查”等面向规划和运维的实用功能。该系统不仅在集团开展的“双提升”专项工作中发挥了重要的支撑作用，同时有效提升了其光承载网整体的网络稳健性，并使得光承载网的后续规划建设更加有的放矢，实现了投资更加“精准有效”、运维更加“有的放矢”的目的。

1. **功能简介**

平台目前具备的主要功能包括以下几个。

① 对指定局站的出入局光缆或指定光缆段落的安全性进行分析，并基于光缆视图快速查询指定光缆段落所承载的传输系统及相应 OLP 保护配备情况。

② 提供不同应用场景下的业务隐患分析手段，对光承载网的安全状况进行分析。通过将网络上下层次间的业务承载关系进行关联，从电路业务组间和组内的不同角度进行分析，得到所承载业务光缆路由的同路由情况、资源占用情况，最后输出相应的优化建议和路由优化方案。

③ 模拟光缆故障或割接影响业务电路分析。根据光缆承载传输系统、业务电路的透视情况，结合光缆 OLP 保护能力、业务电路的保护情况，获取可能中断或受影响的业务清单，分别输出“电路组级”“传输系统级”“光缆段落级”等不同层级的隐患分析报告或割接影响报告，支撑运维主动高效的网优工作，大幅减少需人工发现隐患的工作量。

④ 对光缆网络、传输系统和业务路由规划设计和业务开通提供支撑。结合第②点所述的安全分析功能，平台通过主动分析缺少资源或安全性不达标的段落，根据分析结果输出“新建、补段或迂回光缆”的建议方案。此外，可根据历史业务落地需求的统计分析，确定各通达地点间的常规路由转接方案，输出各本地网业务落地板卡、转接板卡的配置数量和型号。并根据业务安全要求，为端到端业务提供符合单路由、双路由、三路由保护的可用传输方案，并展示每个方案的系统路由（传输系统、波道、传输段、支线路端口等）和光缆路由。

平台的主要功能如图 2-54 所示。

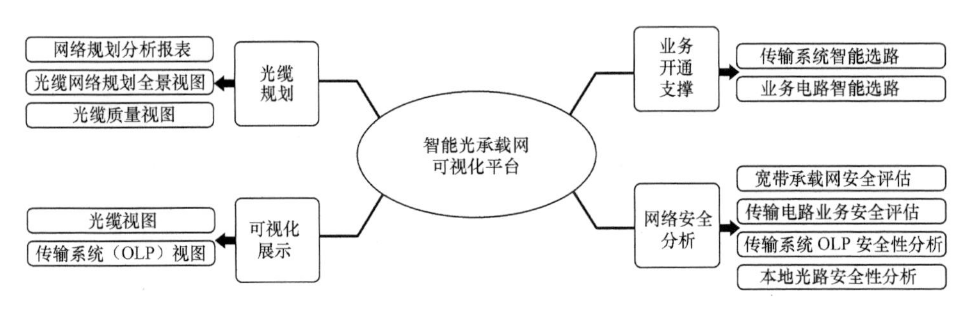

图 2-54　智能光承载网可视化平台主要功能

2. **工作界面展示**

① 平台提供全局光缆视图，将光缆物理网在 GIS 视图上进行细节呈现，并展示出维护部门重点关注的光缆及管道的主要信息，如光缆段长度、纤芯数量、起始站点、终端站点、所经人井、所承载的传输波分系统、波分系统所承载的客户电路、纤芯利用率、隐患评分等。具体如图 2-55 所示。

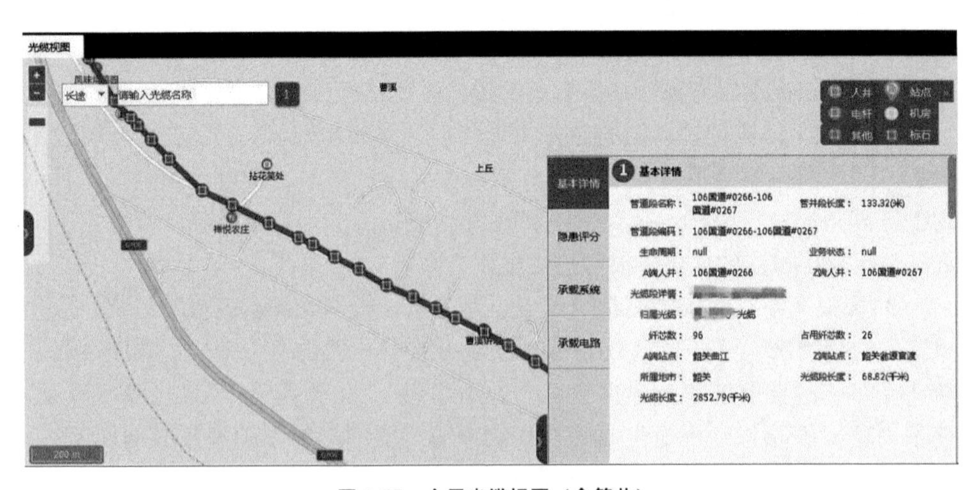

图 2-55　全局光缆视图（含管井）

② 平台提供波分系统的 OLP 保护视图，对于重点保障的业务电路，可以利用平台建立的透视体系跨层钻取关联信息，分析业务电路的被保护情况以及光缆中断是否具有导致业务中断的可能性。具体界面如图 2-56 所示。

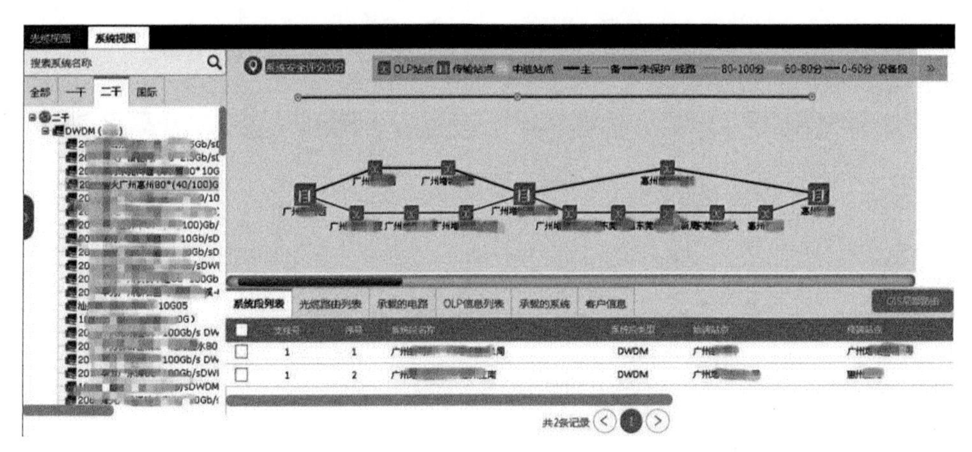

图 2-56　传输波分系统 OLP 保护视图

3．**主要功能**

（1）网络安全性分析

① 光缆同路由分析。

平台可通过获取光缆的光缆段及光缆段经过的管井数据，分析全网光缆的同路由隐患。如果一个光缆段与其他光缆段经过相同的管井，则该光缆段与其他光缆段存在同物理路由情况。

根据用户查询条件，页面提供查询、隐患导出等功能。点击光缆名称，可打开如图 2-57 所示的光缆同路由分析查询页面。

图 2-58 将上面查询到的光缆隐患详情信息做进一步展示，呈现信息包括：光缆的相关属性、光缆的安全性得分、各光缆段的隐患详情、隐患类型及隐患长度统计。

② 传输系统及 OLP 同路由分析。

基于前面的“光缆同路由分析功能”，平台通过获取传输系统、复用段、系统段、系统段关联光路、光路路由、系统段关联拓扑、光缆段、对应纤芯、管井、网元等拓扑数据来进行系统安全性关联分析。具体实现的原理如下。

首先，通过传输系统段找到光路，查询其光路路由，光路路由由不同段落光缆的纤芯组成，再根据纤芯查询归属的光缆段。分析所有的光缆段是否有重复，如有重复，则存在同缆问题，反之则不存在同缆问题。

图 2-57　光缆同路由分析查询功能页面

图 2-58　光缆同路由分析——段落及隐患具体信息

再依据前面分析找到的光缆段查询所有管井数据，检查是否有相同的管井数据，如有重复，则存在同沟问题，反之则不存在同沟问题。相应的传输系统同路由分析查询功能界面如图 2-59 所示。

图 2-60 对应上面所查询到的传输波分系统的具体隐患详情信息，呈现的信息包括：系统的相关属性、系统的安全性得分、各设备段的隐患类型及隐患长度统计。

传输系统OLP同路由查询

系统名称：请输入系统名称　　数据域：长途　　隐患等级：A-局外同缆,B-非出入局同路由,C-出入局同路由,D-局内同缆,E-系

是否安全：全部　安全　不安全　　评分区间：1分　100分　　网络层次：全部　国际　一干　二干　局内

查询

	系统名称	安全评分	隐患类型	隐患详情	数据域	网络层级	安全性
☐	201[illegible]M二系统	98.65分	B-非出入局同路由+C-出入局同路由	查看详情	长途	二干	不安全
☐	2010[illegible]一系统	98.73分	B-非出入局同路由	查看详情	长途	二干	不安全
☐	2007[illegible]M系统	98.84分	B-非出入局同路由+C-出入局同路由	查看详情	长途	二干	不安全
☐	2014[illegible]系统	98.87分	B-非出入局同路由+C-出入局同路由	查看详情	长途	二干	不安全
☐	2013[illegible]系统	99.07分	B-非出入局同路由+C-出入局同路由	查看详情	长途	二干	不安全
☑	2009[illegible]系统	99.15分	B-非出入局同路由+C-出入局同路由	查看详情	长途	二干	不安全
☐	2014[illegible]M系统	99.53分	B-非出入局同路由+C-出入局同路由	查看详情	长途	二干	不安全
☐	201[illegible]二系统	99.59分	B-非出入局同路由+C-出入局同路由	查看详情	长途	二干	不安全

图 2-59　传输系统同路由分析查询功能界面

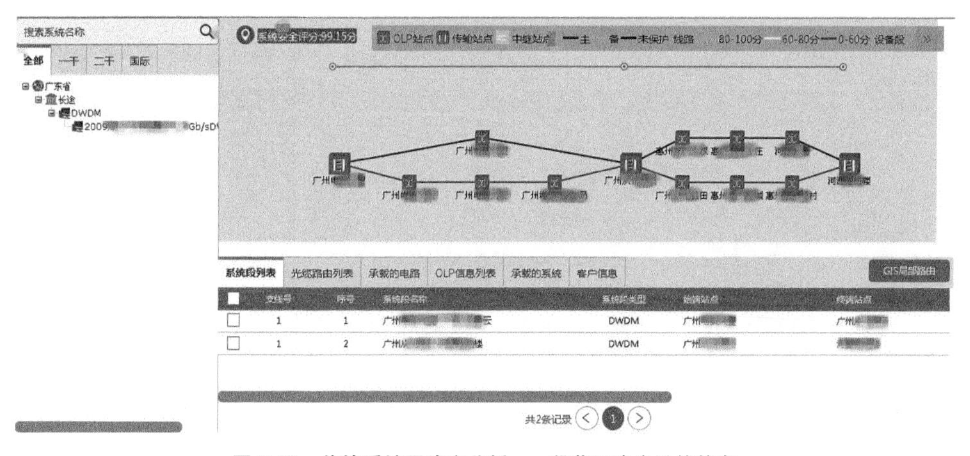

图 2-60　传输系统同路由分析——段落及隐患具体信息

③ 宽带网安全评估。

平台可以分析传输系统承载的数据业务电路安全性。以宽带网中最重要的接入汇聚点设备 MSE 为例，从 3 个方面分析 MSE 业务的安全性：一是 MSE 至 OLT 的多条物理路径所经过的线路是否存在同缆，是否存在同沟；二是将 MSE 所有下挂 OLT 的容量与 MSE 上联链路带宽进行比较，平台从网管系统中实时导入 MSE 的容量配置数据，并根据 OLT 挂接关系以及线路带宽数据来分析 MSE 的负荷情况；三是分析 MSE 至 CR 电路的底层光缆若出现故障时业务链路的阻断风险，计算出各条链路发生故障影响业务的程度。其中，宽带网链路同路由分析如图 2-61 所示。

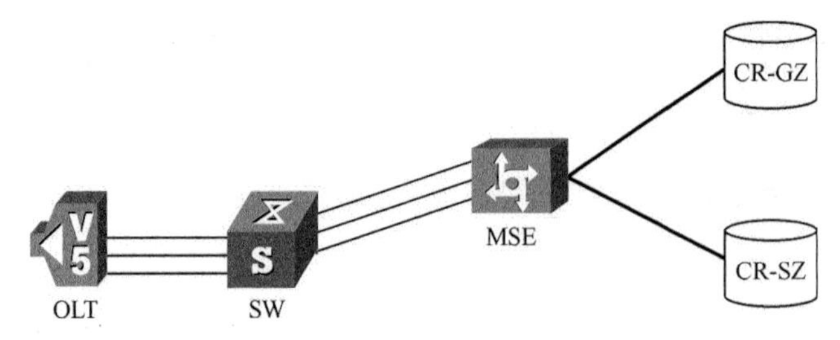

图 2-61　宽带网链路同路由分析

以 ZQ 市分公司为例，平台可以查询到所有 ZQ 市的 OLT 设备经“四路由”分别双挂至 GZ 市和 SZ 市的 CR 设备链路的隐患情况，如图 2-62 所示。

设备名称：请输入设备名称　地市名称：ZQ　是否安全：全部　安全　不安全

查询　新增　删除

	MSE名称	类型	地市	是否安全	隐患分析	长途A隐患段落数	长途A隐患段长度	长途B隐患段落数	长途B隐患段长度
☐	GD-Z[illegible]0E	MSE	ZQ	安全	隐患查询	0	0	0	0
☐	GD-Z[illegible]0	MSE	ZQ	不安全	隐患查询	0	0	0	0
☐	GD-Z[illegible]	MSE	ZQ	安全	隐患查询	0	0	0	0
☐	GD-Z[illegible]E	MSE	ZQ	安全	隐患查询	0	0	0	0
☐	GD-[illegible]E	MSE	ZQ	安全	隐患查询	0	0	0	0
☐	GD-[illegible]	MSE	ZQ	安全	隐患查询	0	0	0	0
☑	GD-ZQ-XQ-MSE-1[illegible]	MSE	ZQ	不安全	隐患查询	0	0	0	0
☐	GD-[illegible]	MSE	ZQ	不安全	隐患查询	0	0	0	0
☐	GD-Z[illegible]	MSE	ZQ	安全	隐患查询	0	0	0	0
☐	GD-Z[illegible]0	MSE	ZQ	安全	隐患查询	0	0	0	0
☐	GD-[illegible]	MSE	ZQ	不安全	隐患查询	0	0	0	0
☐	GD-ZQ[illegible]	MSE	ZQ	安全	隐患查询	0	0	0	0
☐	GD-[illegible]	MSE	ZQ	安全	隐患查询	0	0	0	0
☐	GD-Z[illegible]	MSE	ZQ	不安全	隐患查询	0	0	0	0

< 1 >　每页显示20条　共20条记录

图 2-62　宽带网链路同路由分析之 MSE-CR 链路隐患情况分析

再点击某台具体的 MSE 设备，则可以看到该 MSE 设备双上联的 GZ 市和 SZ 市的 CR 设备全程链路的隐患情况，如图 2-63 所示。

（2）业务路由开通调度

业务路由开通调度同样可以从高到低分为两个层次：首先，在传输波分系统调度时，系统支持对光缆路由、纤芯的选取；其次，在长途业务电路开通调度时，输出符合单路由、双路由的可用方案，并展示每个方案的系统路由。

① 传输系统开通调度。

通过构建光缆段评分池来对光缆段的质量（光衰、年限、空闲情况）进行评分，以便平台进行路由搜索时能在相同的起始、结束站点间找出最优路由。

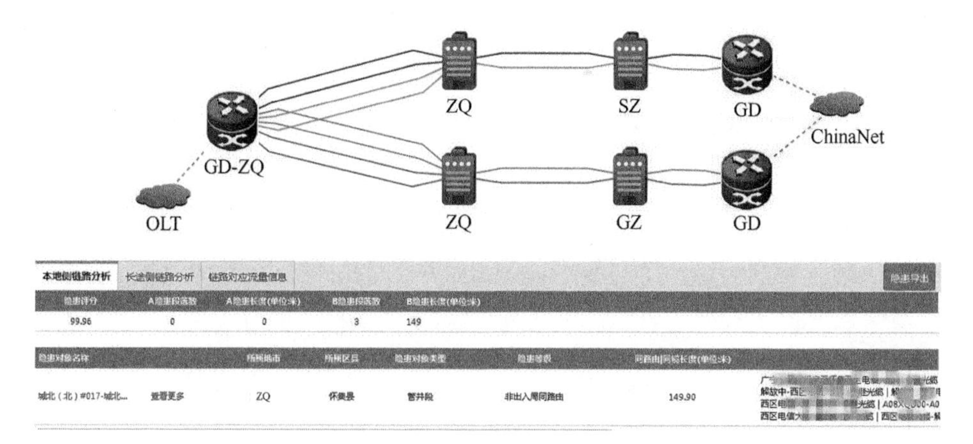

图 2-63　ZQ 市某台 MSE 设备双上联 CR 链路隐患情况分析详情

如图 2-64 所示，其中所推荐的方案 1 的评分为 41.76 分。

图 2-64　传输系统开通调度之智能选路

② 长途业务电路开通调度。

通过构建复用段评分池对传输波分系统的复用段空闲波道资源质量（光衰、年限、时延、空闲情况）进行评分，以便平台在进行路由搜索时，能在相同起始、结束站点间找出最优光缆路由。

平台目前已支持自动搜索路径计算出所有可使用的传输系统，按照安全分析对每个方案组进行评分，并将各方案按照分值从高到低排列。自动搜索算法支持对电路组按满足单路由、双路由、三路由等不同选项进行搜索。用户只需要选定起点和终点，平台就会从起点开始搜索，首先找到起点对应的所有下一节点，再以下一节点为起点，按照二叉树算法循环搜索，直到找到目标终点。

最后对所有计算搜索出来的路径方案组进行安全性评估，并对安全性进行评分和排序，然后将所有计算出来的可选系统光缆路径呈现给使用者。由于在运营商的传统体系中，通常由资源中心的调度主管通过人工进行电路选路调度，难以准确掌握业务光缆路由的安全性，因此这个功能可极大地提高电路调度的工作效率。相应的智能选路输出界面如图 2-65 所示。

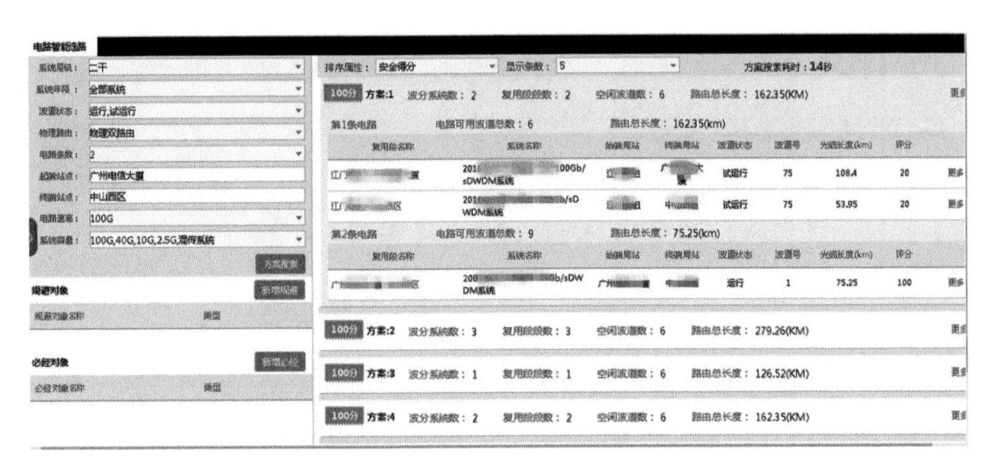

图 2-65 长途业务电路开通调度之智能选路

（3）光缆网规划设计支撑

平台目前可以对广东全省内现有的光缆网络进行实时动态分析，对现有网络资源利用情况及路由方案进行综合评估，作为省网核心出口所在地的广州、深圳，广东其余 19 个地市本地网的 IP 数据流量均需往广、深方向汇聚，为保证各地市本地网上联链路的安全性，网络设计时采取的是“双出口四路由”策略，即每个本地网均有物理位置不同的两个出口局，负责汇聚本地的数据网流量，并通过 4 个不同方向的路由上联至广州、深圳的核心路由器。对于暂不满足四路由的地市，则由平台给出相应的建议路由。

当选择上联至深圳的光缆路由方案后，平台会展示出该路由建议所经过的所有具体光缆段落、纤芯总数、空闲纤芯数、建设年限、长度（km）、最低衰耗（dB）、平均衰耗（dB）、故障数等信息作为路由规划参考，如图 2-66 所示。

当需要新开一条上联路由时，平台可依据输入的起始站点和结束站点，通过自动搜索算法自动搜索路径，计算出所有可使用的光缆或系统，并按照安全分析对每条路径进行评分，按照分值从高到低排列。规划人员可依据平台输出的光缆段落在其上规划相应的传输波分系统。当平台无法搜索出可用的或不能满足相应路由条件的光缆段落时，规划人员可据此规划补充建设相应段落。

具体的光缆规划视图界面如图 2-67 所示。

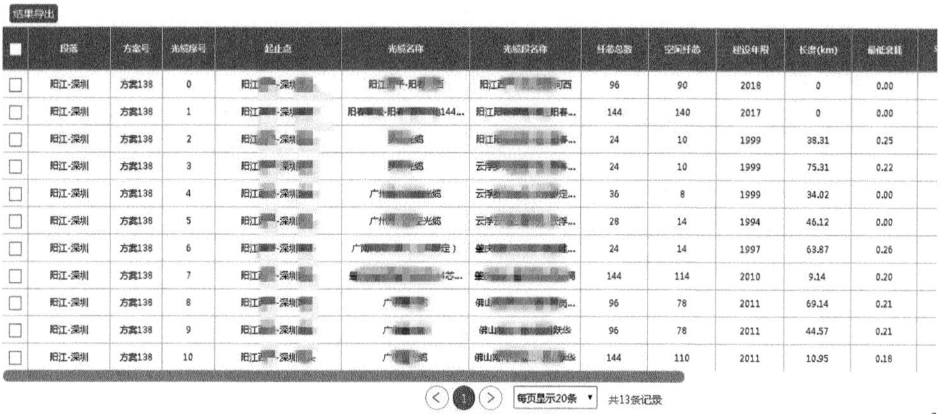

结果导出

段落	方案号	光缆序号	起止点	光缆名称	光缆段名称	纤芯总数	空闲纤芯	建设年限	长度(km)	最低衰耗
阳江-深圳	方案138	0	[illegible]	[illegible]	[illegible]	96	90	2018	0	0.00
阳江-深圳	方案138	1	[illegible]	[illegible]	[illegible]	144	140	2017	0	0.00
阳江-深圳	方案138	2	[illegible]	[illegible]	[illegible]	24	10	1999	38.31	0.25
阳江-深圳	方案138	3	[illegible]	[illegible]	[illegible]	24	10	1999	75.31	0.22
阳江-深圳	方案138	4	[illegible]	[illegible]	[illegible]	36	8	1999	34.02	0.00
阳江-深圳	方案138	5	[illegible]	[illegible]	[illegible]	28	14	1994	46.12	0.00
阳江-深圳	方案138	6	[illegible]	[illegible]	[illegible]	24	14	1997	63.87	0.26
阳江-深圳	方案138	7	[illegible]	[illegible]	[illegible]	144	114	2010	9.14	0.20
阳江-深圳	方案138	8	[illegible]	[illegible]	[illegible]	96	78	2011	69.14	0.21
阳江-深圳	方案138	9	[illegible]	[illegible]	[illegible]	96	78	2011	44.57	0.21
阳江-深圳	方案138	10	[illegible]	[illegible]	[illegible]	144	110	2011	10.95	0.18

每页显示20条　共13条记录

图 2-66 “双上联四路由”光缆路由方案细节

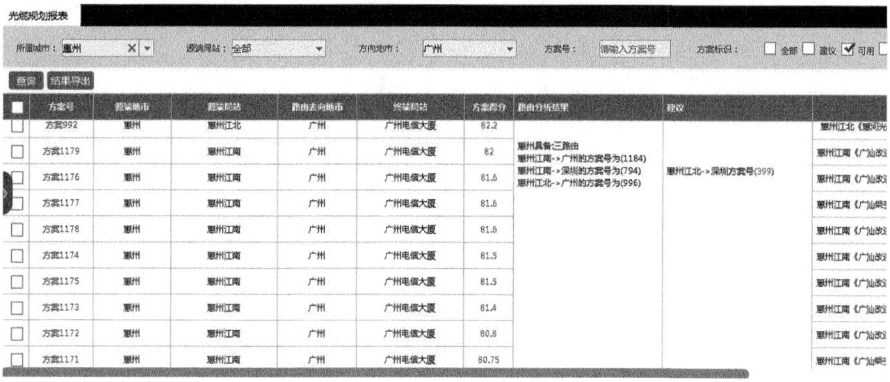

光缆规划报表

所属城市：惠州　源端局站：全部　方向地市：广州　方案号：请输入方案号　方案标识：全部　建议　可用

查询　结果导出

方案号	起端地市	起端局站	路由去向地市	终端局站	方案得分	路由分析结果	建议	
方案992	惠州	惠州江北	广州	广州电信大厦	82.2	惠州具备:三路由 惠州江南->广州的方案号为(1184) 惠州江南->深圳的方案号为(794) 惠州江北->广州的方案号为(996)	惠州江北->深圳方案号(399)	惠州江北《惠河光
方案1179	惠州	惠州江南	广州	广州电信大厦	82			惠州江南《广汕改
方案1176	惠州	惠州江南	广州	广州电信大厦	81.6			惠州江南《广汕改
方案1177	惠州	惠州江南	广州	广州电信大厦	81.6			惠州江南《广汕昇
方案1178	惠州	惠州江南	广州	广州电信大厦	81.6			惠州江南《广汕改
方案1174	惠州	惠州江南	广州	广州电信大厦	81.5			惠州江南《广汕改
方案1175	惠州	惠州江南	广州	广州电信大厦	81.5			惠州江南《广汕改
方案1173	惠州	惠州江南	广州	广州电信大厦	81.4			惠州江南《广汕改
方案1172	惠州	惠州江南	广州	广州电信大厦	80.8			惠州江南《广汕改
方案1171	惠州	惠州江南	广州	广州电信大厦	80.75			惠州江南《广汕昇

图 2-67　光缆规划视图界面

在图 2-67 中点击选择某个方案，则可看到相应具体的光缆段落信息，如图 2-68 所示。

“智能光承载网可视化平台”通过一年的持续迭代开发，为广东电信的光承载网规划、“双提升”网络优化、电路智能开通、路由隐患分析提供了有力支撑。如该公司 2019 年的长途光缆建设需求输出，宽带网络质量（第一至三季度由 40% 提升至 92.2%）和移动网络质量（第一至三季度内基站安全性由 72% 提升至 91.4%）两项工作均超前完成任务指标，平台的“智能选路”功能可以快速有效地生成各类重要长途电路的安全路由方案。针对 MSE 和 IPRAN M-X 设备调度部门长期未能解决的电路安全隐患，利用平台为各本地网制定 36 组长途电路的调整方案并全部获得实施，解决了惠州、揭阳、珠海、汕尾分公司的长途安全隐患，支撑网络规划和运营的实际效果十分明显。

光缆段列表

序号	光缆名称	光缆段名称	纤芯类型	光缆段长度(km)
0	广汕[redacted]	东莞[redacted]江南	G.652	53.71
1	东莞[redacted]芯光缆	东[redacted]头新局	G.652	5.55
2	东莞[redacted]芯光缆	东莞[redacted]头新局	G.652	67.5
3	增城[redacted]2芯光缆	广州[redacted]鸿福	G.652	43.25
4	广[redacted]缆	广州[redacted]	G.652	78.38

图 2-68　方案相应具体光缆段列表

第 3 章
智能光承载网的运维实践

本章主要对面向 5G 的智能光承载网运维模型[1]的特点进行归纳和描述，包括日常运维要点、输入和输出。

[1] 中国电信广东公司创新研发并实践的一套方法体系。

| 3.1　本章概述 |

在运营商传统的网络体系中，传输网通常以向 IP 层提供链路通道为主要业务应用形态。进入 21 世纪后，在 IP 网技术快速发展的十余年间，由于 IP 协议本身具备相当的灵活性，所以传输网在智能承载技术的创新发展方面前进相对缓慢，只是在通道带宽方面以相对稳定的节奏对 IP 路由器设备提供相应通道带宽升级支持。但随着近几年用户流量的爆发式增长，移动制式从 3G 向 4G 的快速发展以及即将到来的 5G 快速商用，传输网自身正在加快向智能光承载网转变。中国电信、中国移动、中国联通、华为、中兴、烽火，以及 BAT 等运营商、通信设备制造及互联网企业，也都在积极开展网络验证，并进行运维模式的调整优化。

为了顺应这种转变、实现网络的整体高效运维，运营商迫切需要更新旧有观念，主动打破各专业网络之间相互独立、各专业网管之间自成体系的现状。通过建立一个立体完整的智能光承载网视图，将承载网的构成用一种立体分层的方式予以解构，形成更全面的多角度视图，并和现网参数采集与动态优化算法相结合的网络运维模型，通过该模型逐步有效提高网络资源管理和网络规划的效率和精确度，从而支持运营商在日益激烈的市场竞争环境下，实现对网络资源数据的精确管理、网络故障的精准定位、客户电路的快速开通调度。

结合日常运维实践工作，“智能”主要体现在“多层协同及分层可视”“自

动光交换和选路”“软件定义网络（SDN）”“主动隐患扫描（Proactive Deficit Scan）”等方面。本章将对所提出并实践的运维模型进行描述，并结合几种现实中常见的运维场景进一步阐释相应的输出和输入，最后提出如何对智能运维的效果进行评价。

3.2 运维模型

如图 3-1 所示，通常将智能光承载网运维模型理解为一个与生产运营密切相关的动态模型，可以分为 3 个阶段。第一阶段为“输入阶段”，这个阶段的核心是为整个智能光承载网的管理中枢和“大脑”（即迭代优化算法）提供输入源。输入源包括来自故障管控系统的各类网络故障，如光缆中断、客户电路故障、新建工程提供的新投产路由、来自客户的新电路订单，同时还有来自现网整体及细分的动态运行指标参数。当运维管理人员接到某项任务，如需要对个别特定路径、某些金融证券电路进行开通或优化时，根据相应的预设定参数（包括时延、跳数、保护需求），优化算法可以进行相应的逻辑迭代，输出相应的路径选择方案。此时可以进入第二阶段，即“仿真阶段”。在此阶段，优化算法可以进一步对该路径进行相应的参数仿真验证，如是否可以达到相应的光衰指标、是否可以实现多路由业务保护。若验证结果不理想，则返回上一阶段重新进行路径方案计算；若验证结果可行，经运维人员确认，则进入下一阶段，即“输出阶段”，触发相应的网络配置及外线施工单。中继部分由 ROADM 在线进行光交叉，接入部分由属地的接维人员进行外线跳纤，从而打通真正的端到端物理路由，并由外线人员完成相应的端到端性能参数测试，将测试结果予以反馈。工单闭环完成后，会触发优化算法重新提取更新后的现网运营指标，对全网参数进行动态更新。

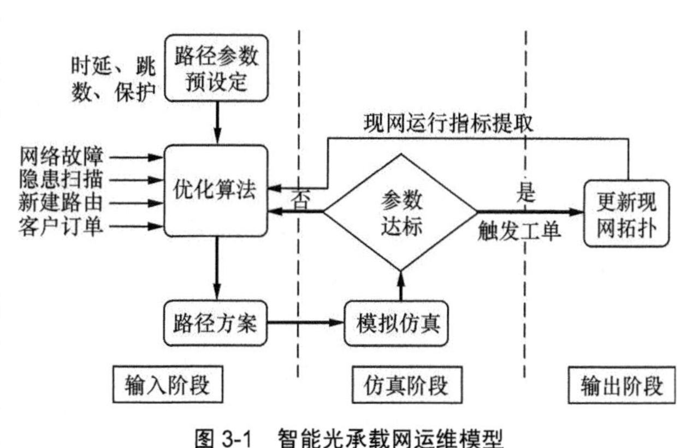

图 3-1　智能光承载网运维模型

| 3.3 运维场景 |

3.3.1 故障场景

故障场景是承载网维护人员日常面对最多的场景之一，在此场景下，基于前述的运维模型，维护人员的主要任务是完成根告警分析（Root Alarm Analysis）、故障压缩、故障点及故障原因准确定位、故障关联精确派单到责任部门（或责任人）。

1．**故障场景一：光缆中断**

随着传输承载网的系统容量不断提升，其上所承载的业务越来越复杂，包括诸如运营商局间中继电路、IP 数据电路、政企大客户电路等，光缆中断的影响面也越来越大。而由于光缆本身是无源设备，传输系统及网管无法直接感知光缆中断，只能从传输系统的中断推断光缆故障的发生，因此光缆中断会导致承载在该光缆上的大量传输系统中断，容易形成大面积故障。在进行光缆中断故障定位时，最重要的任务是尽快自动定位光缆的断点，并判断是部分纤芯中断还是全部纤芯中断，然后精确派单至传输线路维护部门预先设定好的线路维护人员进行抢修。

光缆故障实际案例：某运营商一条重要的长途光缆因市政工程暴力施工导致中断，该光缆承载着 23 个重要波分 OTN 传输系统（80 × 10Gbit/s 及 80 × 100Gbit/s），其中有 12 个一干系统和 11 个二干系统。故障发生后，多个地市分公司的互联网接入发生网络拥塞，客服中心收到大量政企客户电话投诉，各种承载在传输系统上的话音、移动业务也受到影响。

图 3-2 反映的是传输网各个层次之间的承载关系。在传输网的各个层次中，最底层的光缆网络属于物理层，光缆的纤芯承载了传输系统，传输系统属于设备层。在传输系统中，又分为波道（即 OCh 层）、ODU*k* 层，再上层是具体承载的业务电路。在故障处理场景中，各设备层都能产生告警对象，但光缆无法主动产生告警，而光缆故障确实是传输网中最根源、最常见的故障。因此，对光缆故障的感知是重要的能力。

故障处理过程：故障发生的同时，网络监控中心已经在综合告警管理系统

上收到了相关传输系统的严重告警，综合告警管理系统马上进行了以下处理。

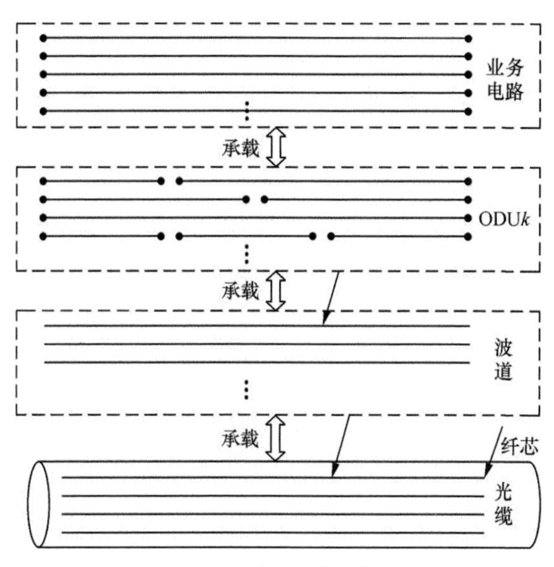

图 3-2　光缆承载业务

① 对每个传输系统的告警进行根告警分析，初步确定每个系统的故障段落位置。虽然网管支撑系统无法直接获取光缆中断告警，但可通过系统设备告警推断分析光缆中断段落。采用根告警分析的方法，是因为网管系统告警模块的大量告警信息中存在着很多关联告警信息，但只有几条是真正的根源告警信息，是其他伴随告警的源头。系统找到传输系统层故障源头后，通过光缆与传输系统的承载关系发现系统的故障段落均在同一光缆段落，于是系统进行进一步的告警压缩，将所有系统级别的根告警压缩掉，并派生出一条新的故障 / 告警（该告警是系统自己产生的，并非来自底层网管），产生光缆中断告警以及附带相关中断段落信息。

② 综合告警系统进一步调用光时域反射仪（OTDR，Optical Time Domain Reflectometer）自动检测光缆，测量出光缆大概的中断位置。

③ 综合告警系统通过调用 OLP（光开关保护）倒换系统事件信息，分析出哪些系统是通过 OLP 实现了倒换，从而确定哪些系统是真实中断的。

④ 通过系统承载业务分析，将中断系统的业务电路全部列出，并重点列出影响的重要客户电路清单。

以上分析完成后，综合告警系统再将所有信息按照预先配置的派单规则，派发到相关的线路维护部门及受影响的设备维护部门。由于该次故障影响面大，综合告警系统会同时将相关的故障信息、业务影响信息通过短信系统发送短信通传汇报给相关的主管及领导。以上操作均由系统自动完成，实现了智能化的故障分析、派单、处理，可指导现场维护人员快速修复故障，减少业务影响。

从上面的案例可以看出，光缆中断类故障是承载网维护过程中最常见但也是常常被设备维护人员忽视的故障场景。我们的运维模型解决了以往光缆中断故障数据不能有效收集和应用的问题，通过将其作为运维模型的输入，以及利用大数据分析来进行无源光缆故障分析定位，进一步实现了对承载网光缆路由的优化。同时，避免在易发生光缆中断故障的地段进行新增光缆建设，或通过提出增补迂回路由的建议来提升承载网的安全性。

2. 故障场景二：设备故障

根据故障点的不同，设备故障的影响范围会涉及传输系统、传输波道、业务电路。显性设备故障一般能够快速定位，更换备件就能修复。在备件不足的情况下只能送修备件，此时就需要进行业务路由临时调度。对于某些因为设备器件劣化引起的故障，由于没有显性设备告警，网管只产生通信性能劣化告警，这类告警属于隐性设备告警。隐性设备告警的定位相对困难，往往属于疑难故障，处理时间长。但如果采用大数据分析手段对设备性能进行历史跟踪，通过与历史性能数据的比对能更容易发现产生性能劣化的故障点。

产生设备告警后，传输运维的重点是分析设备告警对应关联的业务以及业务是否中断的判断，以保障业务正常运行作为维护工作的导向。在厂家提供的网管系统中，如果不进行业务信息的有效管理，则设备告警只是网元、板卡、端口的告警，无法有效关联到具体的业务，维护人员要确认这些设备告警关联的业务，还需要在资源系统上进行查询，而这将给实际维护工作带来极大的不便。因此，较好的做法是，在厂家网管上对业务资料进行完善，则厂家网管不仅上报设备告警，还会同时关联业务告警。具体做法是：对于波分 /OTN 业务或 SDH 业务，须在厂家网管上建立每条业务的子网连接（SNC，Sub-Network Connection）业务路径，并把电路名称加载在业务路径上，这样设备告警产生时会同步产生相应的业务路径告警，从而准确定位影响业务情况。由于网络业务是动态变化的，要保证业务信息的准确性，一种方法是手工方式，按每次业务开通（或变更、停闭）调度单进行人工修改；另一种方法是通过 OSS 自动在调度单完成后对厂家网元管理系统（EMS，Element Management System）（以下简称“网管”）进行修改，及实现业务开通自动反写厂家网管。还有一种情况，如果业务电路经过几个不同的网管，并且同一网管内的进出端口速率类型不匹配（即通过其他网络进行高阶转接），则无法在某一网管上形成独立的 SNC 路径，只能采用离散交叉方法建立业务电路。这种情况下，不能形成 SNC 业务告警，只能通过在端口上备注的方式，使产生的业务端口告警和业务电路相关联。

3. 故障场景三：通信告警故障

发生故障时，传输承载设备及网管通常会产生通信告警，比如告警指示信号（AIS，Alarm Indication Signal）、信号丢失（LOS，Loss of Signal）等，通信告警可能会造成上层业务电路的中断。在进行通信告警故障定位时，其故障产生的源头一般不是告警信息产生的位置，需要进行根告警分析和故障溯源定位。这在通信类告警场景中非常重要，在故障自动判断及定位中容易造成误判。

通信告警故障产生的原因一般为同系统上下游设备、外部接入信号设备、连纤中断的故障。

4. 故障场景四：性能越限故障

性能越限告警（TCA，Threshold Crossing Alert）是指在厂家网管对设备的网络管理过程中，定时采集 15min/24h 的性能数据，并和网管上预设的性能门限阈值进行比较，在超过性能阈值的情况下，会产生性能越限告警。性能越限告警提示了业务当前性能出现问题，一般会导致业务不可用。性能越限告警会引起系统 / 电路性能劣化，造成业务分组丢失甚至不可用。产生劣化的原因可能是设备问题，也可能是光缆质量较差、连接点不良等问题，所以性能越限故障一般较难定位，需要进行分段或端到端的测试以确定故障源。

5. 其他故障场景

其他故障包括接头松脱、纤芯衰耗增大、客户信号不匹配等造成的信号中断、信号质量劣化等。

3.3.2　网络优化预警场景

网络优化预警是指在承载网网络质量尚未发生明显劣化导致上层业务系统中断的状态下，承载网维护模型的“大脑”根据感知到的某些链路光层或电层指标参数的微小扰动，结合持续积累迭代的已有知识库，智能判断其规律及偶发性，再通过运算和分析预测承载网络质量可能发生的变化趋势，按照管理者事先制定的规则，提示管理员进行相应维护的动作，或自动实施相应路由保护切换动作，以确保传输承载网的网络质量不降低并向优化的方向发展，从而预防可能发生的业务中断。网络优化预警是主动性预防维护的一种，也是当前承载网运维模型中体现智能的重要环节。

网络优化预警的前提，是要实施网络巡检和定期的巡检结果分析，形成对运维模型“大脑”的知识动态输入，同时结合大量的历史故障数据进行大数据分析，以掌握当前的承载网网络指标是否能够得到保障，并通过持续的优化循环，将风险不断收敛直至解决。

网络优化预警实际案例：如图 3-3 所示，某运营商的 4G 基站移动宽带业务通过 IPRAN 承载，IPRAN 电路承载在传输网上，而 IPRAN 链路是成环的，理论上链路中断不会影响业务中断。但是由于前期建设考虑不足或后期网络变动，成环的 IPRAN 电路往往会发生部分传输路由重叠的现象，如果在这些段落发生传输网故障，就会导致该 IPRAN 环下挂的所有基站 4G 业务中断。

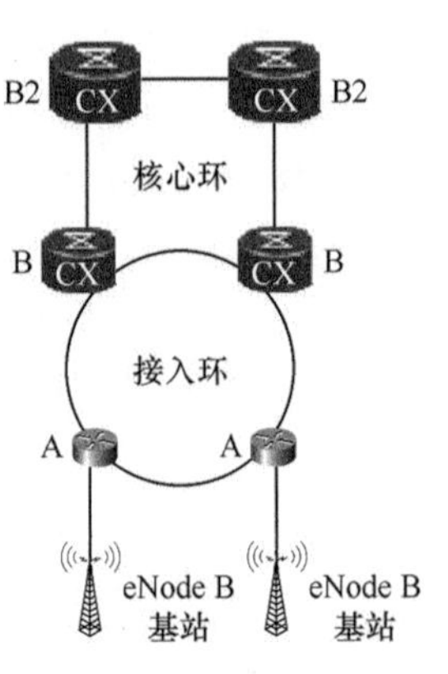

图 3-3　IPRAN 成环

上述案例中提到的问题在传输承载网日常运营维护工作中会导致业务中断但又容易被忽视，因为从业务的角度看网络是有保护的，但“保护”并未起到实质性的作用。由于是“伪保护（Fake Protection）”，当故障来临时甚至会发生网络全阻等严重情况。为解决这个问题，必须基于第 3.2 节提出的智能运维模型，实施网络优化预警扫描。在实施扫描时，运维模型的“大脑”将在传输路由层面上对成对或成组的业务电路进行端到端全程路由安全性扫描分析。要实现此要求，至少需要做好两方面的工作：首先，因为业务电路是分层承载在传输网上的，包括传输系统层、光缆层、光缆路由层，这几层都要进行同路由分析；其次，各种业务电路有些承载在波分电路上，有些承载在裸光纤（光路）上，其相互安全分析需要跨越有源网络和无源网络。因此，网络优化预警扫描工作的核心是对网络进行逐层分析，并解决跨层的关联问题。

一个完整的分析过程如下。

① 波分系统层分析。获取成组的电路在全程端到端承载的系统段，并逐一比对系统段是否有重叠：如果发现重叠，则该系统段有安全隐患；如果没有重叠，则系统层是安全的。

② 系统层映射到光缆层。将系统段映射到光缆段，注意，系统段和光缆段是一对多的关系。分析这些光缆段是否出现重叠：如果有重叠，则该光缆段存在安全隐患；如果没有重叠，则光缆段层是安全的。

③ 光缆路由（即光缆管道）层分析。将光缆段映射到光缆管道路由，判断是否在光缆管道路由出现重叠，如果重叠，则该段存在安全隐患。注意：光缆管道路由隐患又可以分为出局管道路由隐患和局外管道路由隐患，两者的隐患重要性是有区别的。对于成组电路分别承载在有源网络和无源网络的问题，可以将有源网络电路映射到光缆层上后再进行分析，原理同上。

从上面的案例可以看出，因为网络优化工作往往需要维护人员的积极主动性和参与意识，但由于缺乏相应的支撑手段，所以在运营商开展传输承载网维

护的过程中，这个重要的场景却常常难以实现。在运维模型中，网络优化工作的主动性得到了保证和强化，由于有运维模型中的“大脑”进行指挥和输出，一般来说，维护人员需要做到的只是将需要重点关注的链路进行标注，“大脑”会主动学习历史的输入并不断迭代，同时根据预设的规则进行网络优化预警任务的输出，并派发给维护作业人员进行处理。这样就能通过及时发现预警、及时处理的机制，将网络重大故障消灭在萌芽阶段。

3.3.3 业务开通场景

业务开通也是传输承载网运营的重要场景之一。传统的传输业务开通流程通常十分复杂，人工环节繁多。据数据统计，要开通一个跨省的业务，在流程系统中最多要经过40个环节，每个环节都是人工操作，包括人工接单、人工网管施工、人工现场放线施工、人工测试、人工回单等。以前，传输专业的业务开通是运营商电信业务体系内唯一完全依靠人工操作的业务类型，而且由于涉及的支撑系统非常多，包括客户关系管理（CRM，Customer Relation Management）系统、服务开通（Service Deployment）系统、资源管理（Resource Management）系统等，这些系统在长途、本地各层面又是独立的，导致整个业务开通流程非常复杂。

优化传输业务开通流程并实现业务自动开通的目标，是个非常复杂的课题。其他电信业务容易实现自动开通的原因是，它们都是只对特定点的开通激活。因传输业务的特殊性，它不是点（节点）的激活开通，而是线（端到端电路路由）的开通，甚至要跨不同的管理域、不同的网络类型、不同的厂家，实现不同层面的开通。比如，要开通一个特定速率的业务，往往需要先开通两个端点的中继，然后再部署业务；或者待开通的电路部分承载在波分系统中，部分承载在裸光纤上。这些特殊的情况造成网管和支撑系统实现自动开通的复杂性，在过去没有办法很好地解决。要解决传输业务自动开通问题，首先要解决路由计算自动化的问题，其次要解决端到端电路全线端口的一体化激活问题，以及自动测试的问题，还有和运营商的服务开通、资源系统打通接口的问题，等等。上述这些问题都需要运营商具备高度有效的支撑系统能力才能解决。

政企电路开通实际案例：某纳斯达克上市公司于11月20日向某运营商提出需开通6条10Gbit/s长途波分线路（4条至佛山、2条至东莞），项目需求非常紧急，该运营商将其纳入重大预警项目并于11月21日发出集团电子运维单给对端协调加急和组建项目团队，收集对端项目负责人、网管联系人和联调联系人等，在实施过程中通过在线沟通工具与佛山、东莞一直保持联系和沟通。其中，至佛山的4条线路经双方加急于12月1日完成开通。但在12月13日客

户上设备测试时发现其中至佛山有一条线路有问题，先经广州、佛山现场工程师排查，佛山再更换本地路由，再换过佛山长途路由，仍不能解决。最后联系到该省NOC分管传输波分设备配置的主管，发现省资源中心分配的某厂家长途波分设备（FH）不支持本次业务，需要在上一级集团服务开通系统（长途资源系统）发起异常单，修改长途路由变更厂家设备。最后经该省资源中心重新分配路由、该省NOC重做业务配置数据，广州、佛山本地重新配置本地路由，最终在12月28日按客户要求时间解决了电路异常问题，12月29日经客户测试确认电路各项指标一切正常。

根据电路属性（市内、省内、全国），一个典型的政企电路开通时长通常为3天至1个月不等，上面所举的是一个省内大带宽传输电路业务开通案例。从案例的细节中可以归纳出，政企电路开通的过程主要涉及售前方案制订、售中业务快速调度和售后业务交付3个主要环节，如图3-4所示。

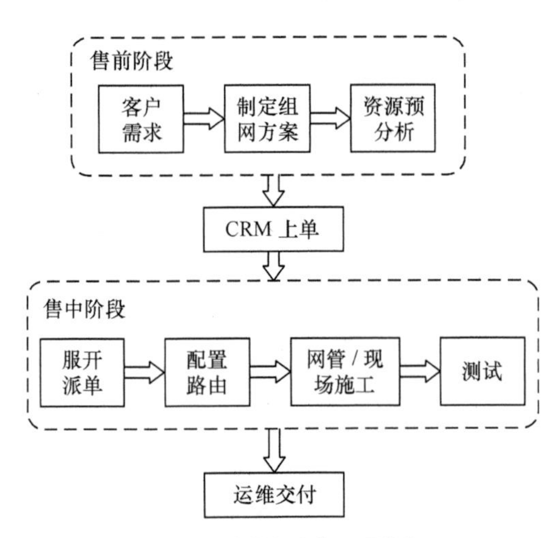

图3-4 完整的业务开通流程

① 售前方案制订阶段。根据客户的业务类型、组网规模、安全性保护等各种需求制订一体化的解决方案。由于客户个案各不相同，解决方案很难通过系统自动化来实现，但可以形成各种方案类型的模板。通过将用户各种业务需求抽象出来，由客户在需求规则库中自主选择参数的方式，形成较为准确的客户订单描述，然后输入系统，由系统根据客户参数选项自动产生推荐方案的模板供客户经理选用。

② 售中业务快速调度阶段。该阶段主要落实资源满足确认和业务快速开通两个方面。资源满足确认是指确认业务全程所需资源满足的过程，一般可以通

过客户经理和运维人员咨询交互的方式完成，也可以通过CRM系统流程来完成。资源满足确认后，系统应能提供给客户经理实现资源预占的能力，和未来开通的业务进行绑定，并且能在客户不签合约时自动释放资源。业务快速开通就是要解决开通流程自动化和端到端开通配置自动化两方面的问题。传输业务快速开通能力实现复杂，后文将进一步展开阐述。

③ 售后业务交付阶段。该阶段指向客户交付电路，并提交交付报告。过去，交付测试报告由人工挂表测试完成，但这种测试方案耗费大量的人力和资源（如高价值仪表）。自动化交付测试将是今后发展的方向。

3.3.4　网络割接场景

网络割接场景下，运行维护人员需要解决网络割接过程中网络状态的动态管控，实现割接人员的动态信息交互，评估割接对业务影响的分析、割接冲突分析、割接前后性能对比分析等问题。

光缆割接实际案例：如图 3-5 所示，完整的割接过程包括割接申请、割接影响评估、割接审批、割接实施、割接后评估等阶段。

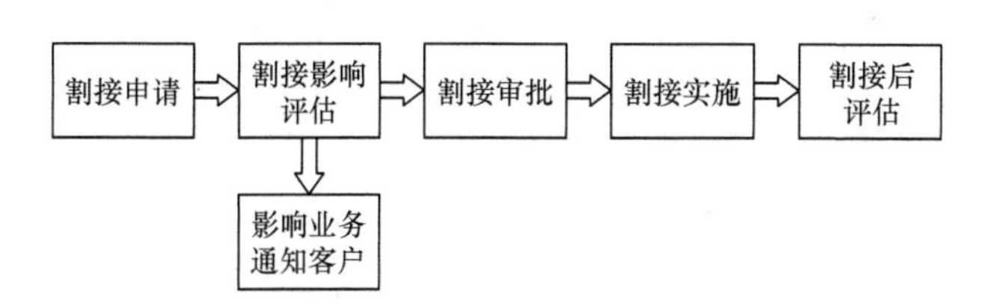

图 3-5　割接流程

上述案例的场景是：线路维护部门因为光缆质量问题需要进行割接整改，因此向上级部门书面提出割接申请。割接申请的主要内容为割接时间、割接光缆的段落，及可能影响的业务电路。割接申请由线路维护部门发起并提交给割接审批部门。

规范的光缆割接运维管控过程主要包括以下内容。

① 割接审批部门收到申请后，立即组织开展光缆割接评估分析。一方面是割接冲突分析，因为光缆割接最重要的原则是：同一条光缆的不同段落不能在同一时间进行割接，同一传输系统涉及的光缆割接和设备割接不能同时进行，相互影响的不同专业的网络割接不能同时进行。所有的割接必须进行严谨的割接冲突分析，才能避免割接造成意外的业务中断。评估要做的另一项工作是割接对业务的影响分析，包括业务承载清单分析、业务是否中断分析、影响客户

分析等。要通过光缆、系统的承载关系分析全业务清单，并结合光纤线路自动切换保护装置（OLP，Optical Fiber Line Auto Switch Protection Equipment）、光复用段线路保护（OMSP，Optical Multiplex Section Protection）、子网连接保护（SNCP）、自动交换光网络（ASON，Automatically Switched Optical Network）等保护类型分析业务是否可能中断；对于可能中断的业务，必须要给出中断预警，并通过客户经理提交客户审核。

② 光缆割接实施过程是指割接开始到结束的过程，一般的光缆割接实施过程全程由网络监控中心指挥，外线施工人员负责断缆熔纤等操作，机房现场负责配合测试光功率、业务调度等工作。割接实施过程最理想的情况是由运维“大脑”实现全程监控和信息交互，如实现割接告警的主动屏蔽，割接过程告警产生数量及恢复自动跟踪、OLP 等类型保护的倒换情况、割接前后光功率对比等自动化能力。

③ 割接后评估过程主要是指割接完成后，要对所涉及业务是否全部还原恢复、割接前后的网络质量是否出现劣化的问题进行确认。过去相关的业务确认恢复需要人工进行，在采用自动化运营平台后，可以实现自动的业务恢复确认。对于 AAA 重要维护级别的大客户，要求电路端到端电路可用率不低于 99.99%，还必须分别进行网络层面、业务层面、客户层面上的多次确认。

3.3.5 网络生存能力分析场景

网络生存能力分析与前面提到的网络优化场景的工作内容有所交叉，但前者更侧重于从多层综合和网络整体安全性的角度来进行分析，后者更偏重于本层能力的优化。在面向 5G 的智能光承载网运行维护的过程中，更加强调和看重的是智能光承载网收集、利用和调度多层网络（光缆、传输、IP、业务层）的能力，并最终实现对承载业务的保护能力。具体而言，要看的是整体系统级别是否具有足够的自愈能力，业务和应用是否能够不受下层网络故障的影响。

因此，该场景下所做的工作会涉及不同层次网络能力的钻取、OLP 倒换保护、SNCP 倒换保护、多条业务路由重叠分析等方面，同样也需要在运维模型“大脑”的指挥下，经过路径方案的计算、仿真并输出、实际网络验证等闭环来实现。

目前运营商大都部署了 OLP 系统用于提高传输承载网的整体生存能力。具体而言，系统级别的 OLP 可以分为系统传输段（OA 之间）的 OLP 和系统复用段的 OLP（或称 OMSP），按设备类型维度划分，又可以分为原厂 OLP 和第三方 OLP。

OLP 建立后，传输承载网的系统生存能力可以得到非常大的提高，承载在其上的电路可以认为足够安全。但从客观的角度来看，安全是相对的。首先，OLP 主备光缆纤芯路由也可能存在个别段落重路由的情况，在这些段落上系统是不安全的，所以 OLP 主备路由也需要进行路由安全性的分析。其次，由于网络条件的制约，部署 OLP 的传输系统也不一定是 100% 安全的，一般如果能达到 80% ～ 90% 以上段落安全，就可以认为系统是相对安全的。最后，OLP 的部署还存在消耗光缆插损裕量的问题，对于老旧光缆光衰耗插损裕量不足的纤芯，一般不建议加载 OLP，否则会造成后续维护困难；另外一种技术是零插损拉曼放大器的 OLP，通过增强发光来补偿线路插损裕量不足，但这种放大器维护困难，对网络抢修非常不利，只能有限度地解决问题。

传输段 OLP 能逐传输段保护传输系统，但由于原厂一般不提供这种保护方式，需采用第三方 OLP 设备，导致不能和传输系统共网管。另外，每传输段都要添加 OLP 设备，需增加的设备量大，投资大。

基于系统复用段 OMSP 的保护方式，是对整个复用段（对应多个传输段）的全程保护，采用复用段保护能实现更远距离的保护。在传输段保护光缆路由不足的情况下，还能通过其他远距离的光缆路由来保护。与传输段 OLP 相比，复用段 OLP 方式能大幅减少 OLP 保护设备，只需要在复用段两端安装 OLP，不再需要逐传输段安装。复用段 OMSP 又存在采用原厂 OMSP 和第三方 OMSP 两种构建方式。采用第三方 OMSP 可能存在较严重的维护问题，就是当光缆中断发生复用段保护时，原路由的光放（OA）设备会发生脱网（网管丢失管理），会给后期系统的修复判断工作造成极大的困难；而采用原厂 OLP，则不会出现这种情况。原因是第三方 OLP 不能处理光监控信道（OSC），倒换后原路由的 OSC 会中断，导致 OA 脱网；而原厂 OLP 则通过分光方式和监控信息回传机制，有效解决了主备两个通道的 OSC 传送问题。

除了系统级别的保护，还有波道（OCh）级别的保护，即波道的 SNCP。波道的 SNCP 一般应用在成环的波分 /OTN 组网上，通过配置 OCh 的 SNCP，可以实现两个方向的倒换保护，但在这种方式下业务波道的利用率只有 50%。因此，一般来说，OCh 的 SNCP 通常只应用于重要的业务波道。

随着技术的发展，目前最新的光层保护方式是基于可调光分插复用器（ROADM）技术的光层波长交换光网络（WSON）技术。WSON 是在 ASON 技术的基础上发展起来的，ASON 是电层业务的自动保护，WSON 则是光层通道的自动保护，它们实现自动迂回的原理基本相同，不同点是 ASON 是通过电层交叉连接实现迂回调度，WSON 是通过 WSS 器件实现波长交叉调度。WSON 和 OLP/OMSP 是不同层次的保护：OLP/OMSP 属于系统级别的保护，通过系统在两对不同的光纤上双发选收实现保护；WSON 是波道级别的保护，通过自动迂回重路由技术实现对波道的保护。一般来说，一个系统中的波道可以根据重要性不同按需划入 WSON 智能域进行保护，也可以对所有的业务波道进行保护。在业务保护能力上，WSON 比 OLP 有更大的优势：OLP 的保护利用率是 50%（一主一备），WSON 的保护利用率可以达到 80%（多主一备）；WSON 不会像 OLP 那样产生线路插损，这种插损在线路质量不好的情况下往往对系统性能影响很大；WSON 的光纤利用率比 OLP 要高，还能减少沿线光放大器（OA）的部署。但 WSON 的应用的问题是：其波道业务恢复是秒级的（原因是光路倒换后，系统需要进行自动的功率衰耗调整），这种秒级的倒换往往会带来业务瞬断。所以，WSON 的应用要和 OTN 电层 ASON 相结合，对于重要的政企客户业务，采用 ASON 保护，实现 50ms 以内的无缝倒换；对于大颗粒的波道业务，则采用 WSON 来倒换。

3.4 运维目标

智能光承载网运维工具应能实现以下目标。

第一，要建立一个从底层逐层向上的模型，形成涵盖光缆、传输系统、OTN/波分中继、业务电路路由的整体资源池，并通过局站和关键核心设备（CR、MSE）作为连接点实现逐层视图的内在逻辑关联。该资源池是整个运维“大脑”的核心基础数据层，具有决定“大脑”能否正常运营的重要作用。

第二，在光缆网络层面，实现对每个局站光缆出入局安全分析、光缆段安全分析的能力，光缆视图能快速查询光缆段对应承载的传输系统段、OLP 保护段等，形成光缆管理综合能力。

第三，在分层可视化方面，实现对业务电路（分层次）—OTN/波分中继—传输系统—光缆路由—管井的分层展示，具备上层向下层钻取的能力，从而实现长途传输网的分层可视化。

第四，在隐患扫描和网络生存能力分析方面，通过对最上层的业务电路组内和组间的保护关系，对业务电路的安全性进行定期自动评估和扫描，包括设备、站点及光缆路由的分离度分析，输出初步优化路由方案并进行仿真，提示管理员进行相应的维护动作，或自动实施相应的路由保护切换动作。

第五，在业务开通方面，根据按年度或季度批量提出的电路开通需求，确定各通达地点间的常规路由转接方案，计算出各分公司的业务落地板卡、转接板卡的配置数量、配套光缆路由的增补建设方案。根据业务安全要求，为端到

端业务输出符合单路由、双路由、三路由保护的可用传输方案，并展示每个方案的系统路由（传输系统、波道、传输段、支线路端口等）和光缆路由。在业务开通实施阶段，通过运维“大脑”自动开通能力输出实现业务的快速部署。

第六，在故障场景下，根据光缆承载传输系统、业务电路的透视情况，结合光缆 OLP 保护能力、业务电路的保护情况，实时获取可能中断的业务清单，分析 IP 局用业务是否出现拥塞，对政企专线业务及时实施严重故障处理及管控。

第七，在长途光缆和本地光缆规划设计中，分析现网哪些局向缺少资源、存在安全隐患，并根据分析结果输出新建、补段、迂回光缆方案。在传输系统规划设计中，支撑实现光缆路由、纤芯的选取，以及传输系统安全规划等能力；还可针对长途光缆和本地光缆综合利用的建设需求，分析和设计光缆路由，形成本地光缆对长途光缆的保护能力。以上分析结果最终能输出新增光缆的规划建设方案。

第八，在资源利用和业务能力分析方面，输出业务电路的按季 / 按月开通情况、各层网络资源利用情况。通过对每月端到端业务电路量的增减统计，分析业务需求增长热点分布，计算出各节点需增加的资源类型（支路板、线路板、高速 / 低速接口板）数量。并通过资源透视分析，以及统计、空闲资源分析，及时掌握资源利用率数据，持续不断提高资源投放及使用的精准度。最终的目的是实现传输网整体的可视化和精确管理。

3.5 运维工具

目前常见的承载网运维工具主要包括以下几种，如图 3-6 所示。

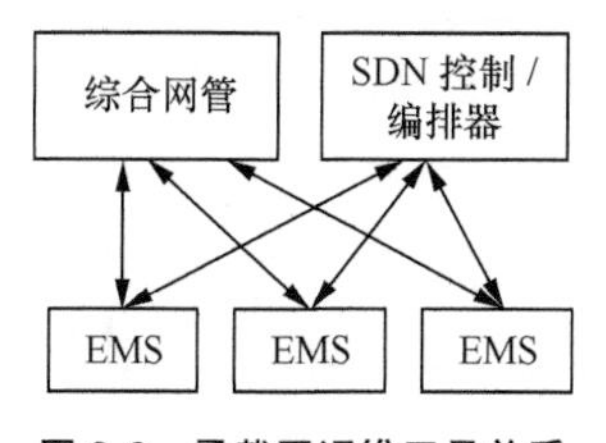

图 3-6　承载网运维工具关系

3.5.1 厂家 EMS

厂家网元管理系统（EMS）实现最基础的网管能力，所有上层网络管理系统（NMS，Network Management System）、综合网管等系统均需要 EMS 提供接口实现对网络的管理。厂家 EMS 能实现告警管理、事件管理、性能管理、配置管理、安全管理等，维护人员可以通过厂家 EMS 完成所有基本的网络管理操作。厂家 EMS 提供对外的南北向接口：北向接口提供给外部系统进行告警、性能、配置信息的采集，满足综合网管等外部系统的管理需求；南向接口提供外部系统对网元、端口进行网络设置、交叉连接、业务信息下发等操作，实现外部系统对网络的控制、配置、业务开通等能力，满足业务开通系统等外部系统的管理需要。

厂家 EMS 虽然实现了最完整的、最基础的管理能力，但由于其主要是网络设备厂家开发的，所以存在以下不足：

① 只能管理单厂家有限范围的网络、网元，不能满足跨厂家跨域的业务端到端管理的需求；

② 没有打通运营商的资源管理系统、服开调度系统获取信息的能力，业务信息要靠人工录入；

③ 主要靠人工操作，未能嵌入自动调度、开通等业务处理流程；

④ 网络管理接口及协议为私有，不同厂家协议难以互通等。

由于不同厂家 EMS 难以做到有效互通，因此运营商运维模型体系中一个很重要的内容就是要通过建立更上层的综合网管系统来实现全网网元及业务在一套综合网管系统内的端到端管理。

3.5.2 传输综合网管

传输综合网管在 2000 年后出现，早期的功能比较简单，主要实现监控告警的集中。近年来，随着各运营商的运行维护向“综合化、集中化”方向推进，传输综合网管在向智能化方向演进的过程中取得了长足进步。当前传输综合网管主要通过 EMS 的南北向接口，由各厂家 EMS 提供各种网络管理的原子能力，再由综合网管进行整合以形成强大的网络统一管理能力。综合网管相比厂家 EMS 的优势在于其实现了跨越厂家、跨管理域的网络管理能力，并能打通资源系统实现数据的互补，同时通过与网络协议上下层的沟通，强化承载网以前较为薄弱的业务关联能力。

具体来看，传输综合网管从早期的主要实现告警统一管理、性能统一管理和拓扑统一管理的平台，逐步发展成了智能化的运营平台。随着网络规模的增大和组网复杂性的增加，综合网管发挥的作用越来越重要，功能和性能也不断拓展。功能上，在过去告警管理、性能管理、拓扑管理、安全管理的基础上，

近年来出现了大量的智能化应用，告警自动关联分析派单、网络自动巡检、割接动态管控、智能版本管理、业务透视视图、动态资源分析、业务组管理、动态应急预案管理、业务安全性分析、资源数据智能入库、现场设备 App 管理等能力成为传输综合网管的基础功能，这些能力极大地提升了传输网运营的效率，解决了过去传输维护依赖人工、依赖现场、难以实现远程集约维护的问题。与综合网管基础功能相对应，智能运营平台实现的 SDN 控制、路由随选、自动开通、OVPN 管理、低时延管理等属于传输网管理的创新功能。

以下是综合网管相关的基础功能简介。

告警自动关联分析派单：在告警采集的基础上，进行传输不同层次（光缆、系统、波道、业务）关联、业务电路关联、跨专业影响关联，完成根告警分析和故障初步定位。根据预设规则确定是否进行故障派单，并按维护承包规则确定派单对象。

网络自动巡检：实现传输系统、业务的自动巡检功能，针对传输系统的光功率、业务电路的误码指标进行自动检测，并将存在性能隐患的问题反映出来供维护人员处理。网络自动巡检一般要设置巡检对象（如系统、电路）、巡检的性能指标对象、指标阈值，并通过系统定期（一般是每天）下发性能采集指令获取相关巡检对象性能数值，并与预设阈值进行比较，超出阈值的则作为隐患异常事件。巡检功能需提供简要的巡检结果总结和隐患异常事件，并要求维护人员对隐患处理后回填处理意见，系统自动完成巡检异常率和隐患处理率的统计。

割接动态管控：实现对光缆割接、设备割接的实时精确管控。割接实施前，与割接审批流程对接，完成割接冲突分析、割接影响业务分析；割接实施过程中，完成告警上报屏蔽、割接过程告警和性能指标的监控，实时掌握割接过程中网络的动态变化；割接完成后，自动判断业务是否自动恢复，以及割接前后光功率指标的差异，消除割接可能造成的隐患风险。

智能版本管理：通过读取网络设备、板卡的软件版本信息，获知全网设备的版本状态，实现版本查询、统计；主动监控网络中存在的异常版本，主动提示风险版本需要及时升级处置。通过智能版本管理，精确掌握网络软件版本情况，消除版本异常造成的网络隐患。

业务透视视图：针对系统、波道、业务分层承载情况，对于具体的系统、波道，能快速透视承载的业务信息，故障发生时准确获知业务受影响情况。

动态资源分析：对网络中资源的空闲情况和资源利用率进行统计分析，可以按不同的厂家、不同平面、不同类型进行能力统计，当资源不足时则进行预警。如：对端到端的 10Gbit/s、100Gbit/s 通道的数量统计和空闲统计，能准确反映网络负载情况，并可指导规划部门进行网络补点。

业务组管理：业务组可以分为承载业务类型业务组和安全业务组。承载业务类型业务组是按承载业务类型分类的，可以分为政企业务、IP 中继、IDC 中继、IPTV 中继、MSE 中继、IPRAN 中继等，每种类型的业务组可以构建业务组视图管理，如 MSE 业务视图能清楚地反映各地市之间的中继业务组网拓扑、网络流量、中继电路告警、网络拥塞情况等，能实现某种业务类型网络的精确管理。安全业务组是指互为安全保护能力的电路构成业务组，如互为保护的客户电路、CN2 的四挂三路由电路、双上联的 MSE 电路等构建安全业务组。对相关安全业务组管理实现同组电路安全分析，如分析故障发生时是否会导致整组业务电路同时中断等。

动态应急预案管理：对传输运维工作的应急预案进行对象化、电子化、动态化管理，从而实现预案的高效应用。传输网预案包括系统级预案和业务级预案，系统级预案指系统承载的光缆保护预案（包括 OLP），业务级预案是针对波道或具体的业务电路的可调度预案。系统拓扑视图能准确反映每段系统段是否有预案及预案的光缆路由情况，在故障发生时能感知系统是否真实中断。可以对预案的有效性进行管理，及时发现失效的预案，自动测试预案中备用通道的光功率等性能指标，统计预案应用的有效性和命中率等。

资源数据智能入库：解决资源系统数据人工录入不准确的问题，对新建的设备资源、逻辑资源自动反写（指通过 OSS 将传输网络设备信息自动写入资源系统数据库中，能有效避免人工录入失误造成现网和资源数据不一致）资源系统数据库。针对资源系统模型和网管模型的差异，能自动实现模型转换，确保资源系统数据满足故障处理、业务调度的需要。定期自动开展网管数据和资源数据的自动比对，自动修正数据不一致的现象。

业务安全性分析：在安全业务组管理的基础上，对同一个安全业务组的电路进行自动分析，发现同组电路全程端到端路由中同网元、同系统、同光缆段、同光缆管道的问题。

现场设备 App 管理：结合物联网和手机 App（如采用二维码或电子标签），实现现场设备的电子化编码管理。在故障处理中，通过 App 快速获取设备的资源信息、网管状态（告警和性能）信息、承载业务信息、历史故障信息，并能通过 App 实现现场综合化维护人员和远程支撑专家的互动。通过现场设备 App 管理，高效支撑现场维护工作，降低现场维护人员的技术难度。

3.5.3 智能开通调度系统

传输承载网的电路业务开通面临的挑战主要包括：涉及的调度环节和段落多、流程复杂、严重依赖人工等。以开通一条跨省的端到端业务电路为例，端到端

涉及国家骨干一段、两端省省骨干各一段、两端本地网各一段，至少涉及 5 个大段落。因此，涉及 5 个段落对应的不同的服务开通系统（它们还不是一个厂家的系统），据统计沿途工位最多有 40 个，每个流程、每个工位都是人工操作，包括人工派单、人工接单、人工分段路由选择、人工逐段网管配置激活、人工录入业务信息、人工端到端测试等。导致开通一条传输业务，在资源满足的情况下至少也需要 15 天才能完成。

目前，中国电信自主研发的承载网智能开通调度系统——开放式传送网运营平台（OTMS，Open Transmission Management System）是国内第一个实现传输承载网业务自动开通能力的系统，它在中国电信广东分公司率先应用，通过全面嵌入传输承载网运营维护的生产流程，实现了路由自动选择、网络自动激活，实现智能化运维模型中“大脑”的目标。2018 年下半年，OTMS 已经在广东、福建、安徽等 26 个省全面投入使用，2019 年进一步在国干上应用，形成了中国电信集团传输业务端到端一点自动开通能力。OTMS 的主要功能构成包括：基于软件定义网络（SDN）的传输承载网智能控制器（SDN Controller）、编排器（SDN Orchestrator）、光层虚拟专网（OVPN，Optical Virtual Private Network）管理、按需分配带宽（BoD）管理、低时延管理等能力。

OVPN 是指在运营商传输网中为某类或某个客户划分出来的网络专区，客户可以自助在网络专区进行快速动态业务调整、调度和开通，实现业务路由随选。BOD 是在 OVPN 的能力基础上实现的动态调整带宽，可为客户提供自主动态按需调整带宽能力。要实现 OVPN 功能，OTMS 最基础的原子能力是对传输网进行切片管理，即按需将传输网切开形成多个具有业务互联能力的承载子网，对每个子网提供个性化的创新管理能力。切片管理可以基于传输设备、端口（线路口和支路口）、通道、业务的组合。切片管理针对不同应用（如运营商局用 IP、IDC、CN2、IPTV、IPRAN 等中继网络，政企客户专线网络），都可以单独切片成为逻辑独立的传输承载子网。在切片管理的基础上，对逻辑独立的传输承载子网实施路由随选等 SDN 网络管理能力。

目前国内主流的几家传输设备制造商（华为、中兴、烽火）均可实现传输软件定义网络（TSDN，Transmition SDN）控制器和编排器，但目前各厂商的控制器大都只能实现对自有设备进行动态编排，并且只能基于较新版本的网络设备（如新平台或新板卡）。而中国电信的 OTMS 上实现的 TSDN 能支持所有厂家的网络，并且完全支持运营商所有存量的波分 /OTN 网络和设备，不需要全新组建网络就能实现 TSDN 能力。

OTMS 的网络架构如图 3-7 所示，全网设置的跨域路由控制器构成 OTN 控制器，全网设置的统一开通调度平台构成业务编排器，编排网络业务并实现端到端自动激活开通。

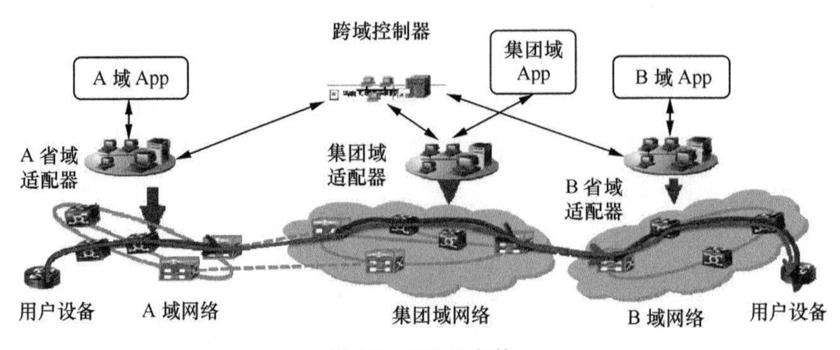

图 3-7 OTMS 架构

OTMS 能解决传输网运营的问题，集网络分析、路由规划、自动算路能力于一体，是可实现跨厂家、跨区域全网统一的运营管理平台。OTMS 核心算法可以解决传输层次网络立体构网和分层路由计算难点，对 OTN 系统实现统一的 L0、L1、L2 可视化和多层次计算，如图 3-8 所示。

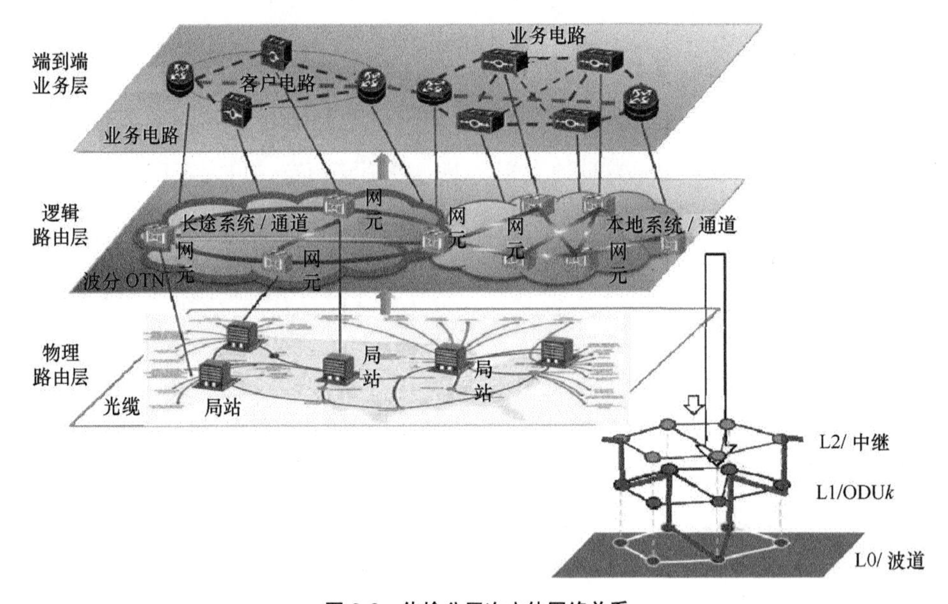

图 3-8 传输分层次立体网络关系

3.5.4 光缆资源可视化应用管理平台

在第 2.5.2 节中我们已经对“智能光承载网可视化平台”进行了比较详细的介

绍，此处不再赘述。这里需要强调的是：该平台与以往众多维护管理平台的不同之处是其实现了“业务电路（分层次）→ OTN/ 波分中继→传输系统→光缆路由→管井 / 杆路”的多层穿透和打通，通过网管和资源系统数据的整合，将业务电路及各层网络有机关联起来，实现了基于管井 / 杆路 / 光缆等真实物理资源的安全性分析及故障定位的功能，因而可以较好地支撑网络运营智能化，提升网络及业务的稳健性。在支撑光承载网高效运维方面，该平台提供的主要功能有以下几个。

- 提供两个重要视图：全局光缆安全性视图和需重点保护的传输波分系统保护视图。
- 对指定起始及终点局站中间路由的安全性分层进行路由隐患分析。
- 对需开通的业务路由实现分层（光缆、传输系统、业务电路）调度支持，详情可参见第 2.5.2 节。

3.6　运维输入

针对第 3.2 节所述的运维模型，准确的输出依赖于大量有效的“运维输入”。“运维输入”在这里特指通过运维工具或手工输入的大量数据参数。一般来说，传输网的网络配置、电路连接、承载关系、各种告警信息、性能信息、事件信息等都是输入量。对于所建立的运维模型，其“大脑”需要馈入大量结构化和非结构化的数据。汇总来看，目前主要包括以下运维输入。

- 网络告警类输入，主要为涉及网络告警的各种关联、分析、自动派单信息；
- 网络巡检输入，主要为运维模型需要主动扫描巡检的系统、网元、端口、业务，以便获取各种对象潜在的告警信息、性能信息、事件信息；
- 网络割接输入，主要为割接工作可能涉及的光缆段落、设备端口、业务电路以及其他割接对象的参数，以及割接时间窗口信息等；
- 网络业务透视输入，主要为运维模型在主动对网络分层承载情况进行透视以感知网络承载业务情况前应输入的数据，主要涉及分层的光缆段、系统段；
- 业务安全性评估输入，主要为需要进行安全评估的传输系统、OCh、ODU*k* 业务，或者成组的端到端业务电路；
- 客户订单输入，主要为在对客户电路进行业务自动开通前需要提供的业务信息，包括优先级别、电路类型、跳数限制等。

3.7 运维仿真

运维仿真是指基于第3.6节所述的各种运维输入参数，通过一定的智能逻辑算法进行迭代运算后形成运维输出的过程。运维仿真涉及大量的运维算法，算法在应用于网络运营维护的过程中，应能持续迭代并进行动态调整及参数优化，以不断贴近并反映真实的网络，这是面向5G的智能光承载网运维模型中最核心的功能模块。以下针对几种常见的网络运维应用分析相关仿真算法的关键构成。

3.7.1 业务端到端管理

业务端到端管理能力是衡量运营商业务管理水平的重要因素。因为运营商电路往往是跨越了不同厂家网络、不同厂家网管的端到端业务，所以端到端管理不可能在一个厂家的EMS上完成，这就需要运营商开发传输运营综合管理平台（以下简称“传输运营平台”），满足业务端到端统一管理的需求。过去由于缺乏传输运营平台，在不同的传输子网转接的业务，尤其是跨省转接的业务，无法实现业务端到端的管理，只能采用分段管理方式，导致业务维护流程非常复杂，需要各段落人员相互配合，在不同的网管上分别进行维护。所以，能否实现业务电路的全程端到端管理，是提升维护效率的重要手段，是运营商运营实力的重要体现。

针对业务电路端到端全程分别落在不同厂家EMS管理的情况，下面的案例展示了如何在传输运营平台上实现业务端到端仿真串接的过程。完成业务端到端串接后，就可以对串接好的电路实现端到端网络拓扑呈现、端到端告警管理、端到端性能管理和端到端运维操作（如端口环回）、端到端测试等端到端能力。要实现这些端到端的能力，在传输运营平台上实现业务离散网元及端口的端到端串接是基础。

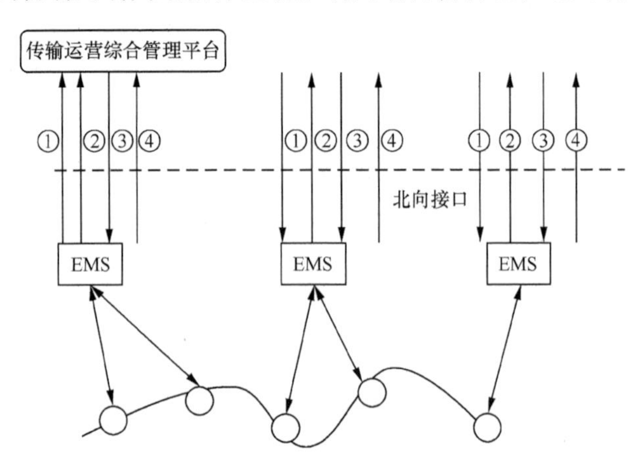

图3-9 电路端到端管理串接方法

电路端到端管理案例：如图3-9所示，一条端到端的业务电路在网络上穿过了3个EMS的管理范围，传输运营平台按如下的过程通

过网管北向接口实现端到端业务的串接、业务的管理。

1. **电路串接**

通过选择A、Z端的端口信息，采集业务电路相关信息和网络拓扑信息，进行串接获得业务电路所经过的全程端到端路由信息。具体的串接方式分为两类。

方式一是对离散的单点业务数据进行串接。首先通过北向接口查询所有的拓扑连接、交叉连接、所有网元/设备/物理连接点（PTP，Physical Termination Point）/连接终端点（CTP，Connection Termination Point）/浮动终端点（FTP，Flow Termination Point），获得交叉、网元内拓扑连接、网元间的拓扑连接及基础数据。其中的PTP、CTP、FTP可以理解为物理端口、逻辑端口和支线路连接端口。然后对获取的数据进行串接：已知电路A、Z端口（PTP），根据交叉连接（交叉连接的两端都是CTP）从A端口（其下的CTP仅有一个有交叉连接）找到对端端口（从CTP标识符获取其所属的PTP），根据拓扑连接找到下一个对端端口，一直找到Z端。

方式二是利用网管已经建立的子网连接（SNC）路径进行端到端SNC的串接，前提是业务已经在网管上建立了SNC客户路径（Client Service SNC）。首先通过北向接口查询路由信息、同步客户层时携带服务层路径信息、所有的拓扑连接、所有网元/设备/PTP/FTP/CTP，获得SNC、SNC的路由、网元内拓扑、网元间的拓扑及基础数据。然后针对获取的数据进行串接：已知电路A、Z端口（PTP）；获取所有的SNC数据，分析SNC的两端是FTP还是CTP。如果是FTP，在A、Z端直接是FTP端口；如果是CTP，则匹配A、Z端的PTP。获取该条SNC的路由，需要获取3个层次的路由信息（客户层、ODU*k*、OCh）；从OCh层的SNC的A端，找到匹配的拓扑连接，一直找到Z端。一条端到端的业务电路往往由多段SNC组成，需要进行多段SNC的串接。

2. **端到端告警管理**

根据确定的端到端业务路由信息，通过北向接口“告警实时上报”收到的告警数据进行筛选，选出路由相关网元的告警。对于离散方式建立的端到端路由，告警以设备端口方式上报，需要把设备端口告警挂接到业务电路上；对于SNC串接方式，EMS会把告警挂接到SNC业务路径上，在端到端告警管理中将对应的SNC告警挂接到业务电路上即可。

3. **端到端性能管理**

根据确定的路由信息，通过南向接口“打开/关闭性能监控开关、设置性能门限阈值”设置相关端口的性能监控开关和阈值。

通过南向接口“性能越界通知、查询当前/历史性能”实时监控相关端口性能，并按需获取性能数据。

3.7.2 告警分析仿真

1. **告警仿真算法**

告警分析仿真算法涉及根告警分析、网络故障定位分析、故障派单规则匹配。

根告警分析是在大量的网络告警信息中找出关联的同故障源告警，并通过打标签（Tagging）的方式形成告警归类。对于同类的告警，需要通过一定的告警规则找出根告警，即故障根源的告警。根告警确认后，就可以实施告警压缩，将其他同类的告警压缩掉，最后分析出的根告警将作为派单的基础。

要进行准确的网络故障定位分析，除根告警外，还需要通过一定的关联规则分析出具体的故障点、故障原因，这个分析过程需要积累大量的运营经验。目前已经开始将基于人工智能的一些算法引入故障定位中。

故障派单规则匹配则是根据根告警的网元、故障定位位置，通过规则匹配确定派单的部门或维护责任人。

2. **根子告警压缩和派单方法**

根告警分析是要在大量的网络告警信息中找出关联的同故障源告警，通过一定的告警规则找出根告警，并进行告警压缩，最后以根告警作为派单的基础进行派单。

在日常的应用中，根告警分析的规则可以分为以下几种类型：通过承载关系确定根子关系；通过拓扑关系确定根子关系；通过自定义规则设定确定根子关系等。本节将通过光缆中断的场景来介绍根告警分析和处理的逻辑。

下面是一个关联IP端口告警、传输系统告警、光缆中断之间的根告警判断过程。

（1）场景

光缆中断导致上层传输系统和IP业务产生告警。在众多的告警中，需要找出真正故障的根源，屏蔽其他非根告警的影响，并进行准确的派单。

（2）告警类型

A：光缆监测系统光缆段中断告警（根）。

B：传输系统段中断告警（即拓扑连接两端端口告警，例如R_LOS）（子）。

C：IP端口的中断告警（子）。

（3）根子关系处理规则

当光缆监测系统出现光缆段中断告警时，根据光缆段和系统段的承载关系，将A设为根告警，B设为子告警；根据传输系统段和IP电路端口的承载关系，将B设为根告警，C设为子告警；最后根据根子关系的传递关系，将A设为根告警，将B、C设为子告警，然后将根子关系附加在A的告警中。

（4）实现效果

当光缆中断时，综合告警系统同时收到了数据端口协议失败告警和传输系统中断告警，通过数据端口和传输系统的关联关系，综合告警系统判断是传输系统中断导致的数据设备端口告警，因此第一步可以把数据设备告警先压缩掉，只保留传输系统告警继续处理。如果此时系统判断有多个传输系统在同一段落均有系统中断告警（一般取值大于3个系统），则可以判断是该系统段对应的光缆段中断。第二步就可以把传输系统告警归结到光缆中断故障。由于光缆段无源不会产生告警，因此综合告警系统自动派生出一条新的光缆段中断告警，作为整个判断过程最后的根告警，由此完成了故障定位。完成根告警分析后，系统就可以对该根告警进行派单，准确派发到相关的线路维护部门。

3.7.3　网络巡检仿真

网络巡检仿真主要是指通过大量采集运行承载网络中的告警信息和性能信息，基于已登记的业务关联规则，最后形成网络健康度报告和业务健康度报告的过程。

网络巡检仿真涉及的运维算法主要包括：基准值和阈值的确定、端口模型与业务模型的转换、巡检异常跟踪处理等。

基准值及阈值的确定，即某个对象由于历史运行过程中性能的变化，会出现基准值的变化，如果用某一确定的基准值和阈值，则会随着时间的变化出现偏差，因此可以采用历史数据移动平均的方式来确定基准值。

端口模型与业务模型的转换是指由于采集的告警、性能等信息都是面向端口对象的，但巡检的对象往往是系统、电路这些逻辑对象，因此要进行对象关联转换，把端口性能的异常转化为系统、电路的异常。

巡检异常跟踪处理是指通过派单、挂起、处理结果填写等，实现对异常事件的闭环管理。

3.7.4　网络割接仿真

网络割接仿真的内容主要包括割接冲突分析、割接影响业务分析、割接过程监控、割接前后性能劣化分析等。

割接冲突分析是指对同时间段内可能出现影响同一光缆段、同一系统、同一重要业务的两个割接，以及跨专业相互影响的割接进行分析，如果出现冲突，则提示进行人工干预。

割接影响业务分析是指对光缆、系统、设备割接事件，通过承载关系分析出影响的业务清单，并通过保护能力输出对相关业务是否会中断的风险评估报告。

割接过程监控是指对割接实施过程中各种监控告警信息、性能指标的变化予以仿真，实时反映、记录割接过程的业务运行情况，并提供给参与割接的人员以便实时了解网络情况及割接进展，减少实际割接过程中靠电话互相询问的人工交互。

割接前后性能劣化分析是指对割接前、后的网络性能指标进行比较，并结合网络正常运行指标进行仿真计算，如果网络性能劣化超出可接受范围，则认为网络割接存在缺陷，需要进行重新优化实施。

3.7.5 业务自动开通仿真

在承载网运维实践中，最具有挑战性的任务莫过于实现传输业务的自动开通。在跨厂家的场景下算法非常复杂，主要涉及电路路由算法、业务匹配算法、业务激活算法等。

电路路由算法是整个传输维护计算模型算法的核心，也是最难实现的，原因是其与平面的点线组成的二维平面路由算法不同。传输网络模型在点线平面的基础上引入了承载关系的维度，形成了三维的立体计算模型（如图 3-10 所示），而通用的平面路由算法不再适用于立体模型。要实现这种立体算法，基本的思路是通过迭代实现不同网络层次之间的穿越，找出可达的路径，并叠加上各种端口的规则模型，而非简单的不带属性点的连通。在传输网中，一个网元内带有的逻辑端口（CTP、FTP）有几千个，全网网元的计算就形成了一个超级庞大的立体模型。电路路由算法的复杂性还体现在，要确保业务的安全，需要把光缆路由层面的信息叠加到设备端口的路由计算中。

由于算法具有一定的复杂性，还要考虑收敛速度，如果路由计算不能在 2min 内完成计算收敛，则实际使用价值将大打折扣。

业务匹配算法指的是在电路开通过程中进行路由规划和业务激活时，传输运营平台计算路由的业务能力必须要和现网设备的能力相匹配。这是因为不同厂家、不同业务板卡对业务的处理能力是不一样的，有些板卡、端口只能支持某些特定的业务类型。如果传输运营平台不考虑网络板卡、端口业务能力的差异，那么根据标准方法计算出的网络业务路由很可能是不可用的。要解决这个问题，就必须通过业务匹配算法保证业务方案在现网中可实施。在传输运营平台中，首先要建立厂家网元、板卡的能力集模型，精确描述各个网元、板卡的业务承载能力。能力集模型是传输运营平台资源池的重要信息模型，由 EMS 通

过北向接口输出，并在传输运营平台进行处理、入库。在业务方案规划和路由计算时，必须引入资源池的能力集模型参与运算，最终形成可精确实施的业务路由方案。

业务激活算法主要是指在端到端的网络管理中，如何在路由计算完成后，在一个点上发起激活动作，再由全网网络进行响应并形成端到端的电路开通。同时在激活后，实施网管（EMS）的路径串接、业务信息反写等操作。

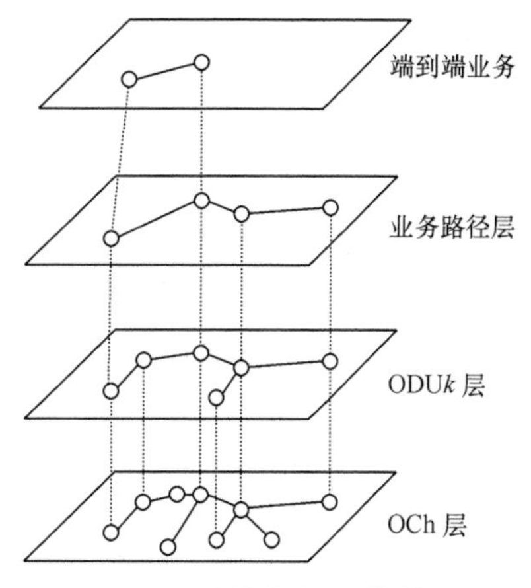

图 3-10 立体的路由计算模型

通过传输运营平台实施业务自动开通，实施方法可以分为单站法和路径法。单站法是指对业务经过的端到端网元 / 端口进行逐个激活；路径法是指先在 EMS 上形成业务路径，再进行路径的激活。采用单站法并不能在厂家 EMS 上形成通道路径或业务路径，完成激活后需要重新进行路径串接，才能形成各层通道路径或业务路径。

目前中国电信实施的 OTMS 是全球运营商中第一个解决跨厂家、跨管理域、跨生产流程的传输业务自动开通激活的系统，已初步实现快速的路由随选计算和全网统一开通激活。在路由快速收敛方面，OTMS 对某超大型省份传输网全网各厂家的全部设备，完成一个端到端电路自动开通方案计算的收敛时间在 2min 以内。

3.7.6 网络安全性分析仿真

1. 传输业务安全性分析

传输业务安全性分析是通过获取电路、电路关联通道、通道路由、系统、复用段、系统段、复用段关联通道、光缆段、纤芯、光路、光路路由、管井等多维度网络资料，分析同一个电路组或者有主备用路由的业务（以下统一用电路组描述）是否存在同系统、同缆和同沟的情况。如分析两条同归属的业务电路安全性，就需要分析这两条电路是否全程承载在不同的传输系统，各传输系统段是否承载在不同的光缆，各光缆段是否承载在不同的管道，电路经过的传输设备是否存在同网元、同局站、同入局光缆的风险等。

简要算法如下。

① 分别分析电路组业务所在的系统复用段，通过复用段关联通道关系得到

系统复用段数据，占用相同复用段则认为存在同系统隐患，反之则安全。

② 如果不存在同系统隐患，则再分别分析同一个电路组业务经过的系统光缆段是否重叠。通过第①点关联逻辑得到系统复用段，结合以下关联逻辑：系统段（光复用段）→光放段（光传输段）→光缆段，找到对应的光缆段，如果同一个电路组的业务存在相同的光缆段，则存在同光缆隐患，反之则安全。

③ 如果不存在同系统和同光缆隐患，通过第②点分析得到光缆段，再关联管井数据，分析管井是否重复，重复则存在同沟隐患，反之则安全。

2. **传输系统安全性分析**

传输系统安全性分析是通过获取传输系统、复用段、系统段、系统段关联光路、光路路由、系统段关联拓扑、光缆段、纤芯、管井、网元、拓扑数据，分析多个系统路由或者一个系统的 OLP 主备用路由是否存在同缆同沟隐患。

① 通过系统段→光放段→光缆段，找到分析对象系统段所在的光缆段，分析出所有系统对象的光缆段是否有重复，如有重复则存在同缆隐患，反之则安全。

② 按照第①点分析的光缆段，根据光缆段查询管井数据，分析是否存在相同的管井数据，如有重复则存在同沟隐患，反之则安全。

3. **光缆隐患分析**

光缆隐患分析是通过获取光缆段的管井数据，分析光缆安全性。

获取光缆的光缆段，获取光缆段经过的管井数据，分析全网光缆的同路由隐患，如光缆段与其他光缆段经过相同类型的管井段，则为同路由。

3.8 运维输出

运维输出是指完成运维仿真分析后形成的输出结果，用于自动实施或指导实际生产操作、网络规划等。在第 3.2 节所述的运维模型中，主要的运维输出包括以下几个方面（均可以自动仿真方式或方案实施报告的方式输出）。

3.8.1 网络安全分析报告

网络安全性分析工作主要包括网络质量安全分析和业务路由安全分析两大方面：质量安全分析是指在系统级、电路级两个层面进行的网络运行质量的分析，目的是发现网络中存在的质量隐患；路由安全分析是指分析系统、电路路

由，找到因路由重叠导致的安全隐患，或确定系统、电路是否有保护能力。如前所述，路由安全隐患分析是相对隐性的问题，涉及光缆路由、系统路由、电路路由等各个层面，需要通过相互承载关系分析各段落是否存在同路由问题。

（1）网络质量分析报告

网络质量分析是对现网网元、端口、通道性能情况进行采集、分析的过程，发现网络运行中存在的质量问题，并通过大数据分析历史运行趋势，从而判断网络质量总体情况，输出存在隐患的网络节点、通道。

针对网络存在的安全隐患，可通过网络质量分析仿真形成质量分析报告，并可进一步仿真提供网络质量优化方案建议。

（2）路由隐患分析报告

智能运营平台“大脑”实施传输系统、业务路由安全性分析，提供隐患段落展示，包括还原业务电路所经过的路由数据，支持对分析的隐患结果进行导出。

传输系统安全性分析报告：在对系统路由隐患进行分析仿真的基础上，输出系统的具体隐患详情，输出信息包括系统的相关属性、系统的安全性得分、各系统段的隐患类型及隐患长度统计。

光缆安全性分析报告：在对光缆路由隐患进行分析仿真的基础上，输出光缆的具体隐患详情，输出信息包括光缆的相关属性，光缆的安全性得分，各光缆段的隐患详情、隐患类型及隐患长度统计。

业务安全性分析报告：在对安全成组业务电路路由隐患进行分析仿真的基础上，输出业务的具体隐患详情，输出信息包括电路组的相关属性，电路的安全性得分，电路同节点、同网元、同系统、同光缆、同管道的隐患详情、隐患类型及隐患长度统计。

3.8.2 网络优化方案

可加载的网络安全性优化方案是在质量安全分析和路由安全分析的基础上，通过仿真计算输出的实施举措，介绍如下。

- 设备优化方案：针对设备存在的质量隐患，通过升级、更换板卡等手段解决隐患。
- 线路优化方案：针对线路质量问题，通过线路割接、调整光衰耗、加装光放（OA）、调整非线性特性等手段提升线路质量。
- 业务优化方案：针对业务在各个层面出现同路由的情况，进行业务调整和调度，满足同组业务的安全性要求。

3.8.3 网络资源预警分析报告

网络资源预警分析是通过对业务电路开通的情况进行记录和累加分析，结合现有在网资源的局向、端口资源情况，分析业务增长或减少的热点局向分布，输出未来可能出现资源瓶颈的设备报告及需要补充的设备、端口资源数量和类型，以及资源利用处于最低门限值以下，有必要盘活利用的设备、端口资源数量和类型，形成可指导运维人员操作的调度方案。

3.8.4 业务运行分析报告

通过采集承载网长时间的运行性能数据、告警数据，定期输出现网业务运行分析报告，主要包括现有在网业务的总体情况、业务的分类数量、业务运行质量总体情况、业务增长或减少的热点局向分布及端口类型 / 参数、特定类型业务流量、重点政企业务的运行质量等。

3.9 运维操作方法

3.9.1 运维资料准备

网络组网信息：系统组网信息、业务波道图、网元组网图、承载光缆纤芯信息，站点之间的距离、线路光纤类型、色散系数，OSNR 设计值；网络中的特殊配置信息，包括各种类型的保护、一些特殊的功能，比如 IPA、ALC、APE 等配置信息。

工程设计文档：包括板位图、连纤图、站点名称与 ID 与 IP 对应关系表、机房走线图、机房平面图、ODF 端口分配表。

承载业务信息：传输系统承载业务电路的清单，以及业务的维护级别，一般可以在资源管理系统上查询获取。

应急预案信息：系统及业务的应急调度预案，在故障处理过程中能快速启动预案实施调度。

3.9.2　运维巡检方法

告警检查：按照“先紧急重要、后次要”“先线路、后支路”的告警处理原则，筛选出优先处理的紧急重要告警；针对告警逐一确认，如果是未上线业务告警，可以进行屏蔽或者反转处理；如果是现网在用网元、板卡、端口、业务存在告警，即使业务未中断，也必须进行处理消除告警。

历史告警汇总分析：对设备上的历史告警进行分析，对于历史告警中曾经出现的异常告警要确认原因，并确定现在异常告警是否仍在发生，排除设备运行异常导致的异常告警上报。

性能检查：检查设备的性能监视是否打开；检查 OTU 单板的性能，收发光功率应在正常范围之内，误码率都满足不高于 10^{-5}（10Gbit/s 及以下速率）或者 10^{-4}（40Gbit/s 速率），同时纠后误码为 0；查看波分侧 15min/24h 当前和历史性能中，是否有不可纠错帧。

保护组状态检查：检查各类保护的工作状态是否为正常态，主备通道是否为正常态，是否有不知原因的异常倒换；如通道存在信号失效（SF，Signal Fail）事件，需要及时确认并进行处理。对设备类（包括主备交叉板、电源板、时钟板、主控板）进行保护状态检查。

主备通道业务类型、业务速率检查：主备通道业务类型必须确保一致，业务速率必须确保一致。

3.9.3　故障处理方法

信号流分析法：故障发生时，首先需要分析业务信号流向。根据业务信号流向逐点排查故障是波分系统中故障定位的常用方法，通过业务信号流的分析，可以较快地定位到故障点。

告警、性能分析法：获取告警和性能信息，分析告警、性能信息以定位故障。远程维护人员可以从网管获取告警、性能信息，现场维护人员可以从设备指示灯获取告警信息。对于大量的告警，优先处理光层 LOS、电层 OTU*k*-LOF、ODU*k*-SSF、保护类 PS、板卡级别告警。

环回定位法：通过对系统及业务通道环回，逐段定位故障单点。环回法是故障定位中最直接的方法，不需要依赖对大量告警和性能数据的深入分析，维护人员需熟练掌握。环回有网管上操作的软环回、ODF 操作的硬环回；环回方向可以分为内环回和外环回；环回位置可以分为线路环回和支路环回。采用环回法处理会导致业务中断，一般在测试期间或故障已经导致业务中断时才能使用。环回法的采用还需要沿线维护人员相互通知配合，避免同时环回操作导致故障定位误判。

替换法：用工作正常的网络对象替换被怀疑的故障网络对象，网络对象可以是线缆、光纤、法兰盘、电源、单板、设备等。替换法一般是在有具体怀疑问题对象时，通过替换验证怀疑是否正确。

配置数据分析法：在某些特殊情况下（如对设备的误操作或设备失效等），设备配置数据丢失或改变，影响业务正常运行。此时，如果故障定位到网元上，就可以检查配置数据，确定是否因数据配置原因造成故障。特殊情况下可能是运维人员误删数据导致故障，日常维护时应注意对网管数据进行备份以保证数据能顺利恢复。

仪表测试法：通过仪表测试信号性能指标，如光功率计测试信号光功率，OTN 信号分析仪测试误码，以太网分析仪测试分组丢失、时延等，精确确定故障原因。

经验处理法：在故障紧急处理过程中，有时即使未能准确定位故障，但根据运维人员的经验进行一些操作，就可以临时恢复业务。这些操作包括：单板复位、单站重启、重新下发配置数据、将业务倒换到备用通道、实施临时调度等。一般采用经验法完成故障修复后，应进一步深入分析问题，找出故障的根源，避免后续再次发生故障。

3.10 运维实操案例

本节通过中国电信某省公司在网络运维中的两个具体案例来阐述如何使用以上介绍的运维模型、方法和工具开展实际运维工作。

3.10.1 宽带网络稳健性提升

宽带网络业务承载的安全性依赖于底层物理层。在无物理双路由的状况下，因光缆中断而大规模影响业务的危害较大，为实现上层业务的安全性，需进行宽带网络稳健性的提升。

1. **目标设定**

① 宽带网络稳健性的评估指标如下。

- 多业务边缘路由器（MSE，Multi-Service Router）上联链路双物理路由率：以 MSE 为单位，MSE 上联城域网核心路由器（CR，Core Router）的链路组的双物理路由占比情况。
- FTTH OLT 双上联率：以光线路终端（OLT，Optical Line Terminal）为单位，OLT 上联至 MSE 的双上联占比情况。
- 城域网（MAN，Metropolitan Area Network）CR 至 163/IDC/ 转发平面的链路组双物理路由率：以 MAN CR 为单位，CR 至 163 网 /IDC/ 转发平面的链路组的双物理路由占比情况。

② 为了达到业务安全性的保证，提升目标如下。

- MSE 上联 CR 设备需进行物理路由双保护，提升网络的稳健性，MSE 上联链路实现双物理路由率（上行链路分布于不同路由光缆）达到 90%。
- FTTH OLT 以 10Gbit/s 端口聚合方式双上联至同一 MSE，偏远地区可以 10Gbit/s 端口聚合方式双上联至同一数据中心交换机（DCSW，Data Center Switch），DCSW 双上联至 MSE。实现 FTTH OLT 100% 双上联，2000 户以上的 OLT/DCSW 满足双物理路由上联至 MSE。
- CR 至 163/IDC/ 转发平面的链路组满足双物理路由连接。

2. 路由安全分析评估思路

对于路由安全分析，可以基于业务承载关系开展宽带网络稳健性分析，评估光缆路由重叠的安全隐患。

① 针对每台 MAN CR，梳理 CR 上联至 163 网 /IDC/ 转发平面的链路组的双物理路由情况。

② 针对每台 MSE，梳理 MSE 上联至城域网 CR 的链路组的双物理路由情况。

③ 针对每台 OLT，梳理 OLT 上联至本地 MSE 的链路组的双物理路由情况。

以上 3 个级别分别针对光缆路由、系统路由、电路路由，分析出各段落是否存在同路由问题。

由于篇幅有限，本书主要介绍 MSE 上联至城域网 CR 链路组路由安全性的评估方法以及优化方案。

3. 路由安全等级

按照设备名称区分，同一设备上联 A 地和 B 地为一组。如图 3-11 所示，链路 a 和链路 b 为同组链路。通过资源系统查询该同组链路的路由，进行对比分析，比较链路所有的光路经过的光缆段之间是否存在相同的光缆路由。如果所有的光路都经过同一条光缆，那么该组业务即为同光缆隐患；如果光路经过相同的多个光缆段，则该组业务在这些光缆段都为同光缆隐患。

评估的安全性等级分为 5 级，从高到低分别为：物理双路由（安全）> 局内同缆（D 级隐患）> 出入局同路由（C 级隐患）> 非出入局同路由（B 级隐患）> 局外同缆（A 级隐患）。各级具体的等级定义如下。

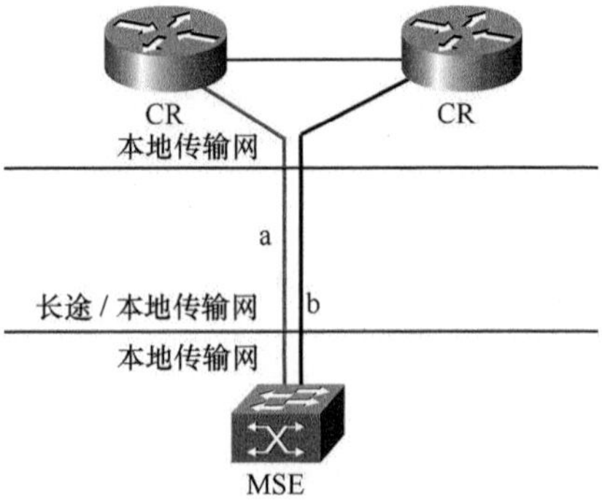

图 3-11　宽带评估分组链路

①“物理双路由”是指业务单元的电路均开在不同物理路由的光缆上，属于真正的安全。

②“局内同缆”是指业务单元的电路承载的光缆在机楼内为同一条光缆的隐患，该隐患也叫 D 级隐患。

③“出入局同路由”是指业务单元的电路承载的光缆在出入局部分有同路由的隐患（定义距离 ODF 架 1km 以内的部分为出入局部分），该隐患也叫 C 级隐患。

④“非出入局同路由”是指业务单元的电路承载的光缆在出入局路由以外段落存在同路由的隐患，该隐患也叫 B 级隐患。

⑤“局外同缆”是指业务单元的电路承载的光缆在机楼外存在同一条光缆的隐患，该隐患也叫 A 级隐患，属于最严重的隐患等级。

4．评估输出结果

对一组 MSE 上联的数据电路全程端到端光缆路由进行分析，对每条电路的每一段是否存在同路由情况均输出评估结果（见表 3-1）。由表 3-1 可见，这两条电路分别有 3 段和 4 段路由，均在其中第二段发生了重路由的情况，存在安全隐患。

表 3-1　传输电路路由安全评估

A 端设备	A 端机房	B 端设备	B 端机房	电路编码	路由序号	光缆名称	安全等级	隐患光缆	同路由位置	隐患长度（km）
XS-M-1.MCN	枢纽 5 楼机房	GX-X-1.MCN.NE40E	电信大厦机楼 17 楼机房	新市岗厦 S-64N880 2PD	1	岗厦电信大厦《岗厦电信大厦 * 楼 -** 楼数据光缆（1）**F（G.652）/F203-204》新市电信大厦	安全			
					2	岗厦电信大厦《岗顺新光缆》顺昌	同路由（非出入局）	岗厦电信大厦《新顺岗光缆》顺昌	岗厦大道 #123 - 岗厦大道 #020	7.815
					3	顺昌《岗顺新光缆》新市枢纽	安全			

续表

A端设备	A端机房	B端设备	B端机房	电路编码	路由序号	光缆名称	安全等级	隐患光缆	同路由位置	隐患长度(km)
X-M-1.MCN	枢纽15楼机房	GX-X-1.MCN.NE40E	新楼机楼14楼机房	新市岗厦S-64N8801PD	1	岗厦新楼《岗厦新楼**楼东-岗厦电信大厦*楼光缆（D）**F（G.652）》岗厦电信大厦	安全			
					2	岗厦电信大厦《新顺岗光缆》顺昌	同路由（非出入局）	岗厦电信大厦《新顺岗光缆》顺昌	岗厦大道#123-岗厦大道#020	7.815
					3	顺昌《岗顺成光缆》新市滨海	安全			
					4	新市滨海《新市滨海*楼-新楼*楼**芯光缆-2》新市枢纽	安全			

从对某运营商网络的首次评估结果来看，全程安全性约为50%，隐患类型主要为“同路由（非出入局）”，即B级隐患最多。根据梳理评估出来的隐患，按安全隐患等级及优化路由难易顺序排列，制订优化方案。

5．***安全性优化方案制订***

在路由安全分析的基础上，通过仿真计算输出网络优化方案，网络安全性优化方案可包括以下几个。

① 电路优化方案，以业务单元组为单位，进行电路路由的调整和调度，满足同组业务安全性要求。

② 系统优化方案，实施二级干线495个传输系统段OLP。

③ 光缆优化方案，针对一些光缆路由设计不合理的段落，通过光路优化、路由优化、新建光缆等方式进行优化，满足业务单元组不同物理路由的条件。具体方案如下。

第一种：光路优化方案，指将一对MSE设备的上联链路利用其他光缆资源进行跳纤优化，需要注明具体跳纤路径，优化后上联链路不存在同缆情况，如图3-12所示。

第二种：路由优化方案，指无法利用光路优化方案的，依靠部分新建管道（或架空）路由，将一对MSE设备的上联链路分开，优化后上联光路不存在同缆情况，如图3-13所示。

第三种：新建路由方案，指无法利用上述两种方案优化的，只能全程新建管道（或架空）路由，将一对MSE设备的上联链路分开，优化后上联光路不存在同缆情况，如图 3-14 所示。

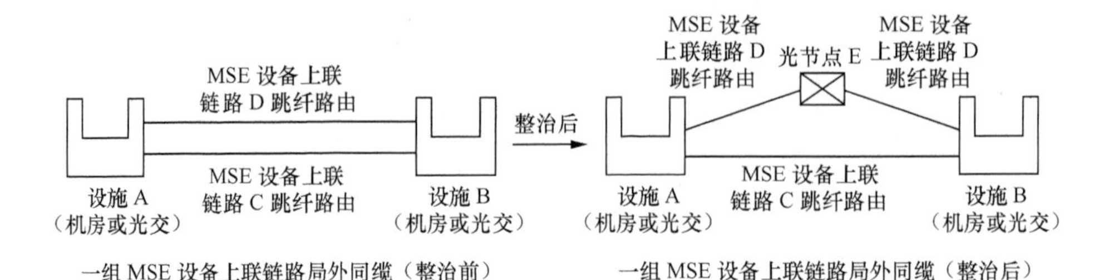

图 3-12　光路优化方案

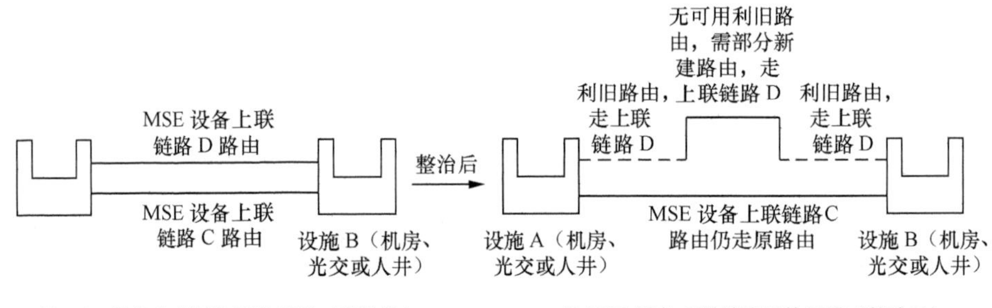

图 3-13　路由优化方案

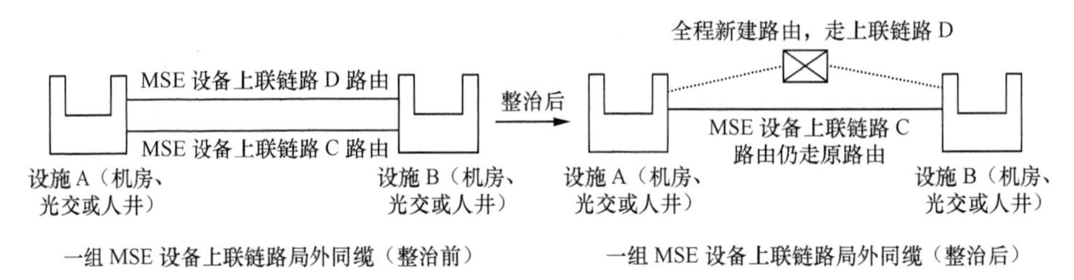

图 3-14　新建路由方案

6. **提升效果**

通过对 MSE 上联 CR 设备的链路进行电路调整、系统优化（增加线路 OLP）和光缆路由优化，共解决了 11 组 A 级隐患、61 组 B 级隐患、27 组 C 级隐患、20 组 D 级隐患，MSE 上联链路实现了双物理路由率（上行链路分布于不同路由光缆）从 50% 提高到 94%，达到了预期目标。

3.10.2　长途光缆 OLP 实施

作为现代信息高速公路的核心和支柱，长途光缆承载了省与省、市与市之

间的骨干波分系统，具有传输速度快、光纤利用率高、业务量大、维护界别高、局站间距离长、局站间路由选择少、保护能力弱等特点。长途光缆一旦中断，将面临大量重要客户业务中断的风险。而随着光缆质量的老化，以及国家基建投资带来的高铁、高速、公路施工，近年来长途光缆中断压力愈发增加。

为了避免因光缆物理线路问题造成干线业务全面阻断带来的巨大损失，运营商一般会针对重要长途光缆的骨干波分系统介入 OLP。OLP 能够在主用光缆中断时，自动将承载业务在 50ms 内切换到预设好的备用光缆路由中，实现光缆中断而业务不中断的效果。

1. 建设思路

根据光缆网稳健性评估指标和传输系统稳健性线路保护率评估指标进行评估。

（1）光缆网稳健性评估指标

光缆段稳健度等级是以光缆段为单位，结合光缆历史故障数、应急调度、当前隐患数量、近 3 个月巡回质量、承载业务量等指标计算出的反映光缆整体稳健性水平的指标。

（2）传输系统稳健性线路保护率评估指标

保护机制和网络拓扑有关，不同的网络拓扑采取的保护机制不同，有线路保护、波长保护和通道保护，主要应用在 DWDM 和 OTN 的网络上。目前主要使用的是线路保护，即要求线路同时在两个分离的物理路由上进行传送，线路保护率体现了传输网在物理路由方面的稳健性。

线路保护率 =（1- 主备同路由光缆长度 / 主路由光缆长度）× 100%

某运营商按照“先一干系统、后二干系统，先大容量、紧急度高”的顺序，分 3 年左右时间逐步实现全省一、二干系统共 1480 个系统段 OLP 的全覆盖，实现业务中断率下降 50% 的阶段性目标。OLP 建设的要点是选取和主路由完全不同的备用光缆路由，以免主、备用光缆同时中断造成保护失效。

2. 实施案例

下面以某光缆中继段实施 OLP 为案例，阐述优化过程。

（1）基本信息

某段光缆是连接 A 市和 B 市的重要管道光缆，于 2010 年 3 月投产，平均衰耗为 0.23dB/km。目前占用了 64 芯（共 72 芯），承载了 2 个一干系统、13 个二干系统，光缆承载的重要波分系统数量很多。

（2）路由状况

本段光缆共计 73 皮长公里，安全隐患大，具体表现为以下几个方面。

- 路由复杂、故障多发：路由经过多处维修难度大且出局距离远的高隐患段落。本段光缆近 3 年内共发生过 5 次故障，在建设光保护前合计造成了 4 个 80 × 100Gbit/s 的波分系统、12 个 80 × 18Gbit/s 的波分系统中断，核定故障指标共计 4.2 次。

- 施工频繁：该光缆所经路由的路桥修缮与其他施工较多，施工单位多为地铁和市政施工单位，相对难以沟通和及时掌握施工情况。
- 割接较多、传输质量劣化：本段光缆今年共发生过 2 次割接，在建设光保护前，每次割接会影响光缆承载业务 3 个小时，割接产生的新增接头也会使原衰耗增大。
- 同缆可调用纤芯少：该光缆段的纤芯占用比例较高，一旦发生中断故障，同缆调度可选纤芯少，异缆调度耗费时间长，业务影响时长也有超标的风险。

（3）OLP 优化实施

为了避免该高风险光缆段的故障影响全省骨干光传输网的稳健性，该运营商省公司决定为本段光缆上承载的传输系统介入光保护系统。在规划 OLP 的过程中，由于同一光缆段其他可以作为备用路由的光缆共有 3 条，分别为 B、C、D，按照光保护建设的备用光缆选取思路，原则上应该避免同路由光缆，并尽可能选择传输性能好的光缆，因此最终选定了 D 光缆作为两个一干系统的备用路由。

为了使建成的光保护能够起到保护业务不中断的作用，在规划 OLP 建设的过程中，通过使用掺铒光纤放大器（EDFA）和衰耗器调整了线路衰耗，使用色散补偿器模块（DCM，Dispersion Compensator Module）消除了色散效应对传输设备的影响。

建成 OLP 后，可以通过 OLP 的网管系统对其传输系统的主备用路由的光功率信息、光缆段的全程衰耗，以及线路两侧的光保护相关设备进行实时监控，同时实现对传输系统在线路上的传输质量保护，在主用路由发生故障或传输性能劣化时能够自动切换，确保系统业务不发生中断。

（4）OLP 效果

在 OLP 优化后发生的一次光缆故障中，该光缆段承载的 15 个系统因全部介入了 OLP 保护，相关系统业务均未发生中断和拥塞，成功达到了光缆中断而业务不中断的效果。

3. **实施效果**

通过建设，该运营商省公司共计承载干线系统业务量的一干系统段 450 个，已经介入光保护的系统有一干系统段 342 个，占比为 76%，其中有 52.3% 的一干光缆段实现了一干业务完全保护；二干系统段 635 个，已经介入光保护的系

统段有315个，占比为49.6%，其中有21.9%的二干光缆段实现了完全保护，使全省干线网络的稳健性得到了极大的提升。在2018年1～9月共计199次影响系统的故障中，已经介入了OLP的130个系统成功切换至备用路由113次，切换成功率为87%，成功减免了一干指标21次、二干指标10次，占年度考核指标的44%，光保护系统作用已初见成效。切换失败个案的原因主要是OLP主备光缆同路由，还需要进一步优化。

3.11　低时延网络

随着业务的变化，网络低时延（Low Latency）成为衡量网络质量的重要指标。网络低时延化在政企业务、视频业务、云业务等方面都有重要的意义，在5G时代，视频互动、自动驾驶等业务提出了比4G更高的时延要求。下面分析低时延网络的原理、组网方案及相关管理工具。

1．低时延网络价值

（1）时延创造价值

在金融专线网络领域，对于股票、期货交易相关的业务来说，更低时延网络能带来交易的优先性，并产生巨大的效益。据华尔街分析，“交易系统每领先1ms，能为交易商带来每年1亿美元的利润”。在股票证券、外汇期货等交易中，金融机构通过高频电子交易（HTF，High Frequency Trading），几微秒就可以完成或撤销一笔交易，从而在金融市场的跌宕起伏中获取高额利润。据市场研究机构TABB分析，每年仅利用时延套利策略，高频交易商就能获得超过210亿美元的利润，因此金融机构愿意为更低的业务时延付出更高的费用。正因为看到了时延对金融交易的重要性和价值，国内的几大通信运营商不惜投入巨资建设超低时延网络，纷纷推出针对金融证券类客户的低时延专线产品。

（2）低时延网络案例

低时延网络创造价值案例：纽约股票交易所（NYSE）的金融衍生品都在700mile（1126km）之外的芝加哥商品交易所（CME）交易，两地信息的时延严重影响着交易的结果，2010年，美国Spread Networks公司投资3亿美元修建NYSE与CME之间的低时延网络，通过缩短网络距离，将往返时延（RTT，Round-Trip Time）从14.5ms降低到13.1ms，并以10倍价格的30万美元/月租给HFT机构（见表3-2）。运营商每年通过低时延业务获取巨额收益，而客户则利用网络低时延在证券交易中攫取了暴利。

表 3-2　国外不同运营商的线路时延和费用差别案例

线路	运营商	时延	每月租金
原业务线路	Original Cable	14ms	3 万美元
最优时延线路	Spread Networks	13ms	30 万美元

某运营商低时延案例：某运营商为实施 SDH 以太网专线（EOS，Ethernet Over SDH）低时延网络，构建了"内环 1ms、中环 1.5ms、外环 2ms、境内 3ms"时延圈的客户承诺指标体系。某期货公司原先使用该运营商的 2Mbit/s 本地传输专线，实测时延 4.6ms，随着其自身业务的快速发展和网络时延对金融业务重要性的日益凸显，希望将时延缩短至 3ms 以下，并愿意为此支付增值费用。该运营商利用低时延专线网络，为该期货公司将时延从 4.6ms（环回）降至 0.63ms，在提升客户满意度的同时实现了业务增收。

2. **低时延网络业务需求**

（1）4K/8K 高清视频

视频业务具有高码率、高并发、高感知的特点，客户对花屏、分组丢失、时延的感知较强。因此，低时延是衡量高清视频的重要指标。各种不同视频业务对时延及分组丢失率的要求见表 3-3。

表 3-3　高清视频质量要求

	带宽要求	低时延	低分组丢失率
IPTV 直播	>8Mbit/s	RTT<200ms	$PLR<1.28\times10^{-6}$
高清点播	>5Mbit/s	RTT<35ms	$PLR<6\times10^{-3}$
真 4K 点播	>50Mbit/s	RTT<22ms	$PLR<10^{-5}$

（2）5G 承载网络

5G 时代应用驱动低时延网络的需求，人们需要随时看视频、使用即时视频通信、基站无线切换等，这些都需要低时延网络。

ITU-R 确定了 5G 的八大需求，其中时延要求达到 1ms 级别、时间同步信号传送达到 0.1μs。这需要 5G 承载网络 L0/L1 层"破环成树"，减少分组转发跳数，保证低时延。其中涉及承载网络的需求如下。

前传关键需求：20 ～ 100GHz 带宽、250μs 时延、Class A 时间精度（45ns）；

中传关键需求：10 ～ 50GHz 带宽、500μs 时延、Class A 时间精度（45ns）；

回传关键需求：$N\times$100Gbit/s 双上联、2ms × 2 时延。

（3）政企专线业务

政企专线业务中，金融类客户对时延最为敏感，尤其是证券交易类客户更

倾向于付出高价值租用低时延专线。表 3-4 反映了各种类型的政企客户对网络时延的不同诉求。

表 3-4　各种应用场景的时延要求

类型	时延要求	说明
金融	<1ms	交易类应用时延要求最高
物联网	1 ～ 100ms	自动驾驶、远程医疗、工业控制
云业务	5 ～ 50ms	未来信息网络应用主要场景
交互式娱乐业务	7 ～ 200ms	未来关键业务
视频会议	10 ～ 200ms	专线视频会议

（4）云网融合

DC 数据中心成为网络大带宽发展的动力，云网协同是今后网络组网发展的趋势，云应用将呈现爆发性趋势。各种云应用业务对时延的要求不相同，其中 CDN、桌面云因实时性要求高，需要低时延（见表 3-5）。

表 3-5　各种云应用的时延要求

业务	时延
公有云	50ms
托管云	50ms
CDN	20 ～ 30ms
桌面云	20 ～ 30ms

3. 网络时延产生原理

（1）时延产生原因

通信网络中的时延由以下因素构成。

光缆时延：一般来说，光缆时延是最重要的时延，造成的影响最大，尤其是在长途网络中，网络路由长度通常为 100 ～ 1000km，甚至更长。光在光纤中传播，介质折射率、光纤色散等会造成时延，实验室环境下，光纤时延为 5μs/km。在实际网络环境中，考虑光缆质量因素，时延会比实验室环境下稍大。

设备时延：设备在电层信号处理过程中会产生信号时延。设备时延包括光器件时延、传输电设备时延、数据设备时延。

光器件时延：光器件产生的时延很低，一般都是 ns 量级，EDFA 时延是 100ns 量级，因此，采用全光网交叉减少设备电交叉和跳数，能大幅减少时延。

传输电设备时延：传输设备对电信号处理产生的时延，一般是信号帧结构的封装、解封装造成的。传输设备封装时延一般为 10μs 级别。由于传输设备采用硬管道方式，相对数据设备不会出现网络拥塞现象，每跳时延相对稳定。但对于不同速率的传输信号，由于封装机制不同，处理时延也存在差别。后面将对不同速率信号封装下的时延差别进行分析。

数据设备时延：由于采用了以太分组交换方式，数据网络设备在处理分组交换时需要进行数据缓存，因而会造成时延。数据设备（交换机、路由器等）时延与网络的拥塞度有非常直接的关系。当网络拥塞时，设备时延可能达到 ms 甚至数百 ms 级别。在网络轻载的情况下，一般数据设备每跳的时延为 50 ～ 100μs。一般来说，三层设备比二层设备时延更大，典型无拥塞分组网络的端到端时延为 0.3 ～ 2.5ms。

（2）传输信号处理时延分析

① SDH MSTP 时延案例。

以 MSTP 封装为例，以太信号进入传输网，经过缓存、VC-12/VC-3/VC-4 虚级联封装、VC 交叉、光信号转换进行传送。时延主要产生在封装、解封装过程中，受以太分组的分组长度以及封装容器类型的影响。

表 3-6 中给出了某公司在现网中对不同节点类型的不同封装方式实测的时延数值，其中测试结果均为单向时延数值，并将该单向时延数值分配到两端设备及中间跳点设备，以得出每台设备处理不同封装方式及不同帧大小的时延数值。可以看出，以太帧长度越长，时延越大。而封装方式不同对时延的影响也不一样，一般来说，用来做绑定的虚容器阶数越高，时延越短。

表 3-6　某公司现网 MSTP 时延实测数据

节点类型			单节点时延测试值（ms）	备注
起始节点	VCTRUNK 通过 *N* 个 VC-12 绑定	帧大小为 64Bytes	0.24	50Mbit/s 电路测试，一跳，帧大小为 64Bytes，单向时延为 0.48ms；帧大小为 256Bytes，单向时延为 0.52ms；帧大小为 1024Bytes，单向时延为 0.70ms
		帧大小为 256Bytes	0.26	
		帧大小为 1024Bytes	0.35	
	VCTRUNK 通过 *N* 个 VC-3 绑定	帧大小为 64Bytes	0.065	45Mbit/s 电路测试，以 VC-3 封装，一跳，帧大小为 64Bytes，单向时延为 0.13ms；帧大小为 256Bytes，单向时延为 0.17ms；帧大小为 1024Bytes，单向时延为 0.36ms
		帧大小为 256Bytes	0.085	
		帧大小为 1024Bytes	0.18	
	VCTRUNK 通过 *N* 个 VC-4 绑定	帧大小为 64Bytes	0.05	155Mbit/s 电路测试，以 VC-4 封装，一跳，帧大小为 64Bytes，单向时延为 0.10ms；帧大小为 256Bytes，单向时延为 0.13ms；帧大小为 1024Bytes，单向时延为 0.21ms
		帧大小为 256Bytes	0.065	
		帧大小为 1024Bytes	0.105	

续表

节点类型			单节点时延测试值（ms）	备注
中间节点	通过 VC-12 交叉调度		0.03	50Mbit/s 电路测试，两跳，帧大小为 64Bytes，单向时延为 0.51ms；帧大小为 256Bytes，单向时延为 0.55ms；帧大小为 1024Bytes，单向时延为 0.73ms
	通过 VC-3 交叉调度		0.01	45Mbit/s 电路测试，以 VC-3 封装，两跳，帧大小为 64Bytes，单向时延为 0.13ms；帧大小为 256Bytes，单向时延为 0.18ms；帧大小为 1024Bytes，单向时延为 0.37ms
	通过 VC-4 交叉调度		0.002 ～ 0.008	155Mbit/s 电路测试，以 VC-4 封装，两跳，帧大小为 64Bytes，单向时延为 0.107ms；帧大小为 256Bytes，单向时延为 0.138ms；帧大小为 1024Bytes，单向时延为 0.212ms
光纤收发器	点对点测试	帧大小为 64Bytes	0.006	100Mbit/s 光猫点对点测试
		帧大小为 256Bytes	0.014	
		帧大小为 1024Bytes	0.045	

② OTN/SDH 网络时延分析案例。

在图 3-15 所示的专线组网中，专线经过本地汇聚到省干，图中为简化网络，其时延情况见表 3-7。对比 OTN 专线和以太网专线时延，各个环节的时延基本一致，但在汇聚节点处，EOS 专线比 OTN 专线的时延要更大。

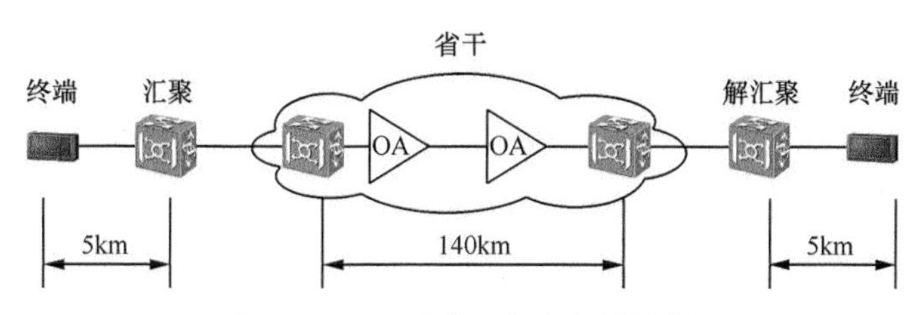

图 3-15　OTN 专线网络时延分析案例

表 3-7　OTN/SDH 专线时延

	OTN 专线时延（μs）	EOS 专线时延（μs）
100km 光纤（含 DCM）	825	825
EDFA	0.2	0.2
OTN 转换	2×20	2×20
汇聚节点	2×50	2×150

续表

	OTN 专线时延（μs）	EOS 专线时延（μs）
终端	2×1	2×1
合计	967.2	1167.2

在 OTN 电信号处理过程中，时延的分配如图 3-16 所示。其中，时延和业务速率成反比，图中的时延数值基于 10Gbit/s OTN 系统。而 FEC 时延和传输距离相关，一般来说，城域网范围内的 FEC 时延为 10 ～ 20μs。

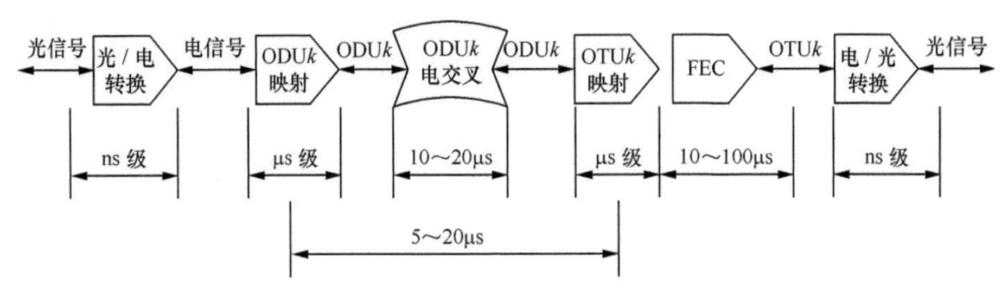

图 3-16　OTN 电层处理时延

在 SDH 电信号处理过程中，时延的分配如图 3-17 所示。其中，时延与业务速率成反比，图中的时延数值基于 2.5Gbit/s SDH 系统。相比于纯 SDH VC 业务，SDH 以太专线（EOS）业务因为需要将以太信号封装到 VC 中，所以其时延远大于纯 SDH 业务。

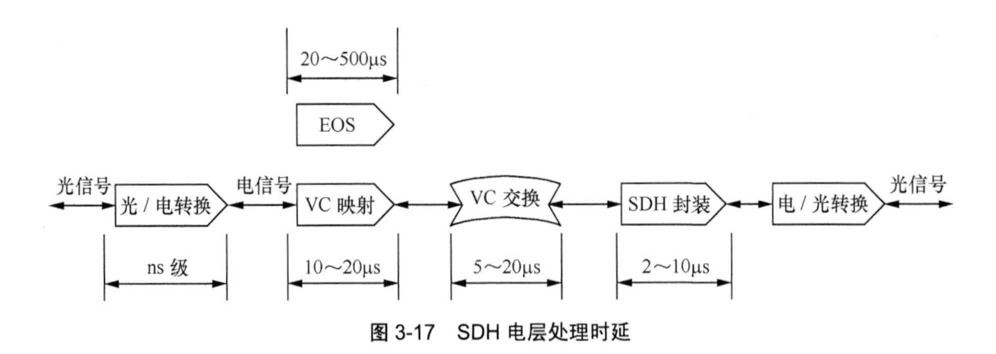

图 3-17　SDH 电层处理时延

4．低时延网络优化组网

要减少网络时延，主要从组网入手进行优化。时延指标不同于过去的传输维护指标——过去的维护指标主要是告警类和通道性能类指标，它们均会在网管产生告警或性能越限，提醒维护人员及时进行处理，时延指标则不是告警或

性能异常指标，电路时延大，往往不能引起维护人员的注意，但对时延敏感的部分客户就会感知明显，并向电信维护方报障。尤其是当出现电路路由倒换的时候，提供服务的原路由是满足客户时延要求的，但倒换后会出现由于光缆路由变长而时延增大的情况。对于低时延业务的这些新情况，运营商的维护部门必须予以足够重视，并从网络结构源头抓网络优化，这样才能提升客户的服务水平。

时延故障处理案例：某大型汽车集团客户向某运营商NOC报障，其到美国的国际100Mbit/s MSTP专线电路时延过大，双向时延（RTT）达到300ms，相比平时使用的时延水平（170ms）突增了很多。该客户业务签订的合同指标时延≤210ms，不符合SLA服务要求，而且客户认为问题持续了一段时间，有较强烈的升级投诉倾向。维护部门经查看该电路国内段落的网管状态，发现各项性能指标一切正常。后和海缆维护部门联系后发现，该业务电路经过的TPE海缆正在维修，海缆路由发生了倒换，业务工作在备用路由，导致时延明显增加。该运营商NOC和相关部门积极沟通海缆路由修复情况，并做好客户解释工作。后经过海缆组织进行海缆故障修复后，海缆业务倒换回原路由，客户业务时延恢复到原来的水平。

（1）不同场景下时延优化的要点

对于长途传输网，缩短光缆距离、减少时延的关键在于优化网络（电路）路由，减少低时延业务的路由长度。另外，实施全光网络进行交换，减少业务电层交叉、复接、转接次数，也能有效降低时延。在长途网中，由于减少物理光缆传输的距离比较困难，比较好的低时延组网方式是在核心转接节点部署ROADM、OXC等光交叉设备，构建省级二干长途传输全光网络。

对于城域传输网，除减少光缆距离外，减小设备时延也是减少时延需要考虑的一个重要方面。要考虑业务封装传送方式，核心汇聚点之间也要尽量采用全光交换网络，仅在业务汇聚侧进行电层处理。

对于数据网络，要减少时延，需要减少IP网的跳数，中间路由尽量采用传输节点设备。这是因为传输节点能实现全光交换，由于电层设备处理机制间存在差异，传输设备比数据设备时延要低很多。另外，数据网络还要通过降低网络负荷，防止网络繁忙导致设备处理能力下降，引起链路时延增大。

对于5G承载网络，应尽量采用大带宽波分组环，如前传、中传采用16×25Gbit/s单纤双向WDM。因为波分设备通过硬管道波道为每个基站提供独立的光通道，每个节点不需要像IPRAN设备那样均要进行数据分组交互，可以大幅减少环远端基站的时延；而且采用波分复用机制，所有环上的基站都可以共享一对光纤，比光纤直连方式大幅减少了光纤数量需求。此外，5G承载网络还可以通过减少传输距离满足低时延指标，一般要求：RRU-Cloud BB 距离 <30km，Cloud BB-MCE 距离 <30km，gNode B-MCE 距离 <70km。

（2）传输低时延优化策略

组网架构的优化对于网络整体时延指标的影响是最大的，通常可以从核心汇聚层、接入汇聚层和接入层 3 个层面进一步简化架构，降低网络时延。

首先，在核心汇聚层面：对核心路由进行调整，尽量减少路由距离、跳接次数、电层调度，尽量使用光层进行调度，如采用 ROADM、OXC 进行调度。核心节点之间尽量采用 100Gbit/s 以上速率的“大管道”进行连接，同时根据需要灵活配置 FEC，避免使用软判决 FEC。如在某厂家的超 100Gbit/s 系统中，采用分级 FEC 技术降低时延。

其次，在接入汇聚层面：适度使用 FEC 技术，尽可能采用诸如 VC-4 的高阶 VC 来封装 SDH 业务，能用 OTN 直接封装的就不用 SDH 封装。推广以太网 OTN 专线（EOO，Ethernet Over OTN）模式，以太网业务尽量用分组增强型 OTN 承载。

最后，在接入层面：适度使用 FEC 技术，尽可能将大带宽业务直接进行 OTN 封装后传送，运营商可考虑将接入型 OTN 设备放置在客户侧，推动 OTN 在客户侧直接落地。

业务封装方式影响时延案例：从表 3-8 中可以看到，对于同样一个 100Mbit/s 的 SDH 以太网专线（EOS）业务的传送，不同封装方式带来的时延是不一样的。一般来说，高阶封装技术能有效减少封装时延，可实现更低时延。

表 3-8　不同封装方式引起的时延差异

业务速率	封装形式	平均时延（μs）			
		64Bytes	128Bytes	512Bytes	1518Bytes
100Mbit/s	50 个 VC-12	270.32	288.27	401.12	697.51
	3 个 VC-3	86.85	104.88	210.51	488.27
	1 个 VC-4	29.46	104.88	210.51	488.27

网络低时延优化调整案例：某运营商的数据网络存在时延局部过大的问题，传输维护部门对此展开分析，对全量的数据中继电路进行路由清查，掌握各地市的平均时延情况，梳理出超过平均时延较大的电路清单。对这些电路进行分析（见表 3-9），发现在路由组织过程中，部分数据中继路由距离过长，导致了时延异常。因此，维护部门下单对异常距离电路进行了调整，使时延均压缩在可控的水平。

表 3-9　数据中继时延分析表样例

	电路时延	肇庆	云浮	茂名	湛江	阳江	江门	中山	珠海	……
广州	合理数（条）	65	62	85	105	64	182	178	146	
	超长数（条）	3	1			1				
深圳	合理数（条）	67	49	83	99	63	171	183	141	
	超长数（条）	5	2			1				

5. **低时延管理工具**

因为时延指标不像告警、性能数据那样，网管在出现告警、性能越限时会直接上报，在不主动查询时延的情况下，是感觉不到问题的。因此，运维部门应该具备网络业务时延的主动感知能力，这就需要对时延进行测试，动态掌握网络情况。目前，时延的测试有两种办法，一种是挂表环测，一种是在网管上直接读取时延数值。因为受到计算机、IP 设备处理等因素的影响，通过终端或路由器进行 PING 测的方法，并不能准确反映传输电路时延的数值。挂表测试虽然准确，但测试过程中需要中断业务，只能在需要开通业务或故障处理时使用，而且操作上需使用仪表极不方便，一般机房配置仪表数量不足以支撑大量的测试需求；网管上读取时延数值能较好地解决挂表测试问题，而且时延测试不会中断业务，但是并非所有的单板都支持在线测试，厂家一般只会在新板卡中加入对时延测试的支撑。

低时延管理工具（支撑系统）应该具备以下功能：时延测试查询能力、时延指配能力、时延预警能力等。目前中国电信 OTMS 已经支持相关的管理功能，支持时延算路测量，提供高品质、时延最优的专线业务；实现时延可查看，用户时延可感知，满足客户的时延诉求。

（1）时延地图管理

时延采集：对业务路径在线进行定期批量自动时延测试，显示测试结果。系统通过南向接口下发指令，设备完成链路的时延测量，通过接口上报系统获取链路时延信息。

时延地图展示：根据电路时延测试的结果，结合地图展示，可以获知城市之间传输链路的时延情况。

时延电路查询：对现网电路清单列出时延数据，并针对电路分段路径展示各段落的时延数据。

OTMS 时延电路查询如图 3-18 所示。

（2）时延指配能力

在业务开通过程中，OTMS 进行路由计算，推荐各种路由方案。系统在路由计算过程中能根据单板和链路时延，计算最优时延路径。若单板不支持时延测量，则以光缆距离计算链路时延（5μs/km）。在推荐路由中指出各条路由的时延参考值，通过人工确认选择使用具体路由来实现时延的指配。业务开通成功后，能自动测试端到端时延数值作为客户业务测试交付报告，如图 3-19 所示。

时延采集信息

	电路名称	调度文号	SNC名称	时延（μs）	厂家网管
1	◢ 深圳中山S-64N5068IP	760160819377869844		1158(+)	《华为》《烽火》
2	深圳中山S-64N5068IP		748-中山网管大楼-758-深圳新南头-ODU2-142935	1158	广东华为二干100G波分正式网管
3	深圳中山S-64N5068IP		1-16-中山网管大楼（OTN环一环二电层子框）.S18.L_PORT1/ODU2-1<-->1-19-中山东凤（电层子框）.S27.L_PORT1/ODU2-1-1534933857		广东烽火城域波分集中网管
4	▷ 广州中山S-64N5075IP	760160822380791842		671(+)	《华为》《烽火》
7	▷ 深圳中山S-64N6062IP	760170414592446947		1156(+)	《华为》《烽火》
10	▷ 广州中山S-64N5060IP	760160819377869746		2140(+)	《中兴》《华为》《烽火》
14	▷ 深圳中山S-64N5067IP	760160819377869764		1155(+)	《烽火》《华为》
17	▷ 深圳中山S-64N5090IP	760161128475449936		1098(+)	《华为》《烽火》

图 3-18 时延电路查询

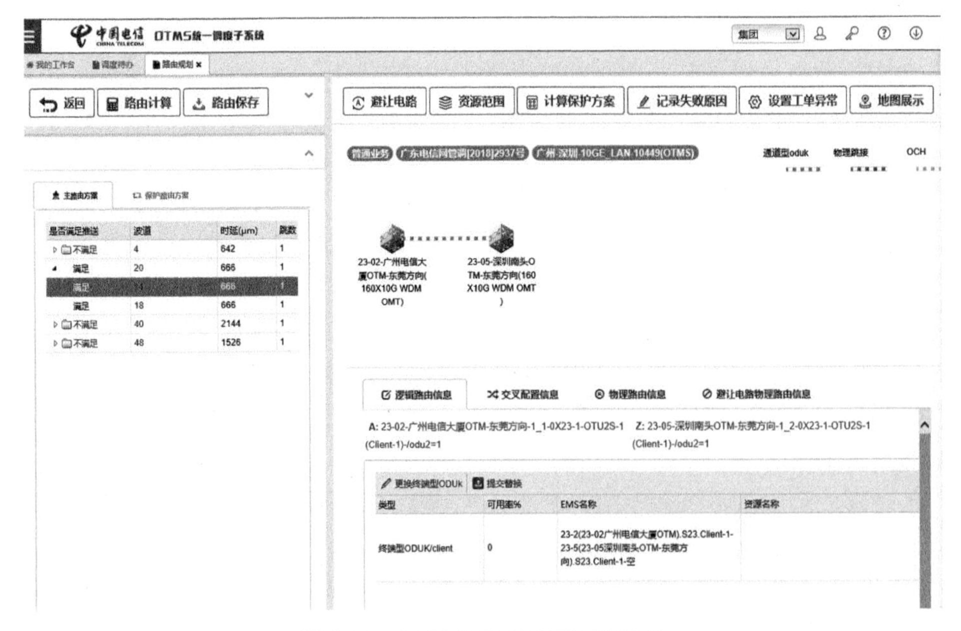

图 3-19 OTMS 自动计算路由推荐方案

3.12 传输与数据互联匹配

通信网络发展到今天，传输网承载的业务已经完全 IP 化。不管是运营商各种专业网络的局用业务，还是客户的专线业务，传输网业务的使用方都是数据业务，即所有传输通道业务端口对接的都是数据通信设备，包括交换机、路由器等。因此，研究数据和传输两种专业网络的相互关系，有助于规范运维操作，加快疑难故障处理的进程。

1. *传输和数据网络业务对接类型*

目前，对于传输的波分 /OTN 或 MSTP 网络，以太网业务在传输和数据设备的对接，主要有 LAN、WAN 和 POS 三种接口模式。

① 一般来说，LAN 接口就是数据通信交换机设备上的以太网接口，数据分组以以太帧（Ethernet Frame）格式封装。LAN 接口模式可以用裸光纤直接传送，也可以在传输设备中封装为 SHD、OTN 等帧结构传送。

② WAN 接口是传输网的接口模式，可以理解为带 SDH 帧结构的方式。数据分组以以太帧格式封装后，再封装到 SDH 的帧结构中。传输设备业务端口接收到 SDH 帧结构信号后，就可以直接通过 SDH 或波分网络传送。

③ POS（Packet Over SDH）接口模式和 WAN 接口模式的原理是一样的，其帧结构有差异，另外 POS 接口带时钟同步信息，WAN 接口则没有。目前，POS 接口的使用已经逐步减少。

采用哪种模式，要看传输业务端口及数据交换机端口是否支持，而且配置一种模式后，全程端口都要采用同样的模式配置，这样才能保证业务畅通。目前主流的是 LAN 和 WAN 两种模式，可以认为 LAN 和 WAN 两种模式的差别为 SDH 帧结构是在数据设备还是传输设备上处理。但是，对于 OTN 帧结构，目前的数据设备还不能识别处理，OTN 以太业务（EOO，Ethernet Over OTN）采用的都是 LAN 业务端口模式，在传输设备直接将以太帧映射到 OTN 帧结构。

2.5Gbit/s、40Gbit/s 速率的波分业务端口只有 POS 模式，100Gbit/s OTN 业务端口只有 LAN 模式。目前电信网络中最常用的是 10Gbit/s LAN、10Gbit/s WAN、100Gbit/s LAN 模式。

2. *倒换保护方式下的互联参数配置*

由于数据和传输对接的复杂性，在运维过程中，经常会发生传输网正常倒换而数据网络端口、协议关闭的情况。因此，网络维护人员要了解其中的关系，掌握互联参数的配置，才能在运维中快速定位并处理。

最常见的问题是，传输网的倒换（电层设备倒换都在 50ms 以内）导致数据设备的瞬断，特殊情况下还会引起数据业务无法恢复。这种情况可以理解为数据设备对传输通道太敏感造成数据业务障碍。

以下列举一些具体的情况。

① 关闭时延（Hold Off Time）。在传输设备配置保护的情况下，路由器 / 交换机端口需要配置关闭时延。通过配置关闭时延，可避免传输保护倒换完成之前短暂的业务中断导致路由器端口关闭，引起业务损伤或者不必要的重计算路由和路由倒换。具体配置数值要看传输保护倒换时间，对于传输电层保护（OLP、SNCP、ASON 等保护模式），保护倒换时间为 50ms，建议配置路由器的关闭时延为 200ms；对于 ASON 银级及以下业务，由于传输倒换时需要重新计算路由，其倒换时间为秒级，建议配置路由器的关闭时延为 1.5s；对于光层 WSON 保护，保护的恢复时间是分钟级，建议不配置路由器的关闭时延；对于存在多重传输保护的情况，要分析倒换的最长时间，并配置路由器的关闭时延大于传输倒换时间。

② 双向转发检测（BFD，Bidirectional Forwarding Detection）。路由器如果配置快速检测链路故障协议双向转发检测机制，建议配置检测时间大于倒换时间，如 100ms。对于光层 WSON 承载，建议不配置 BFD。

③ 恢复等待（WTR，Wait to Restore）。若路由器及传输设备配置恢复等待参数，即检测到路由正常后恢复原业务通道的等待时间，为避免波分链路不稳定导致路由器频繁闪断，应将 WTR 设置得较大一些。路由器 WTR 时间建议配置为 30s，波分设备建议配置为 10min。

传输与数据对接问题处理案例：某运营商在完成 IP 城域网络扁平化改造后，MSE 直接通过长途传输 10Gbit/s 通道上联省级 CR。在运维中发现部分分公司出现当传输倒换或故障后，即使传输通道已经恢复，MSE 与 CR 之间仍然中断的问题，需要人工重启路由器端口才能修复，严重影响了宽带客户感知。经过该运营商 NOC 传输维护部门、数据维护部门合作排查，并在实验室多次试验，发现出现问题的链路均采用 WAN 模式对接，当传输链路中断或倒换时，引发了 C* 厂商的 CR 路由器的软件故障，不能正常处理传输链路的告警，导致出现路由器端口吊死，在传输恢复后不能自动启用端口；而采用 LAN 模式的电路不会出现该类问题。后反馈到厂家研发部门进行研发升级后该问题得到解决。

3. 误码和分组丢失关系分析

在传统的传输网维护中，传输通道的性能是判断业务质量的基础，其中最重要的一个指标就是误码率，误码率反映的是信道的质量。在话音交换为传输承载主要业务的年代，误码率能判断话音的通信质量。随着传输网的服务对象逐步变为数据网络，维护人员发现了一个尴尬的现象，数据专业人员讲的是分组丢失率，传输人员讲的是误码率，两个专业维护人员无法顺利沟通，因此无法准确获得两者的对应关系。当然，分组丢失率和误码率肯定是相关联的，因为只有好的信道质量才能减少分组丢失率。但是，分组丢失率又不能完全和误码率等同起来，因为分组丢失率除了信道质量外，还和中间节点数据通信设备的繁忙程度、数据通道是否拥塞相关。

为便于传输专业和数据专业的维护人员提升专业技能，了解并掌握误码率与分组丢失率之间的关系，我们搭建了一个真实的网络环境，对误码与分组丢失的情况进行模拟仿真，具体的网络连接如图 3-20 所示。

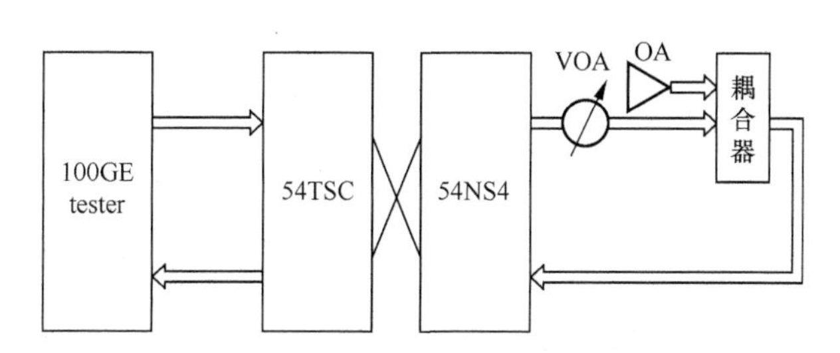

图 3-20　误码和分组丢失关系的测试环境

如图 3-20 所示的网络环境，54TSC 是 100Gbit/s 的支路业务处理板卡，54NS4 是线路板卡，中间通过交叉连接支线路端口。在线路侧通过可变光衰减器（VOA，Variable Optical Attenuator）和光放大器（OA）耦合，加入系统噪声，并在线路侧环回。支路口用 100Gbit/s 以太网测试仪表模拟以太网业务信号，通过仪表测试以太网信号的分组丢失率。

测试具体方法为：在线路侧信道中加入噪声，调节线路板 FEC 误码率为目标值，此时 FEC 纠前误码率反映了线路的误码质量；然后关闭 FEC，防止前向纠错，并测试分组丢失率。

测试结果见表 3-10。可以看出，线路误码率小于 10^{-9} 时，系统分组丢失率很低；当线路误码率为 10^{-8} ～ 10^{-7} 时，开始出现分组丢失；当线路误码率大于 10^{-6} 时，仪表就显示数据业务链路中断了。同时，分组丢失率和以太分组长度有关，数据分组越大，分组丢失率越严重。

表 3-10　以太信号传输误码率和分组丢失率的对应关系

	纠后误码率	分组丢失率						
		64bit	128bit	256bit	512bit	1024bit	1280bit	1518bit
1	4.16×10^{-10}	0.001	0.001	0.001	0.001	0.001	0.001	0.001
2	3.66×10^{-9}	0.001	0.001	0.001	0.001	0.002	0.002	0.002
3	2.13×10^{-8}	0.001	0.002	0.003	0.005	0.01	0.011	0.013
4	2.05×10^{-7}	0.01	0.015	0.026	0.051	0.087	0.117	0.142
5	1.31×10^{-6}	—	—	—	—	—	—	—

分组丢失率和误码率关系的测试结果，可以作为传输专业和数据专业的运维人员沟通的参考依据。

第4章 智能光承载网架构的演进及实践

本章主要对5G时代业务需求带动的网络变革进行阐述，展现5G业务变化引发的网络架构变革。

| 4.1 本章概述 |

4.1.1 5G 时代新兴业务需求

互联网给人们生活、工作的方方面面带来了便利，极大地促进了人类社会的进步与发展。而随着 5G 时代的到来，互联网应用越来越丰富，也带来了更加丰富的沟通方式和更加真实的业务体验。5G 网络主要有三大应用场景。

（1）增强移动宽带（eMBB，enhanced Mobile Broadband）

5G 时代最基本、最大规模的业务需求就是移动带宽，业务带宽体验从现有的 10Mbit/s 提升到 1Gbit/s，增加了 100 倍。数据中心与云计算平台为用户提供了超高清视频、虚拟现实、随时随地云存储、高速移动上网等丰富的融合通信体验，驱动 5G 网络向着提供更高带宽和更优频谱效率的技术趋势演进。

（2）超可靠、低时延通信（uRLLC，ultra-Reliable and Low Latency Communications）

uRLLC 主要涉及超低时延、高精度定位、高可靠性网络保障等关键通信场景，如车联网、工业自动化、分布式控制联网通信等，是“工业 4.0”中智能工厂和智能生产的主要需求场景。该场景对无线网、传输网、核心网的技术挑战最大，其苛刻的时延要求对 5G 网络架构影响最大。

（3）海量机器类通信（mMTC，massive Machine Type Communications）

5G的另一个典型业务需求是万物互联，包括智能家居、智能安防、智慧城市、环境监控、个人穿戴设备等智能物联网应用的海量连接。因此，承载网需要提供有保证的承载通道，实现长距离、广覆盖的连接，同时减少网络阻塞瓶颈，实现万物互联。

上述三大基本业务驱动面向5G的承载网需要满足更高要求的多样性需求场景，包括大带宽、低时延、高可靠性、低成本广覆盖、多业务综合接入、灵活易扩展以及云网协同。

4.1.2　5G时代无线接入网与核心网的架构变化

4G时代，无线接入网（RAN，Radio Access Network）由基带处理单元（BBU，Base Band Unit）和射频拉远单元（RRU，Radio Remote Unit）构成，如图4-1所示。BBU和RRU之间通过标准组织定义的通用公共无线电接口（CPRI，Common Public Radio Interface）进行对接。BBU主要由三部分构成，即端口物理层（PHY，Port Physical Layer）、实时处理（RT，Real-Time）单元和非实时处理（NRT，Non-Real-Time）单元。

在5G网络中，RAN架构需要重构，将原来BBU的NRT部分分割出来，定义为集中单元（CU，Centralized Unit），而将BBU中的RT部分以及PHY中的上层端口物理层（PHY-H，Port Physical Layer-High）合并，定义为分布单元（DU，Distributed Unit）。BBU中剩余的下层端口物理层（PHY-L，Port Physical Layer-Low）则放到RRU上，和原先的射频（RF，Radio Frequency）部分合并成有源天线处理单元（AAU，Active Antenna Unit），AAU与DU间的接口定义为增强型通用公共无线电接口（eCPRI）。

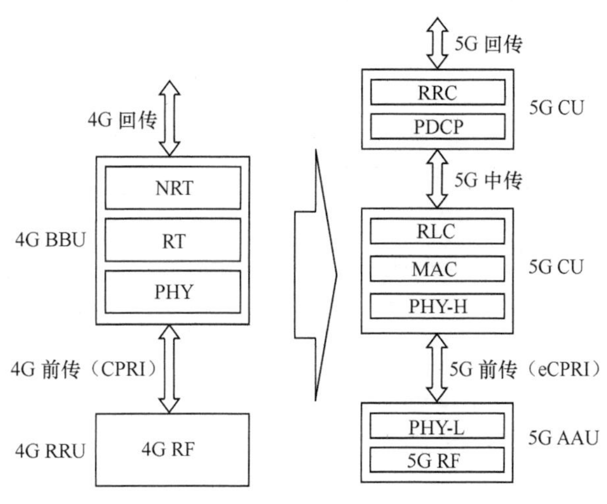

图4-1　5G RAN架构的重构

如图4-1所示，5G无线基站功能由原先的RRU、BBU两部分重组为CU、DU和RRU 3个功能模块。其中，CU主要处理非实时性部分协议，如分组数据汇聚层协议（PDCP，Packet Data Convergence Protocol）和无线资源控制（RRC，Radio Resource Control）。DU 主要处理实时性业务（如调度、寻呼、广播），包括无线链路控制（RLC，Radio Link Control）、媒体访问控制（MAC，Media Access Control）、上层 PHY 功能，以及增强 X2 接口（eX2，enhanced X2 interface，其中 X2 指无线基站之间的互联业务）、DU 和 CU 间的接口（Itf-CUDU）等接口管理。AAU 是空口部分，部署在站址，通常放于室外或者拉远放置于楼顶天面。

如图 4-2 所示，5G 时代核心网从骨干核心层（>200km）下沉到城域核心层和汇聚层，原先的 4G 演进分组核心网（EPC，Evolved Packet Core）被拆成两部分，分别为演进分组核心网控制面（EPC-C）和演进分组核心网用户面（EPC-U）。在城域，EPC-C 云化为 New Core（5G 核心网），下沉到 200km 左右的城域核心，EPC-U 云化为移动边缘计算（MEC，Mobile Edge Computing），下沉到 100km 以内的区域核心。RAN 前传 CPRI 切分成 eCPRI，BBU 拆分成实时业务的 DU 和非实时及移动切换管理的 CU，CU 云化后位置与 MEC 位置相当。由此，从当前云节点和城域汇聚和接入机房位置来看，基站到 MEC 之间的承载网时延控制在 1 ～ 1.5ms，基站到 New Core 的时延控制在 1.5 ～ 2ms，则可以开展 3 ～ 5ms 具备苛刻时延、大带宽的自动驾驶 V2X（Vehicle to Everything）和 eMBB AR/VR 等业务。

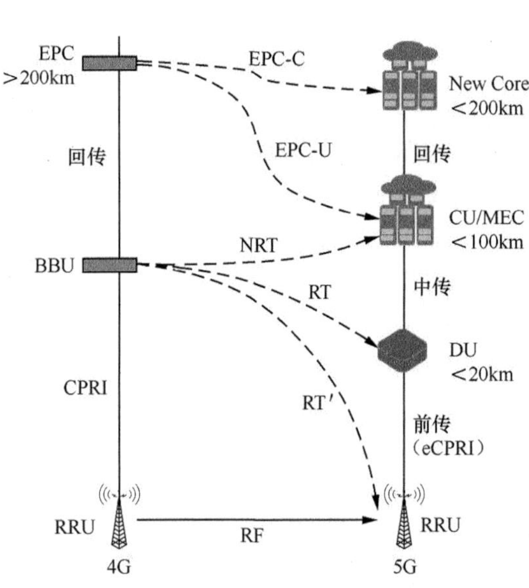

图 4-2　5G 时代核心网演进引起承载网架构变化

4.2　5G 时代智能光承载网的演进趋势

4.2.1　5G 对智能光承载网的技术要求

1. **大带宽**

带宽的增长伴随着整个移动通信的发展，4G 到 5G 的带宽增长随着频点类

型和数量的变化而变化。如图 4-3 所示，4G 站点在早期部署时通常只有 1 ～ 2 个 20MHz 频宽的 LTE 频点，到 4G 后期（4.5G 时期）将发展到 3 ～ 4 个 20MHz 频宽的 LTE 频点，因此 4G 前传（RRU 到 BBU 的连接网络）的传输带宽为 50Gbit/s，回传（BBU 和 BSC 之间的网络，可简单理解为无线基站与固定网络的连接）带宽为 1Gbit/s。而在 5G 早期，基站将在原先 3 ～ 4 个 LTE 频点的基础上增加一个 100MHz 频宽的 5G 低频频点（Sub 6G），由此前传带宽达到 100Gbit/s，回传带宽达到 10Gbit/s。而到了 5G 成熟期，站点又会再增加一个 800MHz 频宽的 5G 高频频点（Above 6G），由此前传带宽达到 200Gbit/s，回传带宽接近 25Gbit/s。

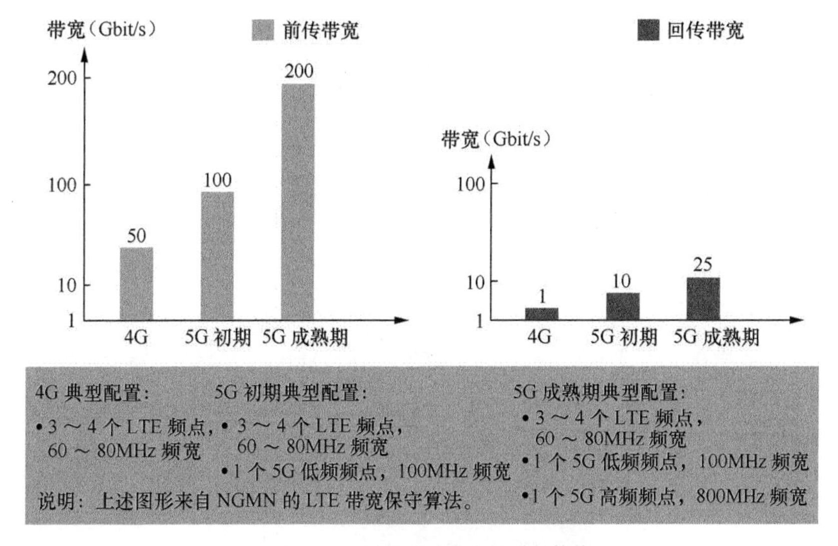

图 4-3　5G 时代移动带宽的增长趋势

2. 低时延

低时延是 5G 网络区别于 4G 网络的重要特征，目前诸多通信组织与标准机构都对 5G 时延指标进行了定义，如图 4-4 所示。

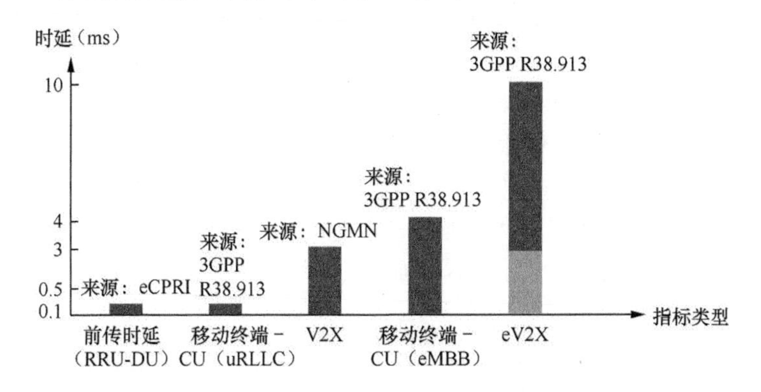

图 4-4　5G 时代不同标准和场景下的网络时延要求

由图 4-4 可见，5G 前传的时延要求最为苛刻。不同节点间的交互时延不同，如车与外界（V2X，Vehicle to Everything）的信息交换时延要求小于 3ms，而增强型车与外界（eV2X，enhanced Vehicle to Everything）的信息交换时延则为 3 ～ 10ms。此外，对于同一信息传输路径，不同业务的时延要求也不一样，对于移动终端到 CU 的传输，eMBB 场景的时延指标为 4ms，而 uRLLC 场景则要求为 0.5ms。

3. **高可靠**

5G 时代，不同业务的可用性和可靠性要求是不一样的，网络需要具备不同业务差异化的保护倒换能力。表 4-1 所示为 5G 时代不同业务对网络可靠性的要求。对于业务可用性，传统的宽带上网和视频业务，可用性要求 3 个“9”或 4 个“9”，而针对 5G uRLLC V2X、eMBB VR/AR 业务，一般需要 5 个“9”。对于金融 / 政企专线业务的可靠性，5G 网络需要具备小于 50ms 的保护倒换能力。

表 4-1　5G 不同业务对网络可靠性的要求

业务类型	可用性要求	可靠性要求
5G uRLLC V2X	99.999%	<50ms
5G eMBB VR/AR	99.999%	50ms
5G mMTC	99.99%	50 ～ 100ms
语音通话	99.999%	50 ～ 150ms
娱乐视频	99.99%	50 ～ 100ms
宽带上网	99.9%	<0.5s
云计算 / 云备份	99.999%	50 ～ 100ms
金融 / 政企专线	99.999%	50ms

4.2.2　5G 时代智能光承载网的演进方向

已经到来的 5G 时代对网络的时延和带宽都提出了较为苛刻的要求，传统的网络架构设计理念已经不能适应未来的发展，业界的共识是运营商的计算资源将进一步“池化”“云化”和集中，同时移动边缘计算（MEC，Mobile Edge Computing）将部分时延敏感的计算能力下沉到网络的边缘，利用有线 / 无线接入网络就近向用户提供电信服务，让消费者享有不间断的高质量网络体验。为适应未来多变的客户需求，我们认为“面向 5G 的智能光承载网”应从“低成本、广覆盖”“多业务综合接入”“高度灵活、易扩展”“以 DC 为中心、一跳直达”及“网络云化、云网协同”这 5 个方面加快演进。

1. **低成本、广覆盖**

5G 频谱将新增 Sub 6G 和 Above 6G 两个频段。Sub 6G 频段通常为 100MHz 频谱资源；Above 6G 频段通常为连续的 800MHz 频谱资源。受限于无线频谱的

特点，5G Sub 6G 的覆盖性能较 4G LTE 略低，理想覆盖距离为 200 ～ 300m，4G 高频的覆盖距离在 400m 左右，Above 6G 高频的覆盖距离为 80 ～ 200m。

5G 时代大量传感器、可穿戴设备的使用，带来了海量新型终端的接入，数据流量密度将爆炸式增长。同时，5G 无线频段较 4G LTE 高，因此其覆盖范围较 LTE 略低，导致基站覆盖密度将大幅度增加。因此，5G 初期会和 4G 频谱配合使用，其中 4G 频段用于广覆盖，而 5G 频谱用于大带宽，中后期会逐步提升 5G 部署密度，达到大带宽、广覆盖的理想状态。

要实现广覆盖，主要挑战在无线网络的空口（指基站和移动终端间的无线传输规范），如何实现低功耗、长距离、无阻塞的覆盖是关键。特别地，对于物联网需要的海量连接，如何用低成本的方式实现物联网小基站的连接，也是承载网技术需要解决的关键问题。

2. 多业务综合接入

传统网络往往是平行建设，即专线、移动、宽带分别建设，机房不一定重合规划建设，导致机房数量多；同一机房存在面向不同业务的网络设备，导致设备功耗大，设备间连纤多，网络运维复杂。

面向 5G 的云承载和云互联，从专线、宽带、移动架构趋同特征来看，建设一张综合承载网，在城域中接入主干光缆，移动接入网和固定接入网共用共享光缆、光交资源和管道资源，实现多业务一体化设备承载，既有利于节省机房、设备、光纤等网络投资，又能够让多种业务获得趋同的业务性能（时延、时钟、带宽等），同时还可以获得趋同的用户体验。

C-RAN、PON、专线构成的综合接入层的主要特征是树形网络，要求大带宽、低成本，同时要具备易部署和易运维特征。

如图 4-5 所示，固定接入网与移动接入网具有极大的相似性，包括以下几点。

（1）带宽需求趋同

移动基站的密度和带宽需求与固定接入网越来越接近；目标接入速率也趋同，如 5G 前传和 PON 接入趋同 10 ～ 25Gbit/s。

（2）覆盖一致

移动接入网与固定接入网的站点设置趋同，使得移动接入网和固定接入网在网络架构上趋于一致。

（3）光缆管道共用

移动接入网和固定接入网共享接入主干光缆和管孔资源。

（4）综合业务接入点局房共享

主流多业务运营商网络规划中均明确提出将综合业务接入点作为各类业务接入的综合节点。

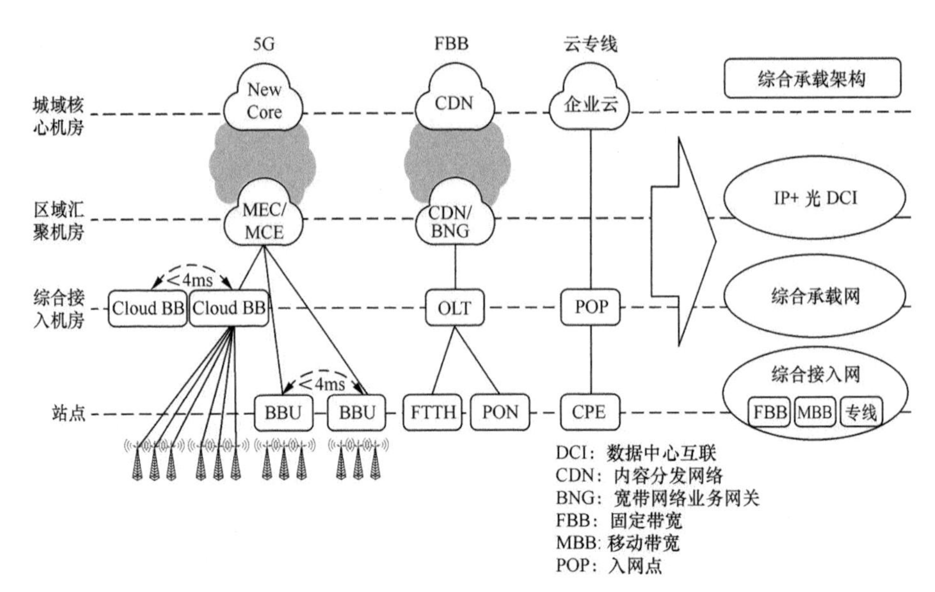

图 4-5 5G 综合承载网趋同架构

（5）5G 无线网、核心网功能节点的位置与当前宽带承载趋同

5G 核心网、固定带宽的 CR 节点和云专线的云服务器位置趋同，5G 承载 MEC/MCE 与固定接入 BNG（Broadband Network Gateway）位置趋同，5G 承载 Cloud BB 和 OLT 位置趋同。

3. *高度灵活、易扩展*

在 5G 网络下，不同类型的业务要求网络提供不同的差异化服务，如 uRLLC 类业务要求网络提供超低时延，而 mMTC 类业务要求网络支持低成本、大连接等，这就需要引入“网络切片”技术。在 5G Phase 2 的 R16 标准中会明确覆盖车联网、工业互联网以及高可靠性、超低时延应用的相应规范，以满足不同类型业务的 SLA 服务要求，降低网络建设成本和运维成本。为此，5G 承载网络的架构必须具备高度的灵活性和可扩展性，能够适配业务在网络不同段落的需求和特性。

如前传网络应主要具备大带宽接入和硬管道能力，而中传和回传网络则需要具备带宽收敛、业务切片、路由转发、灵活组网等能力。随着频谱资源大量增加及空口技术提升，5G 网络的基站能够接入的总带宽明显增加，单基站接入的平均速率增加到 3 ～ 5Gbit/s，峰值速率增加到 10Gbit/s 以上。5G 中传（5G 网络中 CU 和 DU 之间的连接，也称作二级前传）、回传带宽也相应增加，但中传、回传带宽与终端用户的实际带宽强相关，所有基站不可能同时达到最大带宽，所以中传、回传网络与 2G/3G/4G 回传网络相同，也需要进行带宽收敛。

4. *以 DC 为中心、一跳直达*

随着互联网以及云业务的快速发展，未来几年，DC 间的流量增长速度将超

过 50%，DC 之间的流量将成为传送骨干网的主要流量，传统电信业务基于行政区划建网的模式，将转向以 DC 为中心的重构骨干网。因此，大部分网络节点之间的 Mesh 互联，业务一跳直达，尽量减少业务经过的网络节点来降低时延，以保证 DC 间数据的实时交换，满足未来云业务的高实时性要求。

5. 网络云化、云网协同

5G 时代，eMBB/uRLLC/mMTC 业务对网络的带宽、时延等要求差异较大。例如，以自动驾驶为代表的超低时延业务要求时延在毫秒级，以 AR/VR 为代表的超高带宽业务带宽需求在 Gbit/s 以上，传统的核心网集中高置的方式无法满足低时延业务需求，也会带来传输带宽的浪费。因此，5G 时代网络云化是一个特征，承载网需要支持内容分发网络（CDN，Content Delivery Network）下移，核心网云化。

核心网 MEC 与 New Core 网层的云化将同时方便内容的下移，可以将 CDN 部署在 MEC 位置，提升 UE 访问内容的效率和体验，并减少上层网络的流量压力。但同时，MEC 由于下沉而数量增加，不同的基站业务回传可能归属不同的云。

4.3　5G 时代智能光承载网的架构和方案

4.3.1　无线接入网的整体架构

1. 3 种无线接入网架构

5G 承载网应遵循固移融合、综合承载的原则和方向，与光纤宽带网络的建设统筹考虑，在光纤光缆、机房等基础设施以及承载设备等方面实现资源共享。综合考虑运营商本地光缆网结构和现网基站部署方式，可将 5G RAN 组网场景归结为以下 3 种。

（1）C-RAN（Centralized RAN，集中式无线接入网）大集中

DU 集中部署在一般机楼 / 接入汇聚机房，一般位于中继光缆汇聚层与接入光缆主干层的交界处。大集中点连接基站数通常为 10 ～ 60 个。

（2）C-RAN 小集中

DU 集中部署在接入局所（模块局、POP 等），一般位于接入光缆主干层与配线层交界处。小集中点连接基站数通常为 5 ～ 10 个。

（3）D-RAN（Distributed RAN，分布式无线接入网）

DU 分布部署在宏站 D-RAN，接入基站数为 1 ～ 3 个。

由于 5G 载频的覆盖范围远小于 4G 频段，5G 站点的密度大幅增加，因此要考虑节省光纤、站址等资源。此外，由于站点增多，要考虑安装和运维的简化，方案最好具备免配置、节省机房、免波长规划等特性。

2. C-RAN 架构优势

面对未来 5G 的 DU 集中趋势，C-RAN 架构将被普遍认为是发展趋势，将显著降低网络最优 TCO，同时提升网络性能和协同效率，应对移动流量的增长。

① C-RAN 使远端站点简化，减少基站室外机房数量和站址租用成本，升级维护工作可以在机房内操作完成，降低了网络维护成本及网络整体能耗。此外，还可以缩短建网时间，业务快速上线，基站处无须建设室外机房，有源天线单元（AAU，Active Antenna Unit）设备安装快捷，维护简单。

② 基站间协同业务较多，比如站间协同多点传输（CoMP，Coordinated Multiple Points）、站间基于功控的联合调度（CSPC，Coordinated Scheduling based Power Control）等。在 DU 集中部署区域内，利用多点协同处理技术，综合利用多个小区的时频域、空域、功率域资源实现站间干扰消除，抑制小区边缘同频干扰，提高小区边缘的数据传输性能，使用户获得更好的上网体验。

C-RAN 除了拥有最高效匹配的网络架构外，还需具备以下功能，以满足 5G 特有的网络稳健性和业务承载力需求。

（1）保护机制

5G 移动前传网络也应提供与之相当的可靠性和管理功能。前传承载网应当提供可靠的保护、自动倒换以及光纤链路管理功能。在 C-RAN 构架下，集中式 DU 支持大量基站站点，连接 AAU 和 DU 间的光纤较长，任何一点光纤故障都将导致相应 AAU 退服。为保证在光纤单点故障条件下 AAU 仍可以正常工作，DU 和 AAU 间的前传链路应具备保护能力，通过不同管道的主—备光纤路由，实现前传链路的实时备份、容错容灾。

（2）OAM 功能

移动前传网络位于运营商网络的最底层和边缘，维护力量相对较小，需要承载网具备相应的 OAM 能力，保障性能监控、告警上报和设备管理等网络功能，且能维护界面清晰，同时网络管理及控制必须尽量简便、高效。

（3）设备形态及安装需求

在 DU 集中部署中，AAU 设备形态和安装方式较多，包括室内型和室外型，室外型又有挂塔、抱杆和挂墙等多种安装方式。对于室外型 AAU 设备，相应的前传设备也需要具备室外安装形态，且具备与 AAU 相同的室外防护（防水、防尘、防雷等）和工作环境（更宽的工作温度范围等），这是传统的传输设备不需要考虑的。另外，对于室外型设备，安装方式也要尽量简化，以便于施工操作，

且不需要过多安装及维护人员配置，能够自动实现波长匹配、业务及速率匹配等智能化功能。

（4）多业务支持能力

随着固移融合逐步深入，尤其是国家宽带战略的加速，综合业务接入点既作为无线宽带接入机房，又作为固定宽带接入机房，因此要求移动前传解决方案在支持 AAU 接入的同时，还必须具备综合业务接入能力，尤其是在室内型 AAU 站（楼宇、园区），会同时存在无线接入需求和固定接入需求（专线用户等）。

目前，几大运营商在 4G 建设中都大力推进 BBU 集中部署，以中国电信为例，其 4G 网络已有超过半数基站采用 BBU 基站集中部署方式，因此在资源条件具备和保障无线网络可靠性的前提下，建议优先选择 C-RAN 的组网方式，以节省机房租赁成本，实现基站的快速部署，提高跨基站协同效率。

4.3.2　前传承载的网络架构和技术方案

面向 5G 的前传承载技术方案，首先要解决的是端口带宽需要满足 25Gbit/s eCPRI 的传输。在光纤资源充足的情况下或 D-RAN 场景中，5G 前传方案以光纤直连为主；当光纤资源不足、布放困难且在 C-RAN 场景时，为降低总体成本、便于快速部署，可采用 WDM/OTN 技术承载方案。

WDM 技术承载方案的基本思路是采用 WDM 技术节约光纤资源，具体实现形态包括无源 WDM、有源 WDM/M-OTN 和 WDM PON 3 种。

① 无源 WDM 方案直接用彩光模块连接 AAU 和 DU 设备，通过外置的无源合 / 分波板卡完成 WDM 功能，缺点是要求每个彩光模块必须准确对接合 / 分波器上与其波长一致的端口，并需要人工逐一确认，而且无源 WDM 的维护管理能力弱，故障定位难。

② 有源 WDM/M-OTN 方案将 AAU 和 DU 连接到 WDM/M-OTN 设备上，通过 M-OTN 开销实现高效运维和管理，同时具备保护倒换能力。

③ WDM PON 方案可以充分利用 FTTx 点到多点组网拓扑，AAU 接入 ONU 终端设备或模块化 ONU（SFP+ 模块），DU 连接到局端 OLT 设备。

本书重点介绍 WDM/M-OTN 实现面向 5G 的前传承载的技术方案。

如图 4-6 所示，在 DU 机房配置室内盒式接入型 OTN 设备，在 AAU 站点侧采用全室外 FO（Full Outdoor）设备和 AAU 抱杆共柜。WDM/M-OTN 有源前传方案主要有以下几个优势。

① 客户侧采用灰光模块和 AAU/DU 对接，实现 CPRI、eCPRI、SDH 和 Ethernet 等多业务接入，满足 4G 基站（eNode B）/5G 基站（gNode B）、企业专线、

OLT 上联综合接入诉求。线路侧对客户侧低速信号进行带宽汇聚，采用先进的离散多频音（DMT）、4 级脉冲幅度调制（PAM-4）等技术降低器件成本，实现单端口 100Gbit/s+ 的线路输出，节省了大量光纤资源（通常在 90% 以上）。而且，不需要光放大器、合 / 分波器（Mux/Demux）等器件。

② 采用 OTN 网络保护，可以提高前传网络的可管理性和可靠性。OTN 开销可以同时提供光层保护（OLP）和电层保护（ODU*k* SNCP），支持 FEC 等多种保护机制以及光时域反射仪（OTDR，Optical Time Domain Reflectometer）进行监测，比无源彩光功能更全、性能更好、可靠性更高，非常适用于某些具有超高运维管理要求的场景，如高品质专线业务。

③ 由于采用有源方式，前传汇聚系统有更大的空间和配置能力来实现更灵活的功能控制，而无须局限于彩光模块的功耗、尺寸。通过 FO 方式共站址，不占用额外机房空间，在实际空间资源占用上和无源方式保持一致。

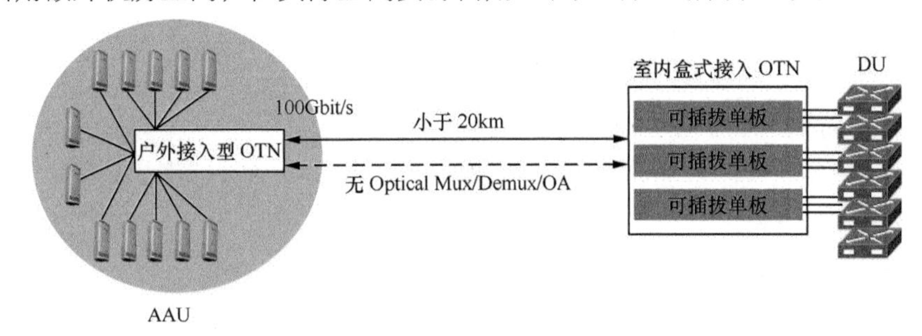

图 4-6　WDM/M-OTN 方案架构

5G 时代，针对 WDM/M-OTN 有源前传方案，还可以引入新的远端通信监控机制来实现运维的高效性和简单化，其实现方式是在高速传输信息通道中增加一个额外的子信道，该信道在综合接入机房的控制设备和远端 5G 接入点（AAU）之间建立起实时的通信与控制机制。远端 5G 接入点（AAU）会实时向综合接入机房的控制设备反馈其运行状态（各端口类型、业务配置、端口占有率等），同时综合接入机房的控制设备可以根据反馈信息发送控制信号，实现 AAU 端口切换、速率调节、功率调整、信号时隙控制等，由此实现对 5G 远端接入点的远程自动化控制和管理，极大地减轻运营商在 5G 站点密度比 4G 大幅度增加情况下的运维压力。

4.3.3　中 / 回传承载的网络架构和技术方案

5G 中 / 回传主要考虑 IPRAN（无线接入网 IP 化）和 OTN 两种承载方案，初期业务量不太大，可以首先采用比较成熟的 IPRAN，后续根据业务发展情况，

在业务量大而集中的区域采用 OTN 方案。

IPRAN 方案：沿用现有的 4G 回传网络架构，支持完善的二、三层灵活组网功能，产业链成熟，可支持 4G/5G 业务统一承载，易与现有承载网及业务网衔接。如可通过在回传接入层按需引入长距离、高速率（如 25/50/100Gbit/s 等）接口，满足 5G 的大带宽承载需求；通过引入 FlexE 接口以支持网络切片；通过引入 EVPN、SR 优化技术及 SDN 架构，以简化控制协议，增强业务灵活调度能力。

OTN 方案：可满足高速率需求，在已经具备 ODU*k* 硬管道、以太网 / MPLS-TP 分组业务处理能力的基础上，业界正在研究进一步增强路由转发功能，以满足 5G 端到端承载的灵活组网需求。对于已部署的基于统一信元交换技术的分组增强型 OTN（PeOTN，Package enhanced OTN）设备，其增强路由转发功能可以重用已有的交换板卡，但需开发新型路由转发线卡，并对主控板进行升级。ITU-T 正在研究简化封装的 M-OTN 技术和 25/50Gbit/s FlexO 接口，用于降低 5G 承载 OTN 设备的时延和成本。此外，OTN 方案支持“破环成树”的组网方式，根据业务需求配置波长或 ODU*k* 直达通道，从而保证 5G 业务的速率和低时延性能。

4.3.4　核心网承载的网络架构和技术方案

相比 4G 核心网，5G 核心网的主要演进是网络云化及移动边缘计算（MEC）的引入，原先处于省中心区域的数据中心（DC，Data Center）的部分功能将下沉到城域网，包括城域核心 DC、边缘 DC，甚至接入局所，这就需要承载网提供更为灵活的组网功能。5G 核心网元在省内的互联由回传网络统一提供，省际互联方式需要与 DC 间互联网络统筹考虑。未来，随着横向流量及调度维度数的增加，需要协同 ROADM/OXC 实现灵活的大带宽云互联，并需要 SDN 实现 IP 和 ROADM/OXC 的流量和方向协同。通过 ASON/WSON 提升网络可用性和可靠性，满足网络可靠性达到 99.999% 的要求，通过基于 IPRAN+OTN+OXC 的业务 / 波长 / 光纤 / 网络 4 层运维架构提供光网络完善的运维系统。综上，5G 时代核心网承载演进为基于数据中心互联的网络新架构，主要有两类：

- 核心大型数据中心互联；
- 边缘中小型数据中心互联。

1. **核心大型数据中心互联方案**

大型数据中心承担着 5G 海量数据长距离的交互功能以及流量灵活调优功能，对承载网的核心诉求为长距离、高可靠、大容量（大于 10TB）和分钟级业

务开通能力。

通过核心 DC 间互联构建高效的回传网络，首先应考虑东西向流量的高速穿通，此时应采用高维度 ROADM 进行 Mesh 化组网设计，实现 DC 间光层一跳直达，减少电层转接，以降低中间大量的业务电路穿通端口成本，同时确保 DC 间的电路时延最低，如图 4-7 所示。

随着核心节点 DC 业务的多样化，数据中心互联（DCI，Data Center Interconnection）间流量会进一步增大，预计每年将以 50% 的带宽增长率增长，因此回传网络需结合 OTN 技术以及 100Gbit/s、200Gbit/s、400Gbit/s 高速相干通信技术，通过立体多平面的建网方式灵活部署以及扩容，即平面内基于光电 Mesh 高速互联，平面间通过大容量集群 OTN 转接实现资源灵活调度，业务接入通过不同平面实现流量均衡，如图 4-8 所示。

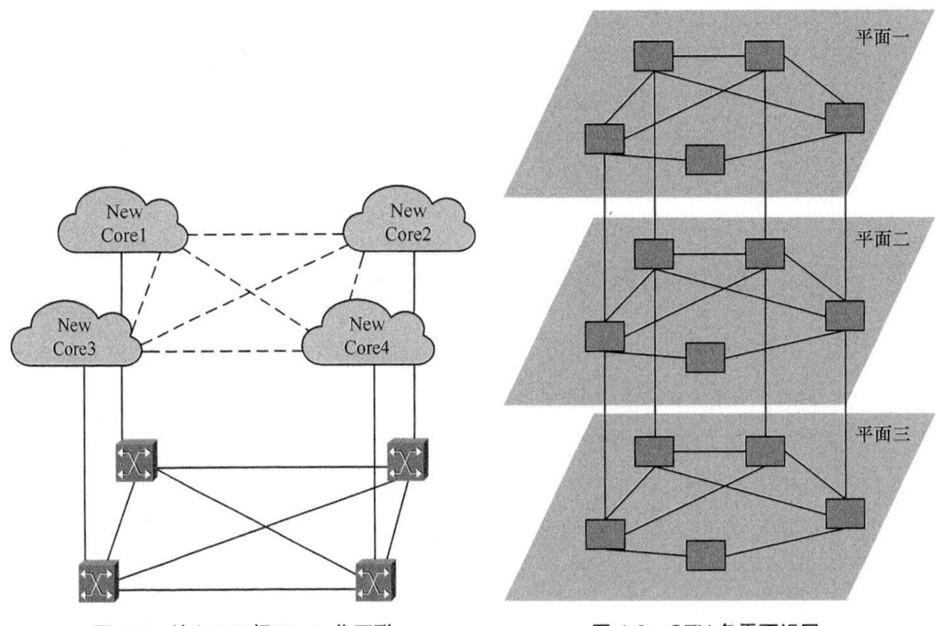

图 4-7　核心 DC 间 Mesh 化互联

图 4-8　OTN 多平面组网

2. 边缘中小型数据中心互联方案

5G 时代，随着越来越多的应用产生，大型数据中心的负担越来越重，因此将局域小规模数据计算能力下沉至边缘，一方面能缓解核心数据中心节点功耗、体积、运算能力等压力；另一方面，小规模数据处理贴近最终用户，能有效缩短网络时延。因此，5G 回传边缘中小型数据中心互联方案可考虑按照以下 3 个阶段演进。

① 5G 初期，边缘互联流量较小，以树形汇聚到核心 DC 调度为主，但需要

考虑到接入业务种类繁多，以及颗粒度的多样化。可利用 PeOTN 或 IPRAN 直接提供边缘汇聚和互联，保证带宽高效率利用的同时提供物理隔离的切片网络，如图 4-9 所示。

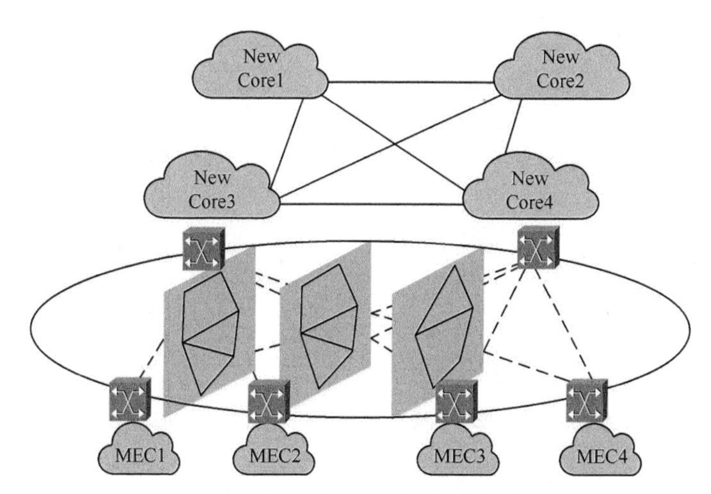

图 4-9　5G 初期中小型 DC 互联方案

② 5G 中期，本地业务流量逐渐增大，需要构建边缘 DC 间的 Mesh 互联，即通过 IPRAN+OTN/PeOTN 构建网络节点，通过光层 ROADM 进行边缘 DC 之间半 Mesh 或全 Mesh 互联，业务在 MEC 间直接调度。由于这个时期链接维度数量较小，适合采用低维度 ROADM（如四维或九维）。此时，回传数据中心网络分为两层（核心 DCI 层与边缘 DCI 层），两层之间仍以树形拓扑为主，如图 4-10 所示。

③ 5G 后期，云业务的智能化要求承载网调度更灵活，因此需要在全网范围内进行流量调度以及调优。此时需要在全网范围内部署高纬度 ROADM 或下一代 OXC 全光背板交换技术，实现边缘 DC、核心 DC 之间的全光连接，以满足业务的低时延、按需调度、云网协同的一站式业务开通需求，如图 4-11 所示。

3. 数据中心互联 DCI 保护方案

如图 4-12 所示，考虑到数据中心业务种类的多样性，不同业务对网络的可靠性要求也不同，此时推荐采用 ASON 保护且基于不同的网络切片提供不同的 SLA 保护等级。

- Level 1：永久 1+1 保护，也称永久钻石级保护，抗 N 次故障，恢复时间 <50ms；
- Level 2：1+1 保护 + 重路由，也称钻石级恢复保护，抗 2 ～ N 次故障，恢复时间 <50ms；

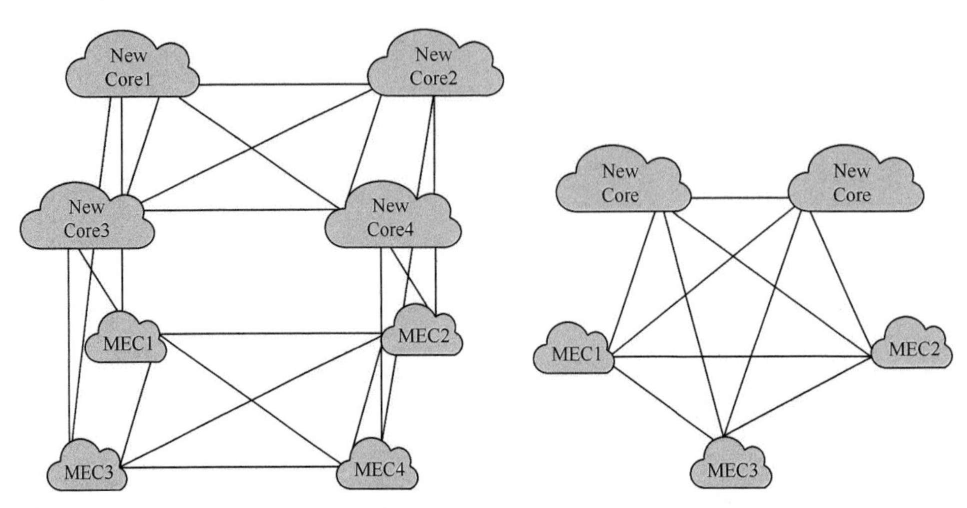

图 4-10　5G 中期中小型 DC 互联方案　　图 4-11　5G 后期全网 DC 互联方案

- Level 3：1+1 保护，也称钻石级保护，抗一次故障，首次恢复时间 <50ms；
- Level 4：重路由，也称银级保护，抗 *N* 次故障；
- Level 5：无保护。

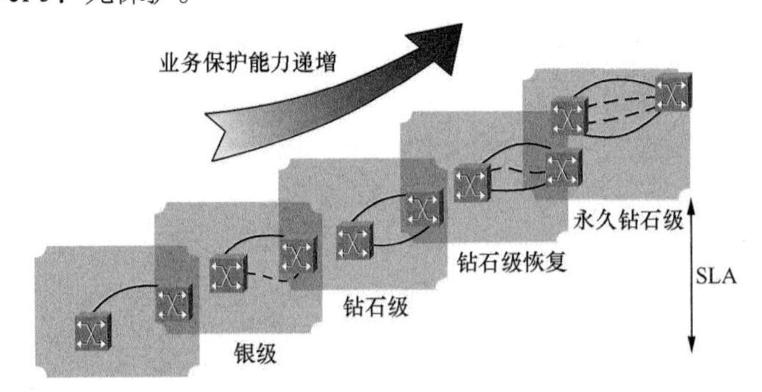

图 4-12　ASON 保护等级

核心数据中心之间全 Mesh 互联，业务非常重要，因此在网络安全性的保障上推荐采用光层、电层双重保护，即 Level 1 永久 1+1 保护，使保护效果与保护资源配置最优化。

① 光层 WSON 通过 ROADM 在现有光层路径上实现重路由，抵抗多次断纤，无须额外单板备份；

② 如图 4-13 所示，电层 ASON 通过 OTN 电交叉备份能够迅速倒换保护路径，保护时间 <50ms，因此只要网络资源足够，ASON 控制平面就能为业务提供永久 1+1 保护能力，使网络可靠性高达 99.999%。

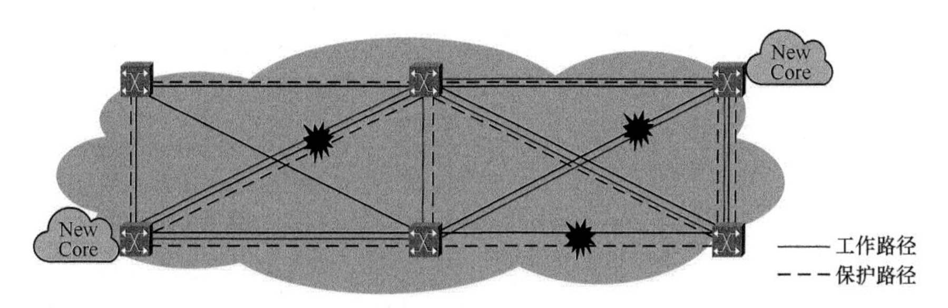

图 4-13　ASON 保护方案

4. 数据中心互联简化运维方案

由于本书主要介绍智能光承载网，因此该部分内容主要聚焦于光网络和光层技术对数据中心运维和管理的简化。

（1）基于业务的端到端简化运维方案

如图 4-14 所示，借助 OTN 丰富的 OCh 开销、OTU*k* SM 开销和 ODU*k* PM 开销，配合简单的网管操作，波分承载网络的 E2E 业务监控和管理得以实现，使得业务层运维更简单。

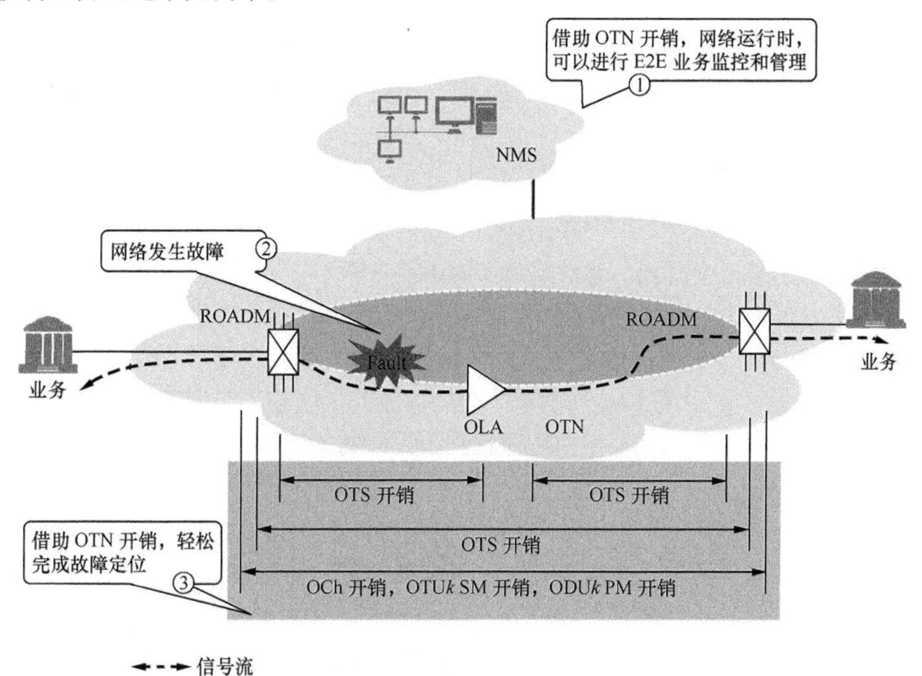

图 4-14　基于业务的端到端简化运维方案

（2）基于波长增加开销或者带外监控信息的技术

如图 4-15 所示，对于一个典型的波长收发系统，在光发射端，将由光转换器单元（OTU，Optical Transponder Unit）发出的某一波长光信号调制上一个低频的幅度信号（图 4-15 左下角的信号 A），则该低频幅度信号即表征该波长的基本信息，如波长数值以及传输路径的源、宿信息等，调制后光信号如图 4-15 左下角信号 B 所示。在光接收端（如图 4-15 右下角所示），接收到的带有波长信息的光信号经过光电二极管（PD，Photonic Diode）转换成模拟电信号，再经过跨阻放大器（TIA，Trans-Impedance Amplifier）线性放大后，通过模拟—数字转换器（ADC，Analog-to-Digital Converter）转换成数字信号，最后经数字信号处理（DSP，Digital Signal Processing）后提取出相应的波长信息。由此，可以进行波长物理路径的自动发现、自动跟踪、自动配置，实现波长资源的可视化管理，进而简化光层网络的配置，降低系统管理的复杂度。

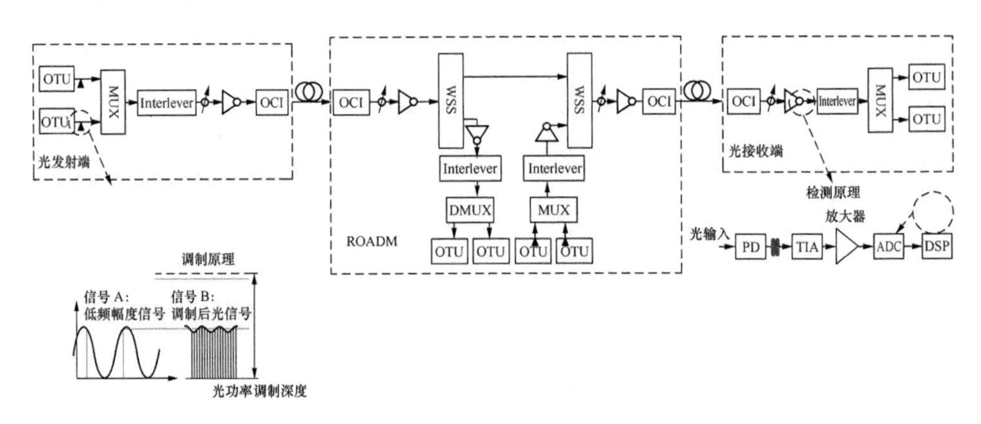

图 4-15　基于波长增加开销或者带外监控信息的技术

（3）基于整根光纤提供光纤质量监测解决方案

采用 OTDR 技术，由光源发射探测光到光纤上，然后通过检测该光纤上返回的微弱信号，得到探测曲线。曲线横轴是时间，对应返回光的位置（即光纤对应检测点的距离），纵轴是光功率，对应返回光的强弱。不同的光纤状态会影响返回光的强度，所以要根据曲线形状判断光纤的长度、损耗、故障等信息。

如图 4-16 所示，光纤信息监控是波分产品提供的一种光纤质量监测解决方案，采用在线 OTDR 技术，将 OTDR 探测信号调制在光监控信号或者带外波长上，实现 OTDR 与 OSC 同波长传输，两者功能互不影响，且不影响业务，集成度高，可实时、在线监控。

如图 4-17 所示，基于整个光层承载网络，WDM/OTN 设备通过 OSC 单元提供专用光监控信道，传递各网元间的监控和管理信息，OSC 占用专门的波长（监测信道波长为 1491nm、1511nm）传递整网监控、OAM 信息，与业务信号相互独立，从而提供设备管理、设备的运维参数的监控、整网时钟的管理监控、业务的光功率、链路衰耗的在线监测能力。

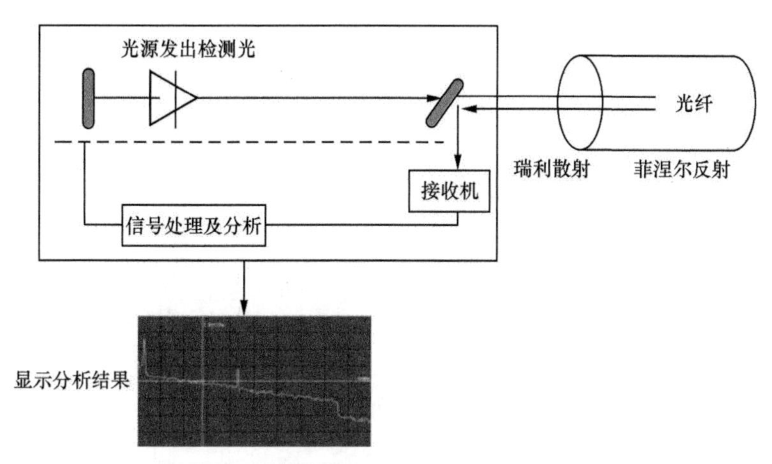

图 4-16　基于整根光纤提供光纤质量监测解决方案

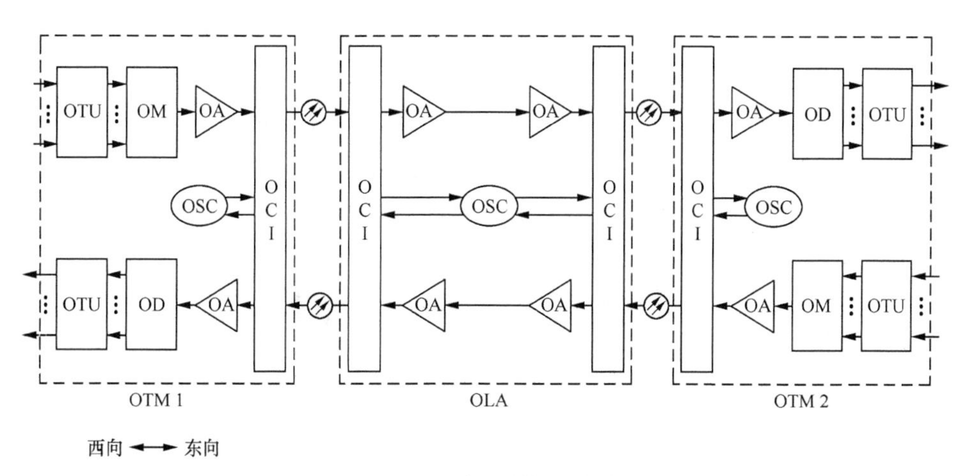

图 4-17　综合光性能监控架构

如图 4-18 所示，OTN 系统具有完善的光性能监控流程，包括随路性能检测功能、免仪表监控业务端到端光信噪比（OSNR）、全网自动监控光层性能。随路性能检测系统需要硬件和软件两部分相互配合协同完成：硬件部分完成网络的光性能实时监控、实时上报，执行相关调节的操作，接受软件的统一调度；软件部分集成在网管上，用户通过网管操作界面下发全网的性能监控配置命令，随路性能检测搜集到各网元上报的光性能数据后，完成数据的性能分析并图形化呈现。

此外，通过 ROADM/OXC 技术，在光层实现无色、无向、无阻塞和灵活栅格的波长调度，最大限度地解决波长业务上下路和调度时的种种物理因素的限制，为波长业务的调度增加了灵活性。同时，基于硅基集成光学的光背板技术，可以实现光交叉设备内的无纤化连接，提升光方向板卡的集成度，匹配数据中心波长智能连接调度的需求。

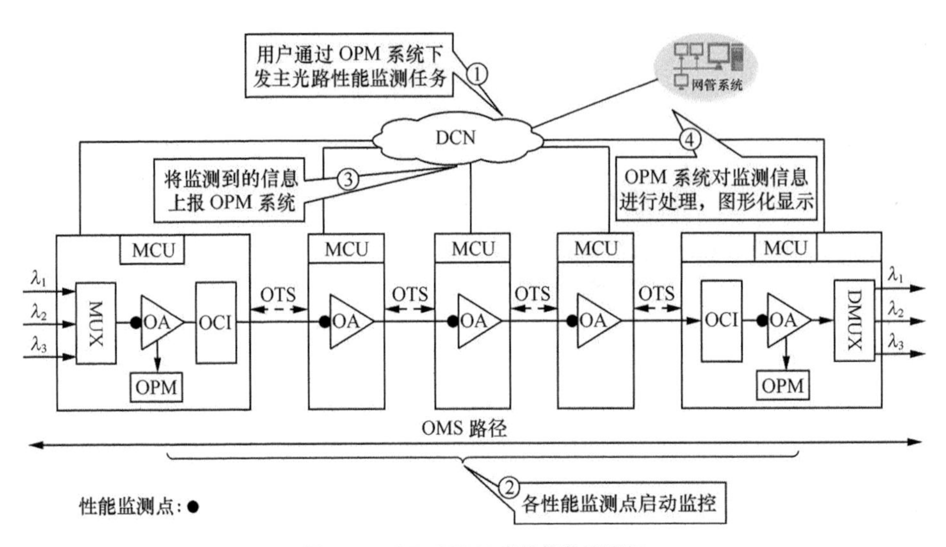

图 4-18　OTN/WDM 光性能监控流程

4.4　某地市 5G 承载试验网实践

2018 年，某运营商在某地市进行了 5G 试验区域的初步建设规划，主要考虑了面（连续区域）、线（机场高速）、点（具体业务区域）。预计覆盖基站规模共计 100 个，包括市区 CBD 段 38 个、机场至市区 CBD 段部分路段 35 个、大型企业 A 17 个，以及预留给部分可能有业务需求的热点 10 个，见表 4-2。

表 4-2　某地市 5G 试验区规划站点

区域名称	面积 / 长度	合计 / 个
市区 CBD 段	4.86km^2	38
机场—市区 CBD 段部分路段	27km	35
大型企业 A 区域	2.24km^2	17
其他业务需求预留		10
合计		100

4.4.1 区域地理情况和网络分析

该地市区 CBD 段的百米高楼共计 20 余栋，人口密集，高收入人士众多。机场—市区 CBD 段部分路段，途径高速公路和部分市区繁华路段。大型企业 A 位于该地市郊区，包括生产车间以及研发中心在内，工业园占地约 2.24km^2。

1. 4G 网络站址分布

该地市区 CBD 段共有 4G 站点 308 个，其中宏站 69 个、微小站点 14 个、室分站点 225 个；宏站物理点站间距 263m；宏微物理点站间距 241m。机场—市区 CBD 段部分路段长 27km，该段区域共有 4G 站点 143 个，其中宏站 143 个、微小站点 1 个；宏站物理点站间距 375m，宏微物理点站间距 370m。大型企业 A 区域共有 4G 站点 37 个，其中宏站 17 个，微小站点 5 个，室分站点 15 个；宏站物理点站间距 402m。

2. 现网数据业务情况

该地市区 CBD 段 LTE 高流量小区共 403 个，涉及 136 个站点，其中宏站有 193 个小区、52 个站点；微小站点有 25 个小区、13 个站点，室分站点有 185 个小区、71 个站点。机场—市区 CBD 段部分路段 LTE 高流量小区共 259 个，涉及 105 个站点，全部为宏基站。大型企业 A 区域 LTE 高流量小区共 75 个，涉及 24 个站点，其中宏站有 54 个小区、15 个站点；微小站点有 3 个小区、2 个站点，室分站点有 18 个小区、7 个站点。

4.4.2 传输组网规划原则

5G 试点传输组网方案继承了 LTE 组网方案，如图 4-19 所示。其中，带宽计算采用接入、汇聚、核心比为 8∶2∶1 的收敛比测算。

1. 接入层

新建接入环接入 5G 试点基站，每接入环有 6 个节点站，每节点按平均 2 个 5G 站点规划，整环接入 12 个站。如图 4-20 所示，接入层规划包含 D-RAN 和 C-RAN 场景，优先选择 C-RAN 场景，BBU 集中点选点综合业务接入机房，考虑无线站间协同及 Full Mesh 互联需求，建议成环组网。

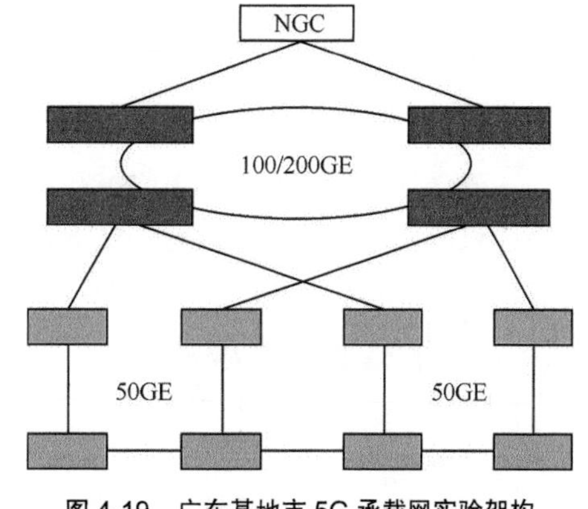

图 4-19　广东某地市 5G 承载网实验架构

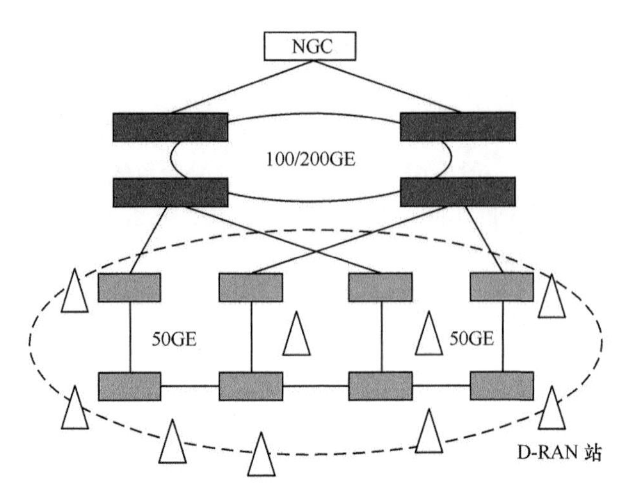

（a）5G 承载试验 D-RAN 场景

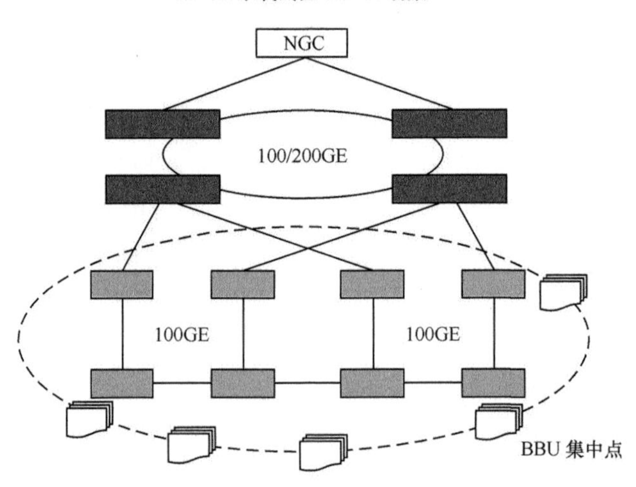

（b）5G 承载试验 C-RAN 场景

图 4-20　接入层规划的 D-RAN 和 C-RAN 场景

2．汇聚 / 核心层

汇聚 / 核心层需具备 100/200GE 网络承载能力，同时在核心层预留端口对接 5G 核心网，采用 $N\times10$GE 或 40GE 端口与核心网对接。

4.4.3　带宽及组网规划

1．规划前提条件

- 高标准：上 / 下行边缘速率为 10/100Mbit/s；低标准：上 / 下行边缘速

率为 2/40Mbit/s；

- 区域覆盖率：95%；
- 单站平均下行速率：3Gbit/s 且峰值可达到 7Gbit/s，传输带宽的规划主要依据单站平均速率和峰值速率进行计算。

2. 规划原则

传输带宽规划采用新建接入环承载 5G 站型，上联到就近的汇聚点，打通与核心层的链路，带宽需求原则如下。

- 按照 5G 试点单站带宽需求：均值带宽为 3Gbit/s，峰值为 7Gbit/s。
- 按照 4G 单站带宽需求：均值带宽为 80×3(三载波)=240Mbit/s，峰值为 1Gbit/s。
- 单接入环带宽需求：按单接入环 6 个节点站，每节点平均带 2 个 5G 站，整环接入 12 个站，接入环带宽为 3Gbit/s×11+7Gbit/s×1=40Gbit/s。

3. 试点带宽测算和组网规划

（1）市区 CBD 段带宽和组网规划

共部署 38 个 5G 站点，其中 10 个为 BBU 集中方式，采用 C-RAN 方案，其余为 D-RAN 方案部署，按照以上算法，共需部署 3 个接入环，包括：

- 2 个 D-RAN 站点接入环，带宽需求为 40Gbit/s，采用 50GE 组环；
- 一个 D-RAN+C-RAN 接入环，共接入一个 C-RAN 站点（10 个站集中）+4 个 D-RAN 站点共 14 个站，带宽需求为 3Gbit/s×13+7Gbit/s×1=46Gbit/s，为后续扩容考虑，采用 100GE 组环。

汇聚链路带宽规划：汇聚点带 38 个站，共 3 个接入环（接入网、汇聚网、核心网收敛比为 8∶2∶1）。汇聚层上联带宽需求：（2×40+46）×2÷8=31.5Gbit/s（未考虑 4G 站接入）。该地市 CBD 段组网拓扑如图 4-21 所示。

（2）机场—市区 CBD 段部分路段带宽和组网规划

共部署 35 个 5G 站点，其中 10 个为 BBU 集中方式，采用 C-RAN 方案，其余为 D-RAN 方案部署，按照以上算法，共需部署 3 个接入环，包括：

- 2 个 D-RAN 站点接入环，带宽需求为 40Gbit/s；
- 一个 D-RAN+C-RAN 接入环，共接入一个 C-RAN 站点（10 个站集中）+ 一个 D-RAN 站点共 11 个站，带宽需求为 3Gbit/s×10+7Gbit/s×1=37Gbit/s，建议采用 50GE 组环。

汇聚链路带宽规划：汇聚点带 35 个站，共 3 个接入环（接入网、汇聚网、核心网收敛比为 8∶2∶1）。汇聚层上联带宽需求：（2×40+37）×2÷8=29.25Gbit/s。该地市机场—市区 CBD 段部分路段组网拓扑与图 4-21 相同。

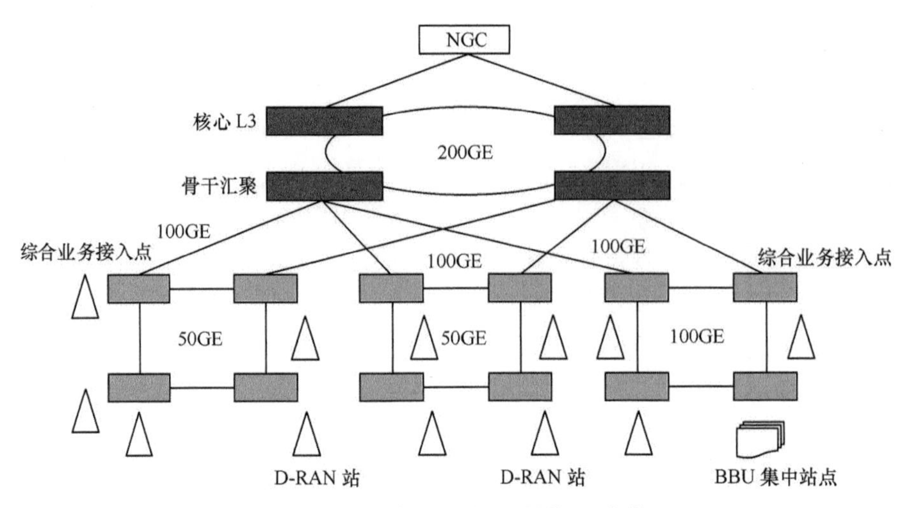

图 4-21　该地市 CBD 段 5G 承载组网拓扑

（3）大型企业 A 区域带宽和组网规划

共部署 17 个 5G 站点，均采用 D-RAN 方案部署，按照以上算法，共需部署 2 个接入环，其中一个带宽需求为 40Gbit/s，另一个带宽需求为 4×3+1×7=19Gbit/s；

汇聚链路带宽需求：汇聚点带 17 个站，共 2 个接入环（接入网、汇聚网、核心网收敛比为 8∶2∶1）。汇聚层上联带宽需求：（40+19）×2÷8=14.75Gbit/s。该地市大型企业 A 区域 5G 承载组网拓扑如图 4-22 所示。

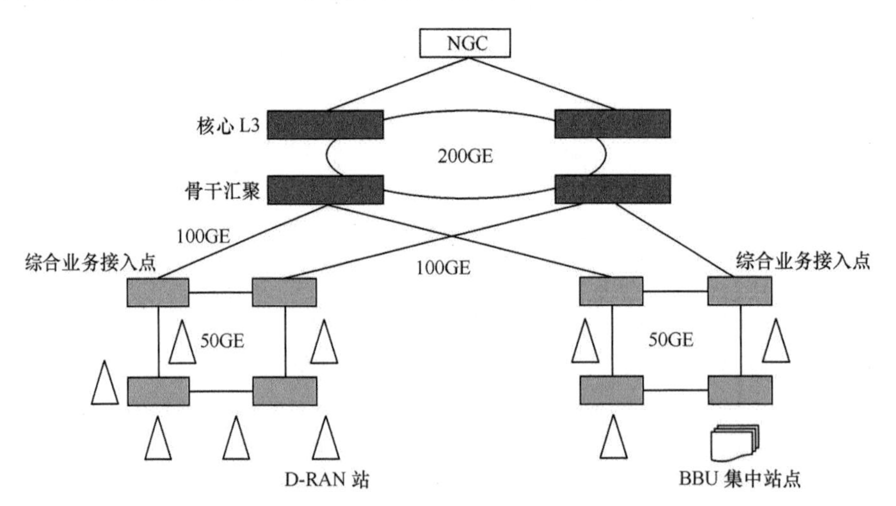

图 4-22　该地市大型企业 A 区域 5G 承载组网拓扑

针对上述 3 个试验区的测算，整体带宽需求见表 4-3。

综上，若接入环 D-RAN 组网建议采用 50GE 组网，C-RAN 组网建议至少采用 100GE 组网；核心 / 汇聚层需至少采用 100GE 组网，建议采用 200GE 组网。

表 4-3　该地市 3 个试验区的带宽需求汇总

区域	组网方案	接入环带宽需求	汇聚层带宽需求（考虑 4G/5G 共承载）
市区 CBD 段	D-RAN 方案	40Gbit/s	32Gbit/s
	C-RAN+D-RAN 方案	46Gbit/s	
大型企业 A 区域	D-RAN 大环方案	40Gbit/s	15Gbit/s
	D-RAN 大环方案	19Gbit/s	
机场—市区 CBD 段部分路段	D-RAN 方案	40Gbit/s	30Gbit/s
	C-RAN+D-RAN 方案	37Gbit/s	

4.4.4　时延规划

1. **时延规划前提**

横向时延：即高速移动对承载网站间切换业务的时延需求，如机场至市区 CBD 高速公路段要求时延为 4ms 以下，若时延超过 4ms，则站间业务切换受影响。

纵向时延：即业务处理服务器到终端用户的时延需求，如 AR/VR 业务，或者在线游戏，对时延要求特别高，要求时延低至 1ms，若时延超过 1ms，用户体验将下降，终端用户会产生眩晕。

2. **传输横向时延规划**

传输横向时延考虑无线站间协同，按目前距离和设备时延分析，满足无线侧需求。

如图 4-23 所示，第一种方案基于现有的 LTE 组网架构，其时延测算如下。

- 距离时延：（5km+10km+5km+5km+5km+10km+5km）× 5μs/km=45km × 5μs/km=225μs。
- 设备时延：（3+3）（转发设备）× 30μs+（2+2）（处理 + 转发设备）× 50μs=380μs。
- eX2 业务总时延：距离时延 + 设备时延 =225μs+380μs=605μs=0.605ms，双向时延为 1.21ms。

如图 4-24 所示，第二种方案基于 L2/L3 下沉到汇聚节点的组网架构，其时延测算如下。

- 距离时延：（5km+10km+5km+10km+5km）× 5μs/km=35km × 5μs/km=175μs。
- 设备时延：（3+3）（转发设备）× 30μs+（1+1）（处理 + 转发设备）× 50μs=280μs。
- eX2 业务总时延：距离时延 + 设备时延 =175μs+280μs =455μs=0.455ms，双向时延为 0.91ms。

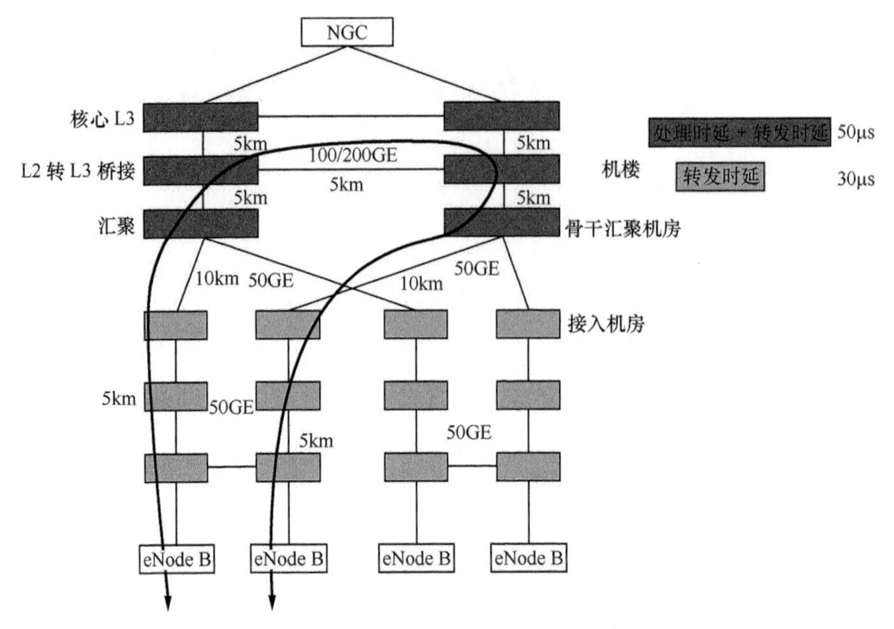

图 4-23　基于现有 LTE 横向低时延架构

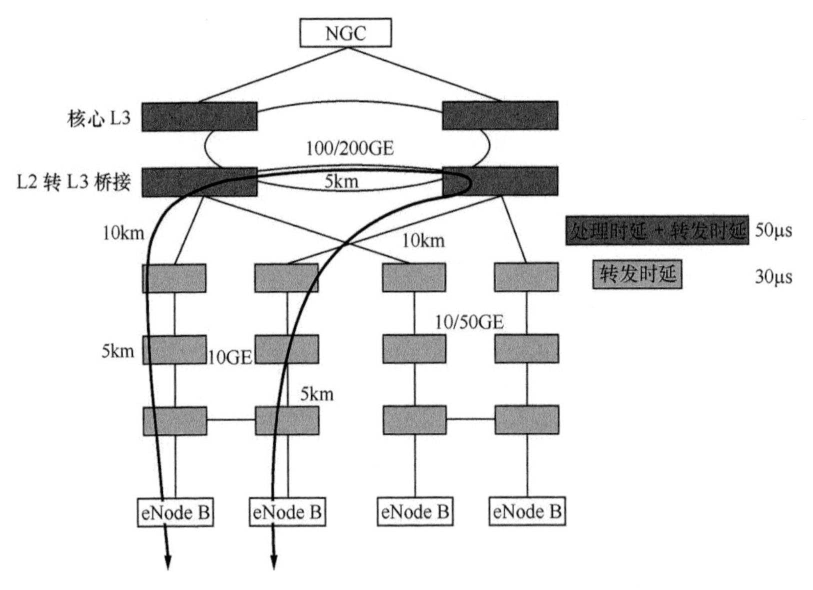

图 4-24　基于 L2/L3 下沉到汇聚点的横向低时延架构

3. 传输纵向时延规划

传输纵向时延满足无线侧需求 S1 业务纵向时延需求测算。

如图 4-25 所示，第一种方案基于现有的 LTE 组网架构，其时延测算如下。

- 距离时延：（5km+10km+5km+5km）× 5μs/km=25km × 5μs/km=125μs。

- 设备时延：3（转发设备）× 30μs+3（处理 + 转发设备）× 50μs=240μs。
- S1 业务总时延：距离时延 + 设备时延 =125μs+240μs=365μs=0.365ms，双向时延为 0.73ms。

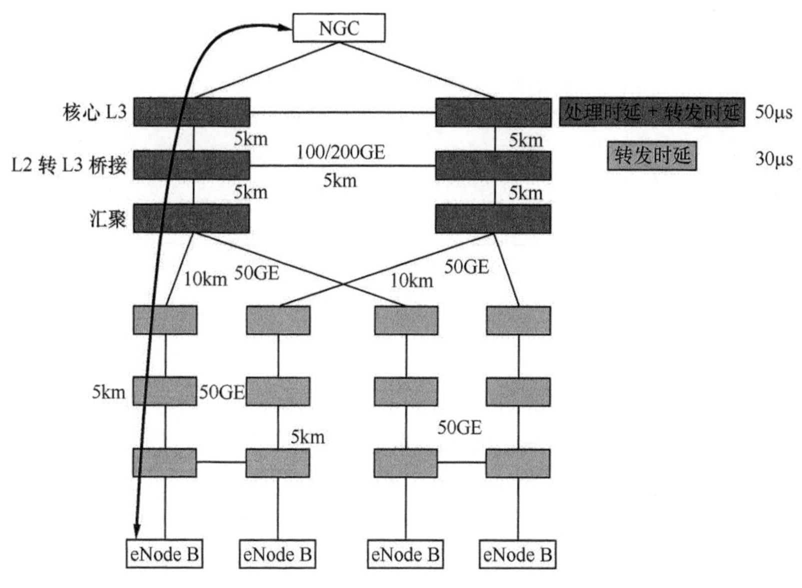

图 4-25　基于现有的 LTE 纵向低时延架构

如图 4-26 所示，第二种方案基于 L2/L3 下沉到汇聚点的组网架构，其时延测算如下。

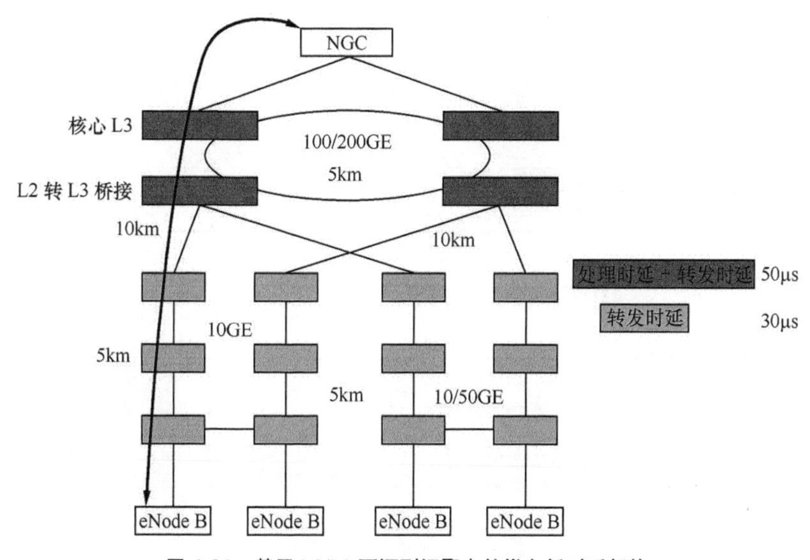

图 4-26　基于 L2/L3 下沉到汇聚点的纵向低时延架构

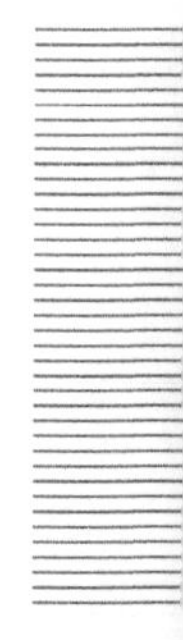

距离时延：（5km+10km+10km）× 5μs/km=25km × 5μs/km=125μs。

设备时延：3（转发设备）× 30μs+2（处理 + 转发设备）× 50μs=190μs。

S1 业务总时延：距离时延 + 设备时延 =125μs+190μs=315μs=0.315ms，双向时延为 0.63ms。

表 4-4　基于不同组网的时延对比

组网方案	横向时延	纵向时延
基于 LTE 现网的组网方案	单向 0.605ms，双向 1.21ms	单向 0.365ms，双向 0.73ms
L2/L3 下沉到汇聚点	单向 0.455ms，双向 0.91ms	单向 0.315ms，双向 0.63ms

通过上述不同组网架构下的时延对比（见表 4-4），得出结论：采用 L2/L3 下沉到汇聚点进行组网获得的网络时延较低。

4.4.5　业务方案和 C-RAN 规划

1. **场景一：无线侧无 CU 分离，仅回传业务承载**

- 场景描述：无线侧无 CU 分离，仅回传业务承载，核心网无 MEC 部署需求。如图 4-27 所示。

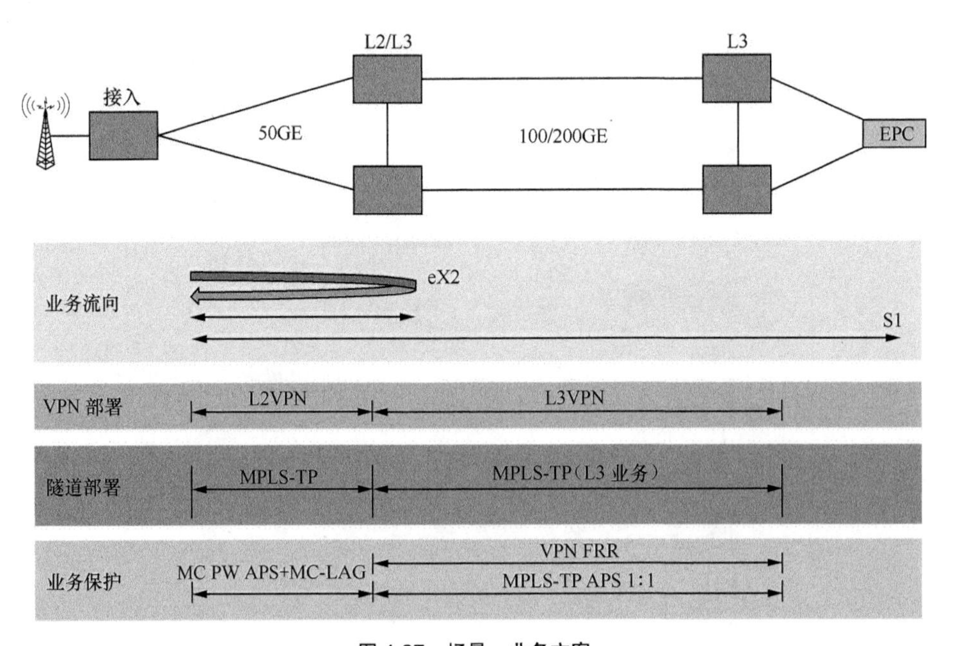

图 4-27　场景一业务方案

- 方案描述：业务承载采用静态 L2+L3VPN 方案（同 LTE），接口升级到接入 50GE+ 汇聚核心 100/200GE，满足 5G 实验网的需要。
- 方案说明：带宽和时延需要满足无线基站业务需求，新增设备或单板支持大速率端口。

2．场景二：CU/DU 分离场景，回传和中传承载

- 场景描述：无线 CU/DU 分离，部分需要满足中传和回传业务承载，核心网部分 MEC 部署需求，如图 4-28 所示。
- 方案描述：中传业务承载采用 Full Mesh 结构，静态 L2+L3VPN 方案（同 LTE）。回传业务承载采用分层 VPN 方案，CU 的 L3 业务通过核心 L2/L3 中转，接口升级到接入 50GE+ 汇聚核心 100/200GE，满足 5G 实验网的需要。
- 方案说明：带宽和时延需要满足无线基站业务需求，新增设备或单板支持大速率端口。

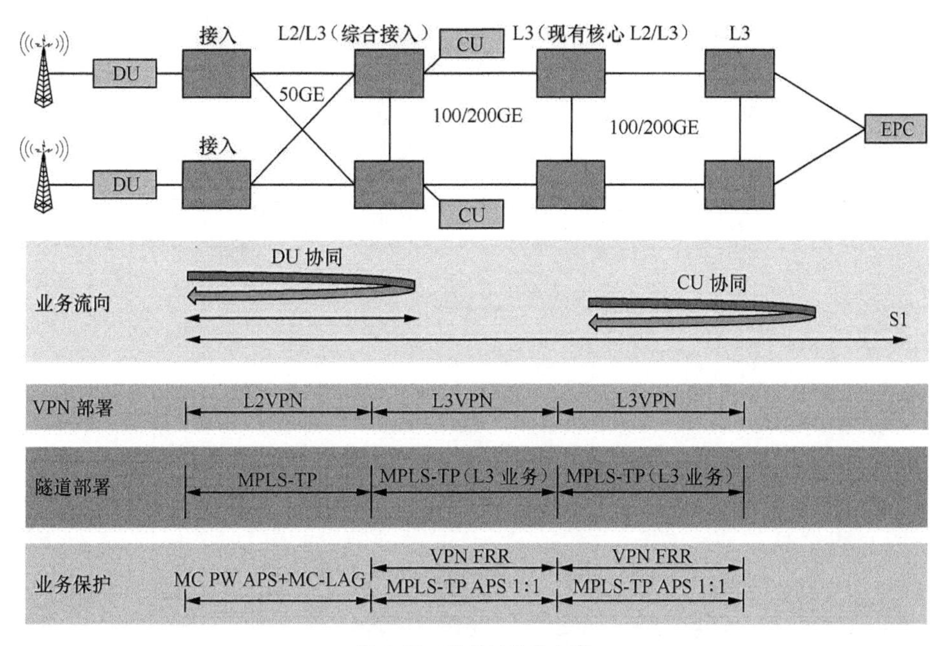

图 4-28　场景二业务方案

3．C-RAN 组网试点方案

C-RAN 组网传输资源需求：包括 BBU 集中机房，即 10 个 BBU 集中点，此外还有 10 个 RRU 拉远物理站，每个 RRU 拉远物理站部署 3 个 RRU，传输组网模型如图 4-29 所示。

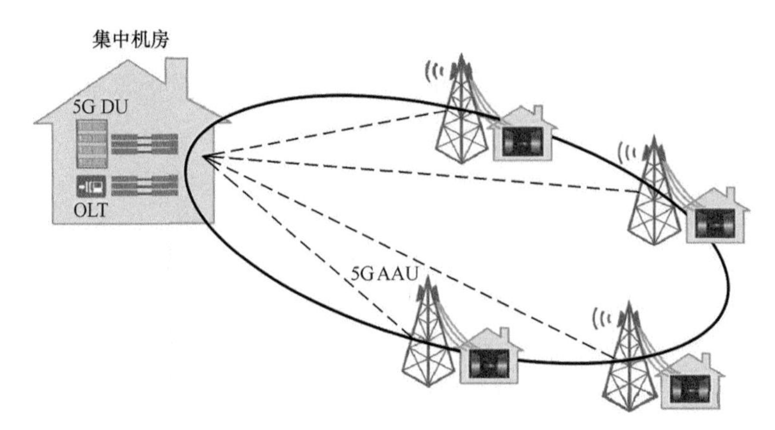

图4-29 C-RAN组网方案

方案及资源规划见表4-5。

表4-5 该地市C-RAN组网资源规划

	光纤消耗（芯）	户外接入型OTN需求（台）	局端室内接入型OTN需求（台）	备注
方案一：DU和AAU光纤直拉无保护	60	—	—	无保护
方案二：DU和AAU采用户外接入型OTN	10	10	2	单纤双向，1+1保护

4.4.6 仿真输出

该地市对选定的3个试验区域，在理论站间距上下浮动，进行组网仿真。

（1）市中心CBD加站仿真

第一次28个站点的仿真结果总体输出情况见表4-6。

表4-6 市中心CBD第一次加站仿真结果

仿真区域	仿真覆盖面积	仿真站点数（个）	站间距（m）	上行边缘速率	下行边缘速率	CDF 95% RSRP（dBm）	CDF 95% SINR（dB）
市中心CBD（室外+室内）	4.86km^2	28	448	5%：0kbit/s	5%：46.5Mbit/s	–125.6	–0.3
				10%：0.045Mbit/s	10%：235Mbit/s	–116.1	10
				50%：74Mbit/s	50%：806Mbit/s	–81.8	28.6

续表

仿真区域	仿真覆盖面积	仿真站点数（个）	站间距（m）	上行边缘速率	下行边缘速率	CDF 95% RSRP（dBm）	CDF 95% SINR（dB）
市中心 CBD（仅室外）	4.86km²	28	448	5%：15Mbit/s	5%：434Mbit/s	–92.6	23.2
				10%：24Mbit/s	10%：600Mbit/s	–89.6	24.6
				50%：83Mbit/s	50%：960Mbit/s	–81	32.5

（2）第二次新增 10 个站点加站仿真结果

第二次新增 10 个站点加站仿真总体输出结果见表 4-7。

表 4-7　市中心 CBD 区第二次加站仿真结果

仿真区域	仿真覆盖面积	仿真站点数（个）	站间距（m）	上行边缘速率	下行边缘速率	CDF 95% RSRP（dBm）	CDF 95% SINR（dB）
市中心 CBD（室外 + 室内）	4.86km²	38	385	5%：0.039Mbit/s	5%：90.2Mbit/s	–122.5	3.5
				10%：0.285Mbit/s	10%：296.6Mbit/s	–114	13
				15%：2.05Mbit/s	15%：423Mbit/s	–105.5	20.2
				50%：132.5Mbit/s	50%：835.4Mbit/s	–80.2	29.7
市中心 CBD（仅室外）	4.86km²	38	385	5%：57.2Mbit/s	5%：432Mbit/s	–87	23
				10%：81.9Mbit/s	10%：439Mbit/s	–84	24.5
				50%：150Mbit/s	50%：920.5Mbit/s	–75.2	31.5

加站后仿真结果分析：约 15% 以下的点的上行吞吐率低于 2Mbit/s。室内部分，由于室内弱覆盖（规模较大的建筑无法做深度覆盖），上行吞吐率提升明显，但边缘点离 2Mbit/s 仍有距离，下行吞吐率有所提升。

（3）机场—市区 CBD 段高速加站仿真

机场—市区 CBD 段高速加站仿真结果总体输出情况见表 4-8。

表 4-8　机场—市区 CBD 高速路段仿真结果

仿真区域	仿真覆盖距离	仿真站点数（个）	站间距（m）	上行边缘速率	下行边缘速率	CDF 95% RSRP（dBm）	CDF 95% SINR（dB）
机场高速（仅室外）	27km²	35	729	5%：141Mbit/s	5%：439Mbit/s	–79.2	27.4
				10%：164Mbit/s	10%：739Mbit/s	–76	29.1
				50%：168Mbit/s	50%：1110Mbit/s	–69.6	36

（4）大型企业 A 区域加站仿真

大型企业 A 区域加站仿真结果总体输出情况见表 4-9。

表 4-9　大型企业 A 区域仿真结果

仿真区域	仿真覆盖面积	仿真站点数（个）	站间距（m）	上行边缘速率	下行边缘速率	CDF 95% RSRP（dBm）	CDF 95% SINR（dB）
大型企业 A（室外 + 室内）	2.24km^2	17	391	5%：0kbit/s	5%：0.36Mbit/s	–126	–5
				10%：0.05Mbit/s	10%：111Mbit/s	–121.5	5
				29%：2.05Mbit/s	29%：420Mbit/s	–105	18.5
				50%：167Mbit/s	50%：583Mbit/s	–73.5	23.5
大型企业 A（仅室外）	2.24km^2	17	391	5%：152Mbit/s	5%：422Mbit/s	–77.5	20
				10%：167.3Mbit/s	10%：436Mbit/s	–75.2	21.2
				50%：167.6Mbit/s	50%：706Mbit/s	–68.3	26.4

由仿真结果可知，3 种场景下的主流上行边缘速率都达到了 70Mbit/s 以上，主流下行边缘速率都达到了 500Mbit/s 以上，参考信号接收功率（RSRP）均不超过 -68dBm，测试的主流信号干扰噪声比（SINR）都高于 23dB。

第 5 章 智能光承载网技术的创新发展

本章主要介绍智能光传输网的发展趋势，展现光传输网的主流技术方向。

5.1 本章概述

摩尔定律是由英特尔（Intel）创始人之一戈登·摩尔（Gordon Moore）于 1965 年提出来的。其内容为：当价格不变时，集成电路上可容纳的晶体管（Transistors）数目每隔约 18 个月便会增加一倍，性能也将提升一倍。摩尔定律从提出至今（2019 年）已有 54 年，见证了整个半导体信息技术的发展历程。

如图 5-1 所示，根据全球通信分析机构 OVUM 的报告，从 2013 年至今全球数据流量大约每 3 年增长一倍。在 5G、4K 视频、企业专线业务的驱动下，未来网络流量将保持每年 25% 以上的增速，而在部分地区（如中国），网络流量增速甚至将高达 40%。为了满足数据流量高速增长的需求，光网络传输技术也在快速发展，光网络也存在类似摩尔定律的经验性规律：

- 单纤容量每 3 年翻一番，而成本保持不变；
- 交换容量每 3 年翻一番，而成本和功耗保持不变；
- 新管控和运维技术，使每 3 年的运营成本（OPEX，Operating Expense）降低 50%。

如图 5-2 所示，单纤传输容量每 3 年翻一番，从 8Tbit/s（2013 年）→ 16Tbit/s（2016 年）→ 32Tbit/s（2019 年）→ 64Tbit/s（2022 年），主要依托的是单波速率的不断提升，以及光纤可用频谱宽度的不断拓展。得益于半导体工艺的不断进步，从 2013 年开始，光数字信号处理（oDSP，Optical Digital Signal Processing）

芯片工艺每3年演进一代，从28nm→16nm→7nm→5nm，由此支撑单波速率每3年也翻一番，从100Gbit/s→200Gbit/s→Super 200Gbit/s & 400Gbit/s→800Gbit/s。2022年以后，基于超级通道（Super Channel）技术，将实现Tbit/s级别的端口速率。同时，光层技术的发展也使光谱宽度每3年扩展一次。在传统波段上拓展新频谱资源，相比开发新波段具有更高的技术延续性和性能稳定性，可以满足快速商用。因此，技术发展上首先在C波段进行扩展，从C波段（4THz）→C+波段（4.8THz）→Super C波段（6THz）。随后，在C波段频谱资源被充分挖掘利用后，通过扩展L波段使光纤频谱资源进一步提升到8THz以上。

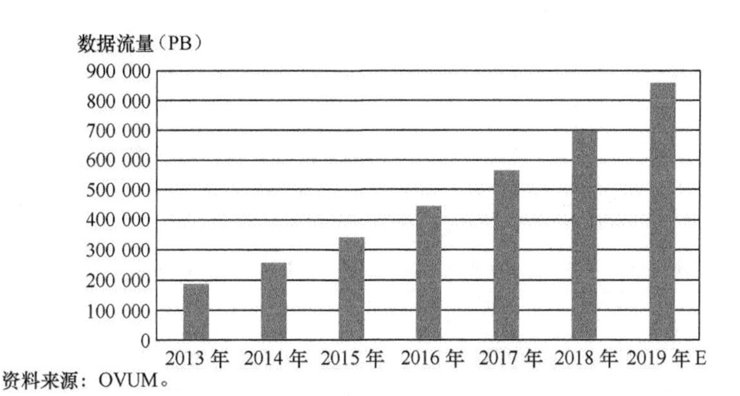

图5-1　2013年至今全球数据流量每3年增长一次

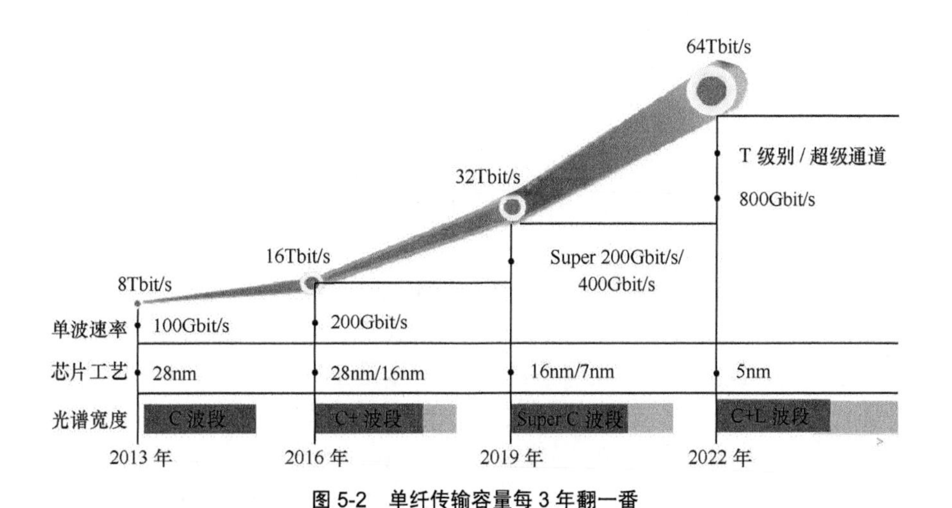

图5-2　单纤传输容量每3年翻一番

如图5-3所示，站点交换容量每3年翻一番，从12.8Tbit/s（2012年）→

25.6Tbit/s（2015 年）→ 64Tbit/s（2018 年）→ 128Tbit/s（2021 年），而交换容量的快速增长，也给站点的空间、供电、散热以及管理运维带来了持续的挑战。因此，站点技术发展在提升交换容量的同时，也要不断实现站点的简化，主要包括以下 3 个方面：

- 通过器件集成，缩小设备体积；
- 通过业务融合，简化设备种类；
- 通过平台融合，实现光电资源最优调度。

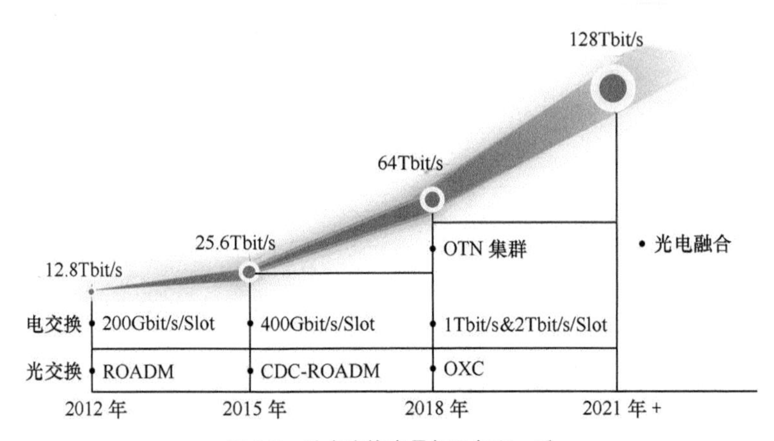

图 5-3　站点交换容量每 3 年翻一番

电交换和光交换是构成光传送网（OTN，Optical Transport Network）站点的两大核心技术基础。从 2012 年开始，OTN 单槽位的电交换容量从 200Gbit/s → 400Gbit/s → 1Tbit/s → 2Tbit/s，并从 2018 年开始商用 OTN 集群，实现整体交换资源的池化，提升交换容量、效率和灵活度。PeOTN 作为统一承载平台，实现单一设备全业务（移动承载、固定网络、专线）接入，未来随着小颗粒接入型 OTN 技术的发展，用户连接数和带宽利用率将进一步提升，时延也将降低。同时，光交换技术也不断演进，首先是可重构光分插复用器（ROADM），从 D-ROADM → CD-ROADM → CDC-ROADM。2018 年，全光交叉连接（OXC，Optical Cross Connection）技术的出现，彻底实现了无纤化连接，并极大地提升了光层交换设备的集成度，实现了一个方向一个槽位，相同交换容量下节省站点空间 90%。2021 年以后，光、电交叉将逐渐融合，实现统一交换平台，达到最高交换效率和最优资源利用率。

得益于新速率、新频谱和新站点技术的持续演进，光网络的单纤传输容量、站点交换容量持续实现每 3 年翻番，而成本、功耗和占用空间保持不变。此外，

传输软件定义网络（TSDN）、人工智能（AI）技术的发展和应用，使光网络的运维效率不断提升，支持 OPEX 每 3 年下降 50%。

| 5.2　创新 oDSP 技术倍增高速传输性能 |

提升单波速率是光网络摩尔定律的重要技术支撑，但随着超 100Gbit/s 相干技术的不断延伸，我们也正在逐步逼近理论上的香农极限，即单波速率越高，传输距离越短。显然，单纤容量翻倍固然是好事，但如果需要以传输距离为代价，并且不得不在网络中添置更多的电中继站点，则会大幅增加网络的建设成本。因此，在超 100Gbit/s 时代，光网络在朝着更高速率演进的同时，还必须关注传输性能，尤其是传输距离是否能够满足组网需求，这就必须依托 oDSP 技术的发展。

5.2.1　oDSP 技术在超 100Gbit/s 时代面临的挑战

oDSP 技术是支撑光网络系统传输的重要部分，其不仅用于数字信号 / 模拟信号的编解码，还需要对传输链路中的诸多代价进行补偿，如图 5-4 所示。例如，一个典型的 100Gbit/s 相干传输链路可以传输几千公里，而不需要任何色散补偿模块，正是因为 oDSP 内部算法能够补偿链路色散代价，进而简化链路，并大幅提升传输性能。因此，oDSP 芯片的能力将直接决定系统传输能力，包括传输容量、传输距离、单位比特功耗等。

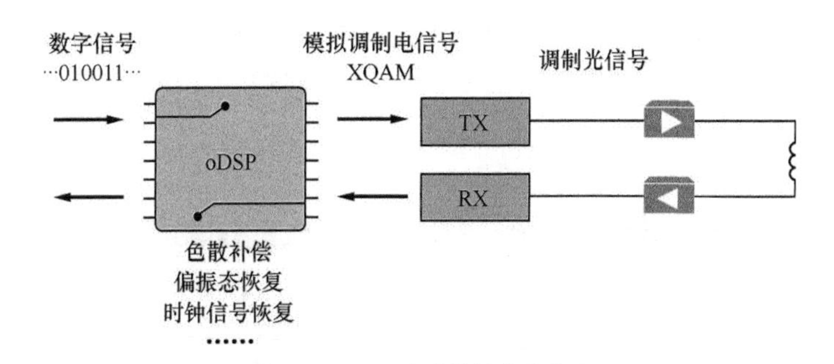

图 5-4　oDSP 在光传输中的作用

超 100Gbit/s 时代，当单波速率达到 400Gbit/s 以上时，传输的最大限制在于距离，并且从系统能力上看，已经十分接近香农极限了。但目前行业普遍存在的现象是，在实验室测试时可以传输 1000km 的系统到实际网络中往往就只能传输 200km。这种传输性能缩水的情况在 100Gbit/s 时代也许不会有太大影响，因为 100Gbit/s 相干的理论传输距离足够远，即使现网和实验数据有偏差，依旧能保持千公里级的传输。但是，对于 400Gbit/s 以上的传输系统，原本的理论传输距离面对实际应用已经没有太多余量，此时的性能缩水已经严重影响了整体网络的部署和应用。

图 5-5 展示了 100 ～ 600Gbit/s 系统在实验室环境和真实网络环境下的传输距离差异。在实验室环境下可以采用性能最好、最可靠的器件，在最稳定的环境下进行测试，已得到非常接近理论极限的结果。但在真实网络中，情况则与实验室环境完全不同：光纤质量不同，光纤内功率分布不同，放大器的噪声不同，滤波器的曲线也不同，光纤链路的环境温度不同，天气情况不同等。每一类的不完美因素都会给实际光网络系统引入一点代价，最终诸多来源不同的代价叠加在一起导致整体系统性能劣化，缩减了传输距离或者导致链路彻底失效。

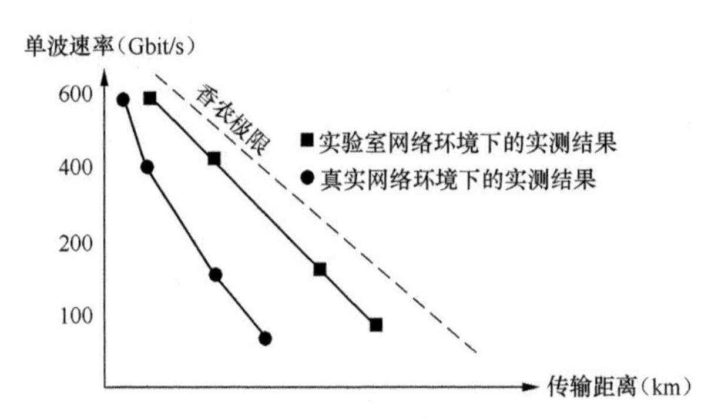

图 5-5　100 ～ 600Gbit/s 系统在实验室环境和真实网络环境下的传输差异

因此，超 100Gbit/s 时代 oDSP 技术的关键挑战在于：如何补偿这些现实网络中种类繁多的不完美因素带来的系统代价，使现网的传输性能无限逼近实验室测试结果。

5.2.2　CMS 技术保驾超 100Gbit/s 时代的现网传输性能

信道匹配整形（CMS，Channel-Matched Shaping）技术是超 100Gbit/s 时代出现的关键的 oDSP 技术，核心作用在于填补现实网络与实验室测试之间的差距。CMS 技术是一系列整形、压缩、补偿、纠错技术的组合，其基于真实的传输链路情况，针对实际光网络系统中不同类型的传输代价，进行系统层次的

传输性能优化，实现真实传输效果的容量、距离最大化，是超 100Gbit/s 时代光网络传输的划时代技术演进。

如图 5-6 所示，CMS 技术首先通过检测真实信道的传输效果，获取信道损伤模型信息，然后一方面在发送端对光信号进行压缩、整形以匹配传输信道模型，另一方面在接收端对接收的光信号采取补偿、纠错算法进行数据恢复。其中所采用的整形、压缩、补偿、纠错算法均依据真实信道损伤模型，由内置算法实现自动优化设置，达到传输链路实时动态自我优化的效果。同时，CMS 技术通过快速迭代信道模型参数，能够提升信道模型的精确程度，实现更好的信道匹配效果。整个优化过程完全由 oDSP 芯片自动完成，无须人工干预。

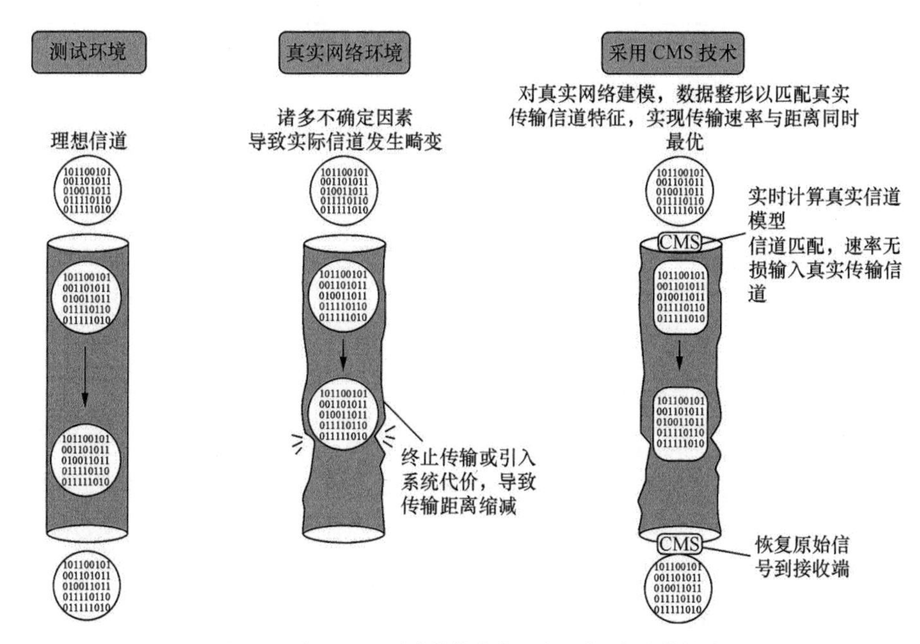

图 5-6　采用 CMS 技术优化真实网络环境下的传输性能

具体地，CMS 共包括三大类 oDSP 算法，分别用于应对三类真实网络中常见的代价：系统噪声代价（如光放，非线性响应造成）、信道带宽代价（如滤波器，器件带宽不足造成）、动态干扰代价（如光纤遭到雷击、碾压、距离晃动造成）。

（1）来自系统噪声的代价

在真实的传输链路中，发射机、光放大器、驱动芯片等部件会不可避免地引入噪声，给传输系统带来额外代价，同时这些噪声往往很难精确测量或会随着网络运行状态变化而发生变化（如器件老化、光功率变化等）。应对这类系统代价的技术本质是在星座图上选取匹配真实信道特征模型的、更加优质的星座点来传输有效信息，尽量避免使用噪声影响大的星座点，以削弱噪声带来的影响。如图 5-7 所示，CMS 技术对系统噪声代价的补偿算法主要包括以下 4 种：概率星座图整形（PCS，Probability Constellation Shaping）、几何分布整形（GCS，Geometry Constellation Shaping）、混合编码整形（HBS，Hybrid Bit Shaping）、纠错编码整形（CCS，Correction Coded Shaping）。

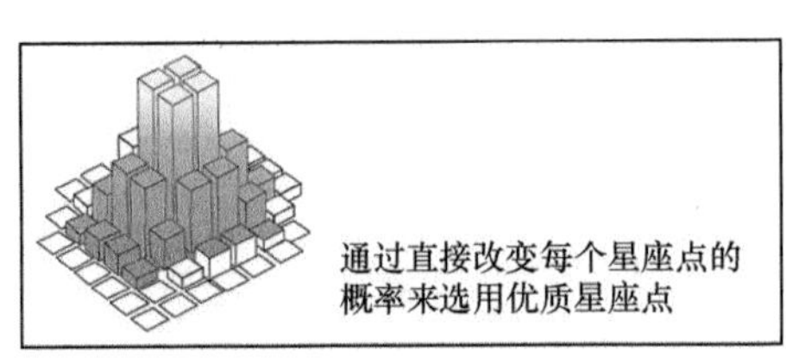

（a）概率星座图整形

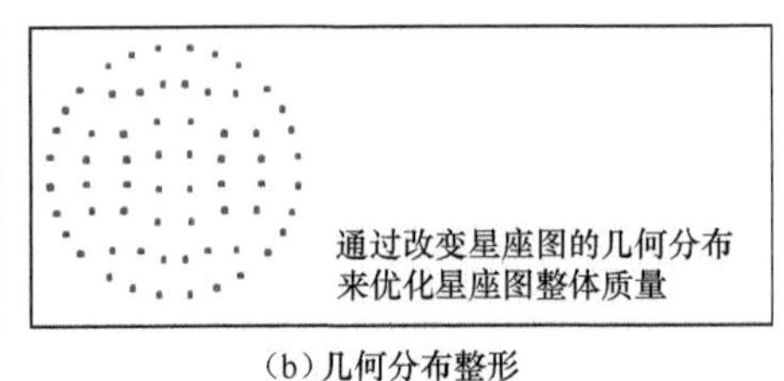

（b）几何分布整形

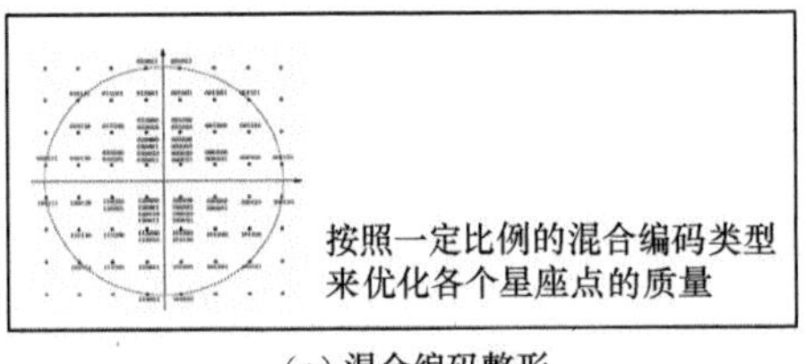

（c）混合编码整形

nbit
s
N
符号
通过子码迭代组合来提升各个
星座点的纠错能力

（d）纠错编码整形

图 5-7　CMS 技术对系统噪声代价的补偿算法

（2）来自信道带宽的代价

信道中调制器、滤波器、AD/DA、接收机等真实器件的物理带宽与传输信号失配，导致信号衰减严重，带来传输代价。其应对思路是借助多种频谱整形技术对信道带来的此类损伤进行匹配补偿，把信道损伤降到最低。如图 5-8 所示，CMS 技术对信道带宽代价的补偿算法主要包括以下 4 种：预加重（Pre-distortion）、奈奎斯特整形（Nyquist Shaping）、超奈奎斯特（FTN，Faster-than-Nyquist）、数字子波整形（DMSC，Digital Multi-band Shaping & Coding）。

（3）来自真实信道动态干扰的代价

真实网络中存在大量不确定因素，如：光纤的晃动和碾压、器件的故障和老化、突发的恶劣天气等。这些意外会导致传输信道发生无法预知的剧烈畸变（比如信号相位、偏振等），因此需要对真实的传输信道进行实时匹配，对信道变化进行快速跟踪补偿，把性能代价降到最低，从而提升整体系统的可靠性。实现技术上主要以动态损伤整形（Dynamic Distortion Shaping）为基础。如图 5-9 所示，CMS 技术对真实信道动态干扰代价的补偿算法主要包含以下 3 种：训练序列法（TBTM，Training Based Tracking Method）、斯托克斯追踪法（SBTM，Stokes Based Tracking Method）、速率自适应均衡器（SAE，Speed Adaptive Equalizer）。

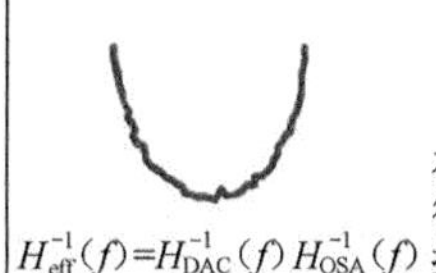

（a）预加重

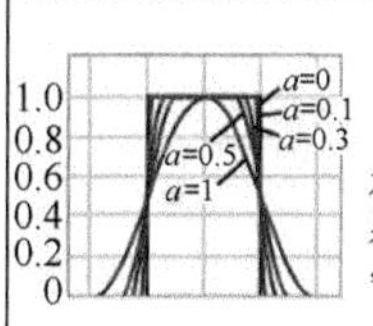

（b）奈奎斯特整形

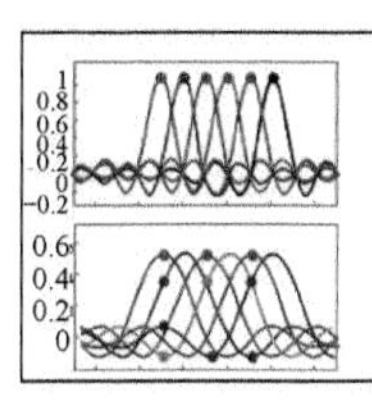

（c）超奈奎斯特

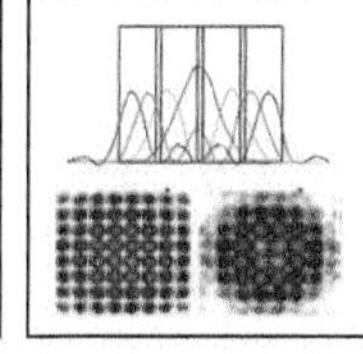

（d）数字子波整形

图 5-8　CMS 技术对信道带宽代价的补偿算法

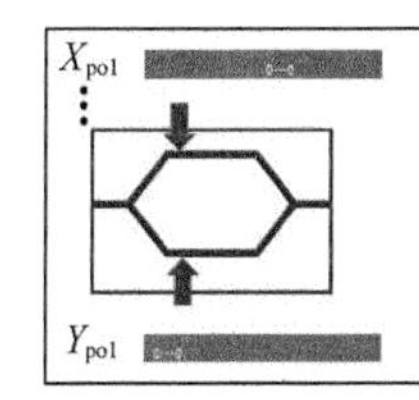

（a）训练序列法

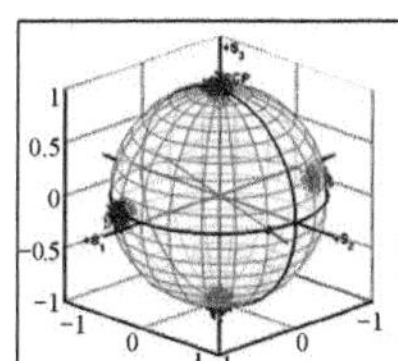

（b）斯托克斯追踪法

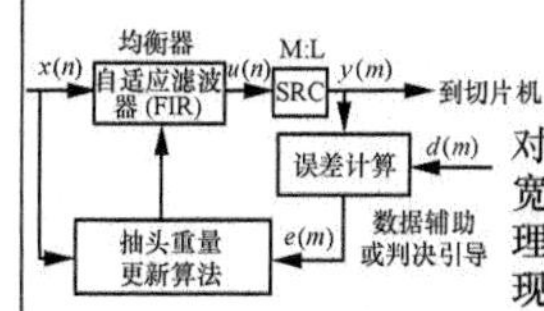

（c）速率自适应均衡器

图 5-9　CMS 技术对真实信道动态干扰代价的补偿算法

CMS 技术综合了上述一系列关键技术，针对光网络中的实际信道状况变化进行动态实时优化，能够迅速做出反应，快速自动匹配并调整优化设置，保障链路通畅。总而言之，CMS 技术给超 100Gbit/s 时代的实际光传输网带来了真正的性能提升，具体体现在以下几个方面。

- 更好的现网传输性能，同时保障传输容量和传输距离：CMS 技术充分综合利用多种技术组合，调节机制非常灵活，自动建立真实网络模型并进行优化，能够迅速找到与真实信道匹配的最佳设置，同时保障传输容量与传输距离的组网要求。
- 提升系统可靠性：CMS 技术能够感知实际信道的状态变化（如器件劣化、光纤应力变化、非线性效应等），在一定范围内实现算法优化策略的动态自主调整，保障性能最优。

- 简化部署、运维：CMS 技术能够自动匹配实际信道，通过快速迭代模型参数，迅速收敛至最优配置，降低人工部署、运维配置的复杂度。
- 兼容新老网络：CMS 技术具备灵活栅格（FlexGrid）特性，支持 50GHz 信道间隔的老旧网络平滑升级。

| 5.3 新型光模块 / 光器件技术发展 |

5.3.1 相干光模块演进提升系统集成度和灵活性

在 DWDM 长途波分系统中，为实现 100 ～ 200Gbit/s 及更高的传输速率（400Gbit/s 以上），必须使用相干光模块进行光的调制和解调。相关光模块的主要功能包括信号的产生、相位调制、接收、相干解调、光 / 电转换、串 / 并和并 / 串转换等。

1. 相干光模块的工作机制

相干光模块包括收发可调激光器（ITLA，Integrable Tunable Laser Assembly）、集成相干发射机（ICT，Integrated Coherent Transmitter，含驱动器和调制器）、集成相干接收机（ICR，Integrated Coherent Receiver）、光数字信号处理（oDSP）单元等关键器件，以及放大电路、调制锁定电路、相干解调电路、接口通信及控制电路等。图 5-10 为典型的相干光模块原理框图。

相干光模块的工作原理可以分为两部分，即光信号发射模块和光信号接收模块。

对于光信号发射模块，OTN 单板的 Frame 芯片输出数据信号进入 oDSP 芯片，经正交振幅调制（QAM，Quadrature Amplitude Modulation）映射和前向纠错码（FEC，Forward Error Correction）编码，再由 oDSP 算法进行频谱整形及数据链路带宽补偿后，输出数据信号到 ICT 中，ICT 内部集成的数据驱动器将数据信号转换为电控信号，加载到波长可调激光器输出的连续波（CW，Continuous Wave）上，产生高阶调制光信号，再由功率放大器（PA，Power Amplifier）及可变光衰减器（VOA，Variable Optical Attenuator）电路对光信号幅度进行调整，从发射端口输出满足功率要求的光信号。

对于光信号接收模块，其接收端口输入的光信号送入 ICR，与模块内部

本振激光器输出的本振光相干解调，解调后的同相和正交（I/Q，In-phase and Quadrature）两路光信号经过相干接收机内部光电二极管（PD，Photodiode）进行光 / 电转换，再经跨阻放大器（TIA，Trans-Impedance Amplifier）放大后输出给模 / 数转换器（ADC，Analogue-to-Digital Converter）采样，经色度色散（CD，Chromatic Dispersion）、偏振模色散（PMD，Polarization Mode Dispersion）、偏振态（SoP，State of Polarization）补偿后恢复出数据信号，并输出到 OTN 单板。

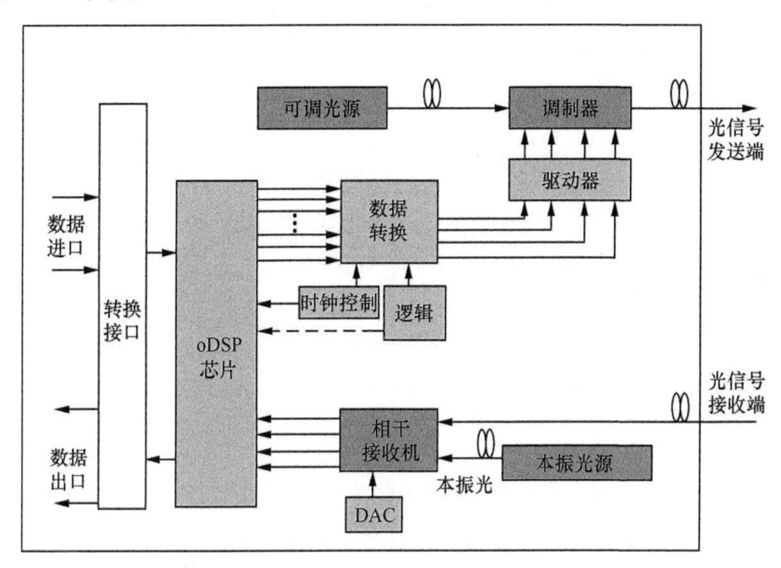

图 5-10　典型的相干光模块原理框图

2. 相干光模块的技术演进

为满足光网摩尔定律对单纤容量的发展需求，相干光模块的传输性能将不断增强。与此同时，技术的演进也将保障光模块在小型化、高集成度（提升单板端口密度）、低功耗、低成本（持续降低每比特成本）、应用灵活性等方向的发展，具体包括以下几个方面。

- 小型化、可插拔：采用可插拔模块封装（CFP，Centum Form-factor Pluggable）形式，支持随时插拔更换，便于维护、更换和升级。如图 5-11 和表 5-1 所示，由于硅光技术减小了器件尺寸，CFP 将持续向 CFP2、CFP4，以及四通道小型化可插拔（QSFP，Quad Small Form-factor Pluggable）等更小封装形式演进，不断提升系统端口密度。
- 高集成度：从模拟相干光（ACO，Analog Coherent Optics）向数字相干光（DCO，Digital Coherent Optics）演进。传统 ACO 模块的 oDSP 芯片放置在模块外面，以模拟信号输出，信号衰减严重，整体功耗较高

（模块功耗外加 oDSP 芯片功耗），并且在更换时还需要考虑 oDSP 芯片与模块的兼容性问题，应用不够灵活。DCO 将光器件和 oDSP 芯片一起封装在模块中，以数字信号输出，具有传输性能好、抗干扰能力强、集成度高、整体功耗低、易于统一管理维护的特点。

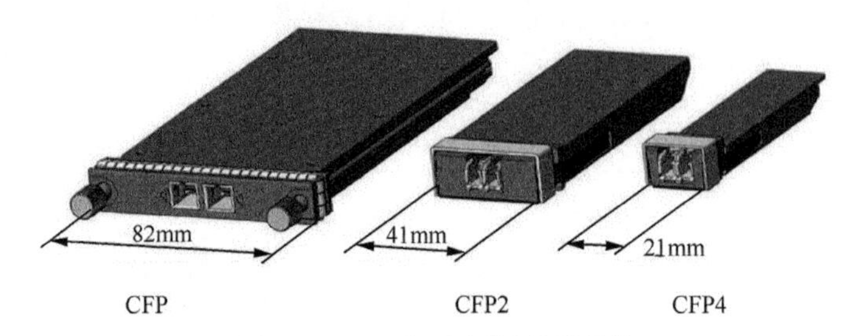

图 5-11　CFP 相干光模块演进趋势

表 5-1　CFP 相干光模块演进趋势

封装	CFP	CFP2	CFP4
功耗	约 32W	约 20W	约 12W
单板密度	4 个端口	6 个端口	10 个端口
商用成熟度	已大量发货	1 年左右	>5 年

- 低成本、低功耗：同样，由于硅光技术实现了光器件大规模集成，减少了封装工序，提升了产能，由此降低了每比特成本，同时也降低了器件功耗。
- 高灵活：满足 100 ～ 600Gbit/s 的速率灵活可调，支持信道间隔 50 ～ 75GHz 灵活可调。

3. **典型 CFP 相干光模块的关键器件**

图 5-12 展示了典型的 CFP 相干光模块的结构。其中，核心器件包括可调激光器（ITLA）、调制器、相干接收机（ICR）、驱动器（Driver）和 oDSP 芯片等。

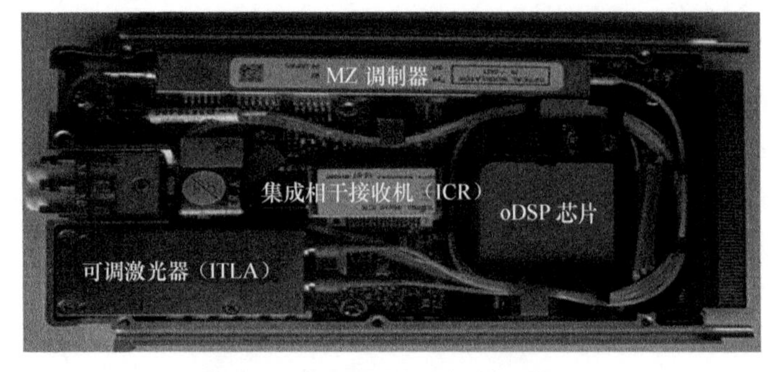

图 5-12　典型 CFP 相干光模块的构造

- 可调激光器：用于发展相干光信号，在发射端作为调制器调制信号的载体，在接收端作为调制光信号解调的本征光。
- 马赫—曾德调制器（MZM，Mach-Zehnder Modulator）：用于光的调制或信号加载，把电信号转换为光信号。
- 相干接收机：用于信号光的解调，把光信号转换为电信号。
- 驱动器：用于射频信号的放大、整形，匹配不同器件对信号输入输出幅度的要求。
- oDSP 芯片：如第 5.2 节所述，光模块数字信号处理芯片实现对光信号的脉宽整形、器件带宽补偿、非线性预补、色散预补、超强纠错编解码等功能。

5.3.2　激光器技术的发展使能光源多功能化

可调激光光源在光网络传输中作为发射机的发射光源和接收机的本振光源，都是不可或缺的，其波长调谐的进度更是直接决定了整个光传输系统的性能。

1．3 种主流可调激光器技术介绍

目前业界可调激光器主要存在 3 种技术：外腔技术、分布式反馈（DFB，Distributed Feedback）阵列技术和分布式布拉格反射（DBR，Distributed Bragg Reflector）激光器技术，分别介绍如下。

- 外腔技术：如图 5-13 所示，外腔技术是激光谐振腔在激光芯片外，通过芯片封装来实现波长调谐的游标卡尺效应。游标卡尺效应是指激光谐振腔产生的梳状滤波曲线在激光增益介质的光谱范围内进行波长匹配，当滤波曲线的波长峰值与增益介质中激射的波长数值重合时，激光器选择输出该波长，由于这种波长选择和匹配的方式类似于游标卡尺测量物体尺寸时的读数方式，所以称之为“游标卡尺效应”。由于激光腔很长，天然具备超窄线宽特性，系统光信噪比（OSNR）代价最小，因而高性能光模块往往选择外腔光源。此方案对芯片技术要求不高，但激光谐振腔在器件封装层面实现，需要复杂、精密的封装设计。

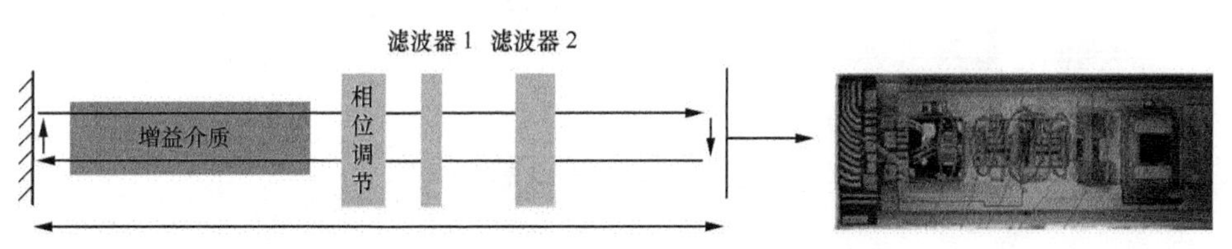

图 5-13　典型的外腔激光器实现原理和构造

- DFB 阵列技术：如图 5-14 所示，通过在一个芯片内集成多个不同可调范围的 DFB 芯片来达到范围波长可调的技术要求。由于使用高可靠性的 DFB 设计方案，因而芯片可靠性高、故障率低；缺点是功耗大、尺寸大，线宽无法持续演进。

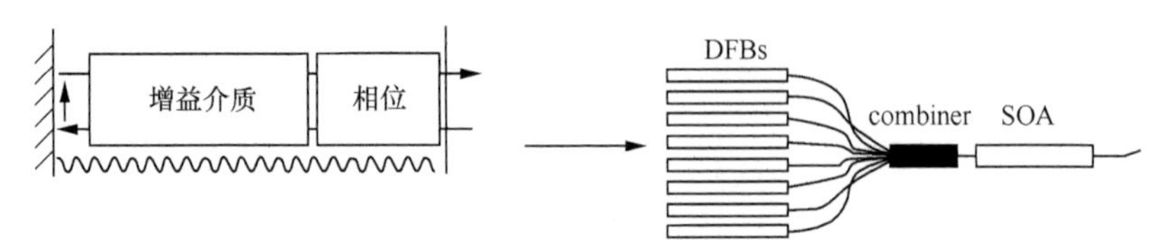

图 5-14　DFB 阵列激光器实现原理及芯片结构

- DBR 技术：如图 5-15 所示，激光激射在芯片内实现，同样实现游标卡尺效应。其波长调制范围广，稳定性最高，尺寸小、功耗低，并且可以和磷化铟（InP，Indium Phosphide）方案的调制器、ICR 功能芯片单片集成到同一片 InP 芯片上，是目前高端超 100Gbit/s 相干光模块应用的主流激光器，其设计和工艺难度也最大。

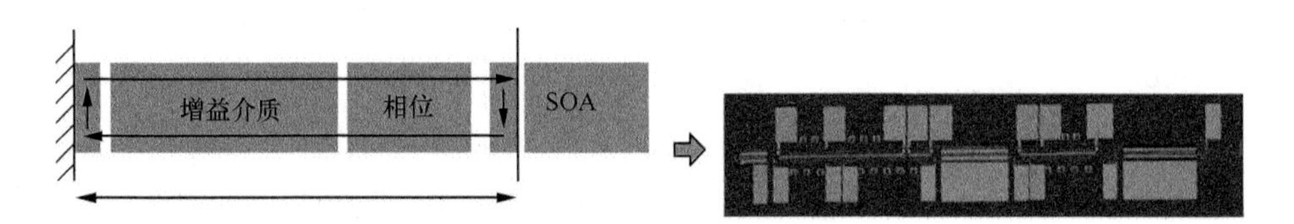

图 5-15　DBR 激光器实现原理及芯片结构

2. DBR 激光器的结构

图 5-16 所示为典型的 DBR 激光器结构。

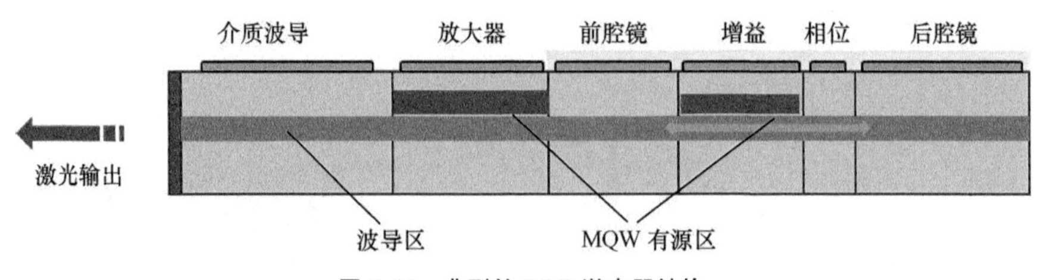

图 5-16　典型的 DBR 激光器结构

- 能级反转 & 增益介质：电子 / 空穴反转跃迁辐射光，并对光进行增益放大，掺杂的 InP 材料可设计成具备有源发光和增益功能。

- 前 / 后腔镜：提供来回起振条件，形成激光，通过腔内反射镜实现。
- 相位调节单元：对腔内光的相位进行控制，便于精细频率闭环锁定。
- 光放大单元：通常是一段或极端半导体光放大器（SOA，Semiconductor Optical Amplifier），用于补偿腔体内的光损耗，同时进行一些诸如自相位调制（SPM，Self Phase Modulation）等非线性效应的补偿。
- 调制器：InP 调制器通常会和 DBR 激光器集成在一起。

3．DBR 激光器的制作流程

DBR 激光器完成设计后，要经过以下 4 个步骤完成制作：

- InP DBR 芯片的加工，在物理层面实现可调光源的关键光、电特性；
- 基于 DBR 芯片特性和高精度电路控制特性，完成控制算法开发和逻辑化；
- 封装 DBR 芯片，集成控制电路，完成加电即可使用的相干光源（ITLA）；
- 在 ITLA 的基础上完成所有次一级光器件、TIA、驱动器等器件封装。

4．DBR 激光器的应用特性

DBR 光源用于信号在光上加载和传输，关键是确保输出的光波传输性能好、调谐稳定性高、灵活性高，因此必须加载 DBR 控制算法，通过游标卡尺效应对所需波长进行选择和控制，形成单纵模（单色）波长输出，如图 5-17 所示。

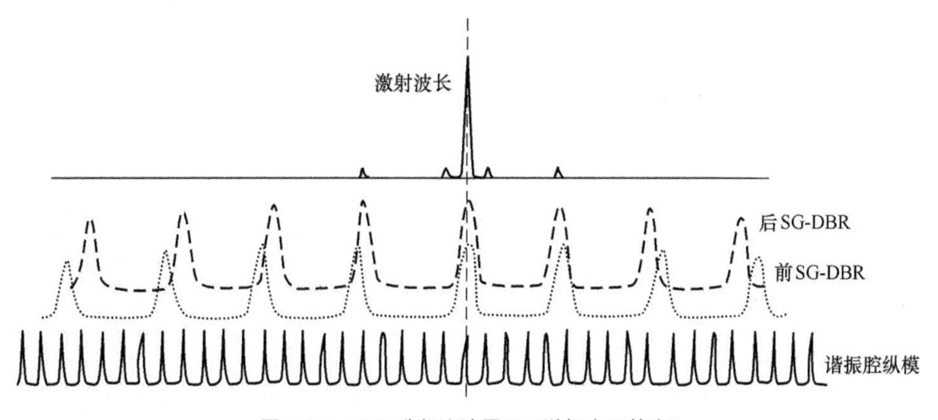

图 5-17　DBR 选频滤波原理（游标卡尺效应）

通过选频滤波输出的 DBR 激光器波长，必须具备以下特性。

- 宽调谐范围：追求 C+ 全波段内任意波长可调，满足 96/120 波以上宽带调谐。
- 高频率精度：波长频率跳动会导致传输误码，因此在激光器的生命周期内，频率精度通常要求小于 ±0.5GHz。

- 窄线宽：对于相干传输系统，波长线宽越窄，单色性越好，传输代价越小，100Gbit/s+ 相干光源的线宽通常要求达到 300kHz 以下。
- 灵活栅格（FlexGrid）特性：满足 FlexGrid 特性，适配不同的网络传输架构，并做到可以实时灵活调整。

5.3.3 硅光技术实现超高密集成及超低功耗

硅光子（Silicon Photonics）技术是以硅和硅基衬底材料作为光学介质，通过与互补金属氧化物半导体（CMOS，Complementary Metal-Oxide Semiconductor）兼容的集成电路制造工艺制造相应的光电器件，如光波导、调制器、探测器、衰减器、偏振检测器等。光信号传输、调制等过程发生在硅基波导和器件中。

1. 硅光器件的技术优势

（1）成本低

由于 CMOS 兼容，硅光芯片的制造可以共享目前已经非常成熟的集成电路（IC）制造工艺和原材料，能够快速规模化生产，良率高。此外，硅光还具有成本优势，硅是地球上分布最广的元素之一，原材料非常丰富，硅光晶圆（Wafer）的尺寸是 InP 的 7 ～ 16 倍（直径 8 ～ 12 英寸，约 20.32 ～ 30.48cm），单位面积成本低。

（2）体积小，集成度高

集成光器件中，波导的尺寸占据了整体器件尺寸的大部分，而波导芯层材料与波导包层材料的折射率差直接影响波导的弯曲半径：折射率差越大，弯曲半径越小，则器件尺寸越小。硅光波导的折射率差是目前所有商用光波导中最大的，因此具有极小的波导尺寸（百 nm 级别）和弯曲半径（μm 级别），其制作的器件尺寸相比传统材料制作的器件小至少一个数量级，具有相当高的集成度。如图 5-18 所示，以阵列波导光栅

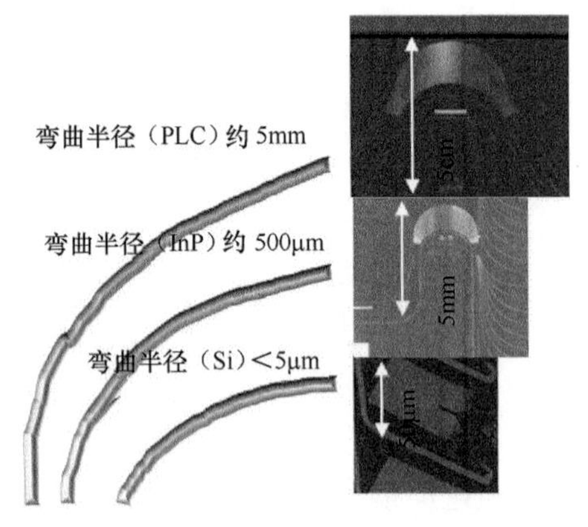

图 5-18　不同材料的 AWG 尺寸比较

（AWG，Arrayed Waveguide Grating）为例，在基于二氧化硅（SiO_2）的平面光波导（PLC，Planar Lightwave Circuit）平台下，波导尺寸为 cm 量级；而在硅光平台下，尺寸却只有前者的千分之一。

（3）功耗低

传统的光器件是由多种材料组成的功能不同的器件，如图 5-19（a）所示为一个普通的发射机结构，激光器、调制器和连接波导分别用 InP、铌酸锂（$LiNbO_3$）和 SiO_2 3 种不同材料制成。各功能器件连接处由于材料的晶格结构不同，导致晶格失配，接触界面不连续有缺陷，光在其中传播会产生散射而损耗；此外，由于不同材料的折射率不同，光在介质间传播也会导致不同程度的反射和折射，因此也会产生一部分损失。图 5-19（b）所示的硅光器件由于统一工艺材料，所以器件内部没有多材料导致的光损耗，因此为了获得与传统器件同样的输出功率，其光源的发射功率要低很多，模块的功耗也相应降低。

（a）传统器件（多材料、多工艺，内耗高）　（b）硅光器件（单一材料和工艺，内耗低）

图 5-19　硅光器件与传统器件在结构工艺上的不同

此外，硅光具有较低的寄生电容，利用其制作的器件只需要很低的驱动电压和控制电压就可以工作，相比传统器件节省了大量功耗。图 5-20 所示为 MZ 调制器的典型驱动电压值，传统铌酸锂材料的驱动电压为 5V 左右，而硅光调制器则只需要 1.5V 即可。

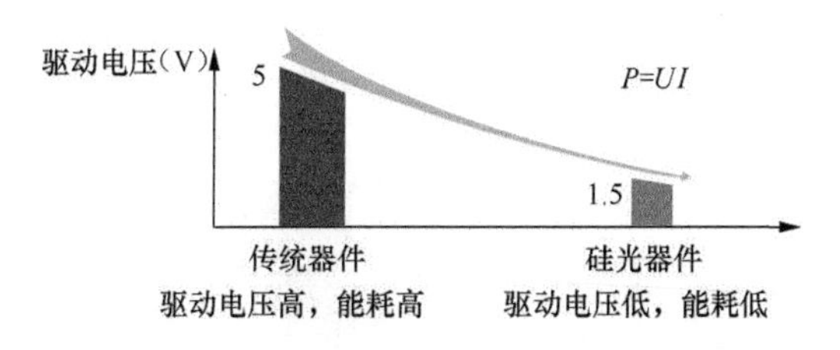

图 5-20　硅光器件与传统器件的驱动电压比较

2. 硅光技术在光网络中的应用

在光传输相干领域，传统的光器件通常是铌酸锂和二氧化硅光集成器件，由于材料特性限制，其器件尺寸难以缩小，且功耗大，无法满足传输系统更大容量、更高密度的要求。硅光技术由于能够提供小尺寸、低功耗、低成本的光器件制造，正逐渐被应用到相干传输领域。

硅光子技术主要包括芯片设计和器件集成两部分。

（1）芯片设计

目前，硅光技术在传输中应用最广、最重要的器件是相干集成发射器（ICT）和集成相干接收器（ICR）。硅光调制器是硅光 ICT 的重要组成部分，作用是将电信号加载到光载波上并发射出去，所有的光发射机都有光调制器。这里以硅基调制器为例，说明硅光芯片的设计。硅光调制器在结构设计上主要包括波导结构和电极两部分。

波导是一个光波的通道结构，光在里面通行，波导的通道方向决定了光波的通行路径，波导的结构（截面长、宽、形状）决定了通行的光的空间的形状变化，可以此改变光学参数。由于硅基调制器的电光效应较弱，需要自由载流子色散效应，通过改变 PN 结区载流子的浓度从而改变光束的幅度和波导折射率。对于结区设计，可以采用载流子注入 PN 结结构，载流子耗尽型 PN 结结构，载流子累积型 PIN 结结构或者金属氧化物半导体（MOS，Metal-Oxide Semiconductor）结构。其中，载流子注入 PN 结结构的调制速率比其他几种要低。MOS 结构的调制效率和尺寸虽然有优势，但工艺上稍复杂。载流子耗尽型反偏 PN 结结构在调制效率和速率上均有很大优势，同时工艺也相对成熟，因此这种设计目前是主流。

电极是分布在波导上的结点，将外部的电流引入波导，构建一个受外部控制的电场，进而控制波导内光波的传输形态。对于电极设计，需要结合波导结构进行优化设计，使折射率匹配、阻抗匹配和电损耗均最小。由于参数的相关性，单一行波电极设计要以上三者都达到最佳容易受到限制。因此，如图 5-21 所示，通常通过行波电极分段的方式或者有源区分段的方式，使得阻抗匹配和折射率匹配以及电损耗同时达到最优值，从而提高调制器的性能。

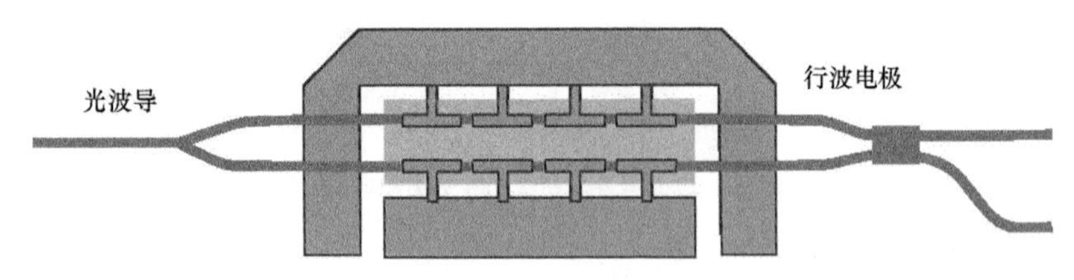

图 5-21 硅光调制器电极

（2）器件集成

硅光集成工艺可以分为混合集成和单片集成两大类。

- 混合集成：由于硅基激光器的性能尚无法满足要求，因此基于硅基器件的光源解决方案仍需要采用 III-V 族激光器和硅基芯片进行混合集成，主要有键合集成和内置集成两种方式。

键合集成采用苯并环丁烯（BCB，Benzocyclobutene）键合工艺将激光器与底层的硅芯片进行直接键合的方式，具有工艺成熟度高的优点，键合效率也在可接受范围之内，图 5-22 所示为 BCB 键合和芯片层叠结构。

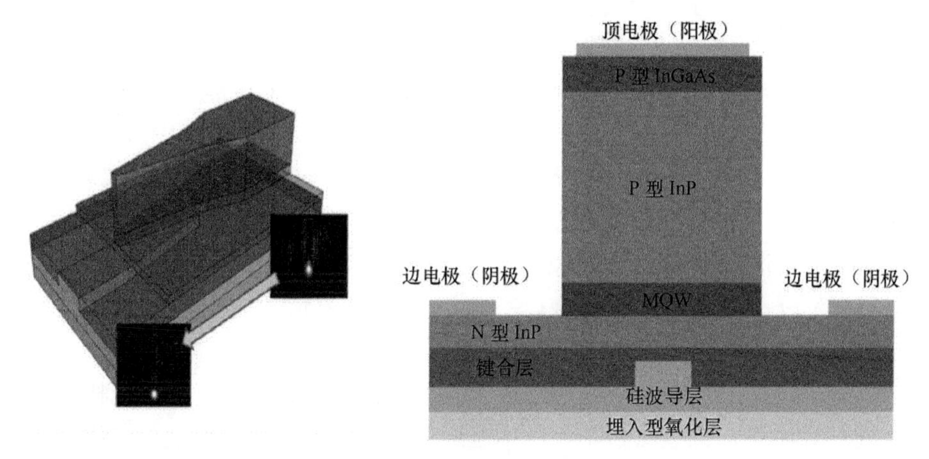

图 5-22　BCB 键合和芯片层叠结构

内置集成是在硅芯片上将激光器的位置留出，直接将激光器芯片放置于对应位置，对应的布拉格光栅等控制部分也在硅波导上进行制作，如图 5-23 所示。此种方案的优点是最大限度地兼容了现有 CMOS 工艺。

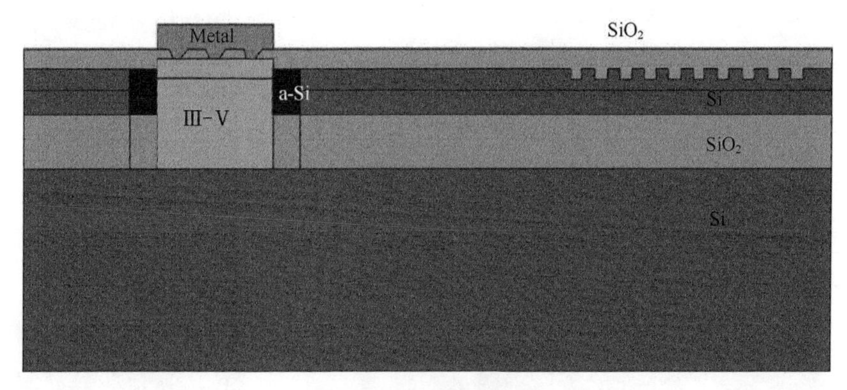

图 5-23　内置集成技术

- 单片集成：与混合集成将不同器件或器件组分别制作完成后再进行集成的方式不同，单片集成即在单一的硅基衬底上生长和集成所有的功能光器件和光波导。单片集成的瓶颈在有源激光器的生长环节，由于制作激光器的 InP 和硅基材料在生长兼容性上还存在较大的技术挑战，目前还仅在实验室研究阶段，真正商用还需时日。

3. **硅光技术的发展趋势**

（1）硅光技术自身的演进

如前所述，硅光技术目前在光网传输中主要应用于光模块发射机和接收机。对于硅光 ICR，因为接收光电二极管（PD，Photo Diode）、光波导、驱动电芯片等均可以用硅基材料制备，因此是实现单片集成最快的器件。但是，发射机受限于必须采用 III-V 族激光器，涉及两种材料的工艺，目前的技术发展分为以下 3 个阶段。

第一阶段：InP 芯片和硅基板分别制作，通过键合式混合集成，技术最成熟；

第二阶段：内置式混合集成，通过 CMOS 平台进行二次材料生长，灵活度高，集成度更高，技术发展很快；

第三阶段：单片集成，直接在硅基片上生长 InP 激光器，一次成型，成本最优。

（2）硅光与石墨烯结合的“超硅光”技术

显然，硅光技术将光通信产业从分立器件时代带入了自动化、规模化生产的集成芯片时代，但硅材料本身并不是最完美的材料。目前发现的二维材料石墨烯用于光电器件上，相比硅材料，在理论上能够得到更大的带宽、更低的驱动电压和更小的尺寸。在目前的硅光器件中直接引入石墨烯，能够实现两种材料的优势互补，构成更加强大的下一代“超硅光”技术。图 5-24 和图 5-25 分别为基于硅光 / 石墨烯混合材料的高速调制器和高速探测器。

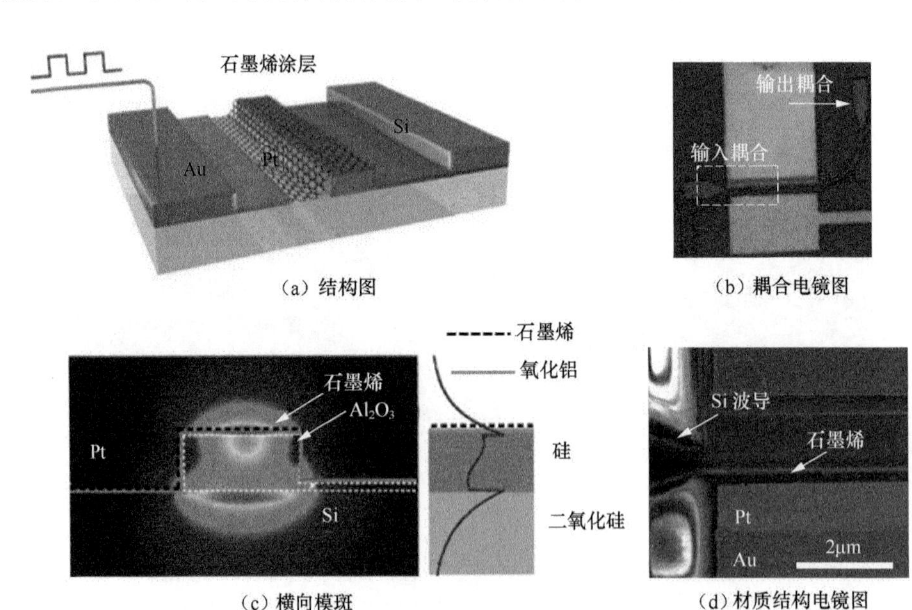

图 5-24　硅光 / 石墨烯高速调制器

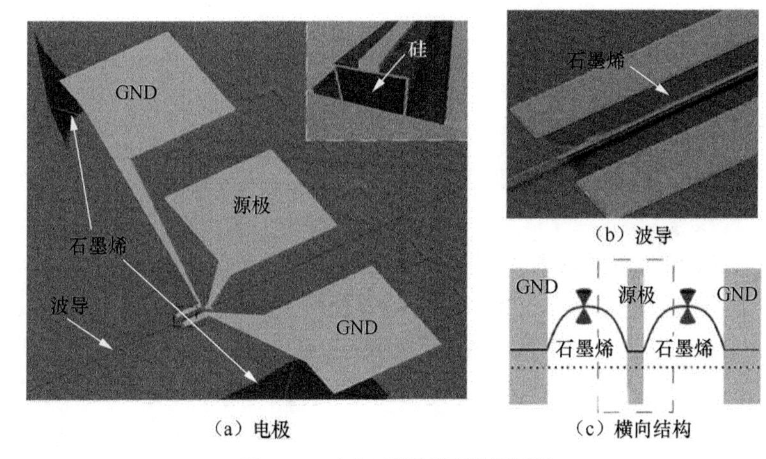

（a）电极　（b）波导　（c）横向结构

图 5-25　硅光 / 石墨烯高速探测器

由于石墨烯的生产制备可以兼容硅基 CMOS 工艺，因而目前的硅光技术和工艺将非常方便移植到石墨烯器件的生产制备上。未来，硅光 / 石墨烯技术作为一种平台技术，将能够实现下一代全光网络的各种光交换、光路由、光逻辑、光存储和光信号处理器件，并且由此实现新型的光学操控机理，完全有可能从物理上颠覆现有光网络中的器件种类和网络架构，实现光网络的大幅度简化和光通信产业的革命。

5.4　节点、系统及交换技术的发展

5G 和云时代的来临，给承载网带来了巨大挑战，包括爆炸式增长的带宽、超低时延，以及供电和机房空间的不足。因此，光网络交换技术也将进一步演进，以应对光网摩尔定律节点交换容量每 3 年翻一番的迫切需求。

光网络交换技术的演进主要有以下两方面：

- 光层从 ROADM 向 OXC 演进，主要提升波长级大颗粒交换容量，简化传统光层架构、部署和运维；
- 电层从单框 OTN 向 OTN 集群演进，主要提升子波长级小颗粒交换容量，资源池化共享，提升可靠性和灵活性。

此外，设备制冷技术从风冷演进到液冷，制冷效率得到了提升，以应对节点容量增大造成的设备功耗增加和机房供电不足的问题。

5.4.1 全光交换技术构建超低时延、一跳直达

在 5G 和云时代，通过全光交换构建全互联（Mesh）化连接和光层穿通，进而实现一跳直达的网络才是时延最低的网络，才能满足大量的、突发流量的快速实时调度。

1. *全光交换技术的发展历程*

最早的光交换起源于 2000 年前后，即光分插复用（OADM，Optical Add/Drop Multiplexing）技术，OADM 只能完成网络节点单向的上下波长业务，进入光节点的一部分波长直接穿通，另一部分波长被本地下载接收，而本地波长经过 OADM 单元上路到线路光纤中。OADM 只能组成环网，但不具备交叉功能。

2008 年前后，业界推出可重配 OADM（ROADM）技术，光层开始具备交换功能。至 2010 年，波长交换的主流架构演进成为基于多个 1×*N* 波长选择交换（WSS，Wavelength Selective Switch）单元构成的多维 ROADM（MD-ROADM），并依据本地上下路的不同实现方式，演化出波长无关（Colorless）、方向无关（Directionless）、无阻塞（Contentionless）3 种特性，并由此经历了 3 代 ROADM 的发展，功能越来越齐全，组网越来越灵活。

第一代 ROADM 是方向无关的可重配光分插复用器（D-ROADM，Directionless ROADM），在线路侧引入 WSS 技术，替换原先的合 / 分波器（Mux/Demux），实现了线路侧的光交换，构建了 Mesh 网络，但在支路侧依旧无法进行光交换，保持原先 OADM 单方向的上下波。

第二代波长无关、方向无关的可重配光分插复用器（CD-ROADM，Colorless Directionless ROADM）在支路侧利用 WSS 器件替代第一代 D-ROADM 使用的合 / 分波器，实现了波长无关、方向无关的上下和交换。但是由于技术局限，1×*N* 结构的 WSS 构成的上下波通路中间段形成了“独木桥”，带来了阻塞。

第三代波长无关、方向无关、无阻塞的可重配光分插复用器（CDC-ROADM，Colorless Directionless Contentionless ROADM）在支路侧整合了多通道广播功能光开关（MCS，Multi-Cast Switch）技术，实现了波长无关、方向无关和无阻塞的上下和交换，实现了完整功能的全光交换。

在技术实现上，基于 WSS 技术的 ROADM 已经成为业界商用主流，成为大容量、高可靠光层组网的硬件基础。图 5-26 所示为一个典型 CDC-ROADM 的技术实现方式，基于 1×*N* WSS 以及由耦合器组件搭建的 MCS 上下波组件，能够支持最大 20 个维度方向上的任意信道上下波。

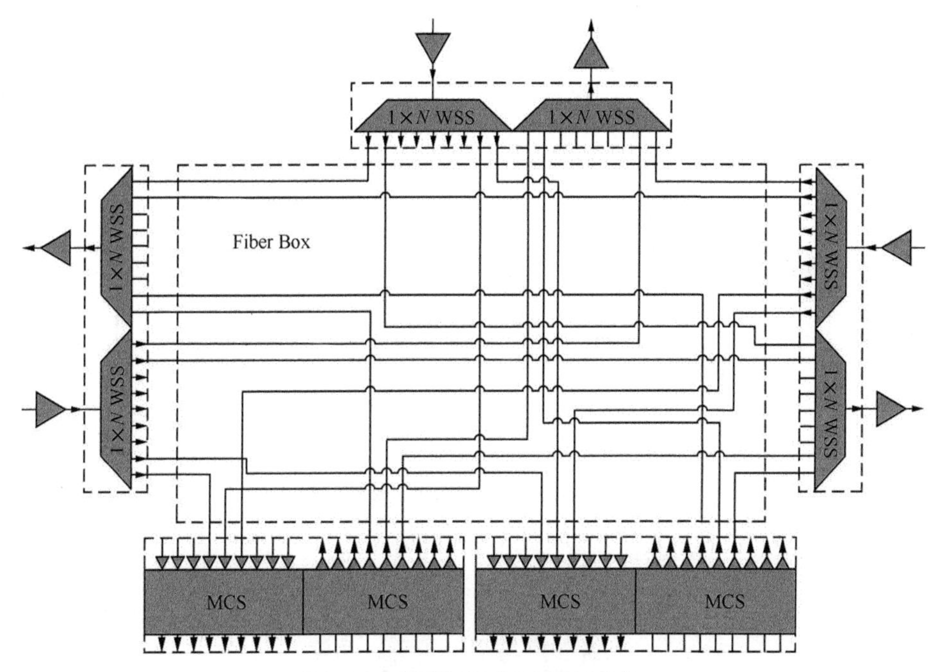

图 5-26　典型的 CDC-ROADM 结构

2．OXC 作为新一代光层的技术演进

CDC-ROADM 能够实现光交换功能，但需按业务需要逐一连接光纤。随着交换维度的增加，光纤连接越来越多、越来越复杂，最终设备与运维都将不堪重负。

图 5-27 反映了随着交换维度的增加，机房光纤布放的复杂程度变化。对于一个 8 维的 CDC-ROADM，其线路侧的连纤数量为 112 根，本地支路上下的连纤数量为 768 根，而对于 16 维的 CDC-ROADM，线路和支路的连纤数量将分别达到 480 根和 1536 根。通常按照工程人员产生 5% 的连纤错误评估，9 维以上的 CDC-ROADM 已经非常难以运维和管理了。

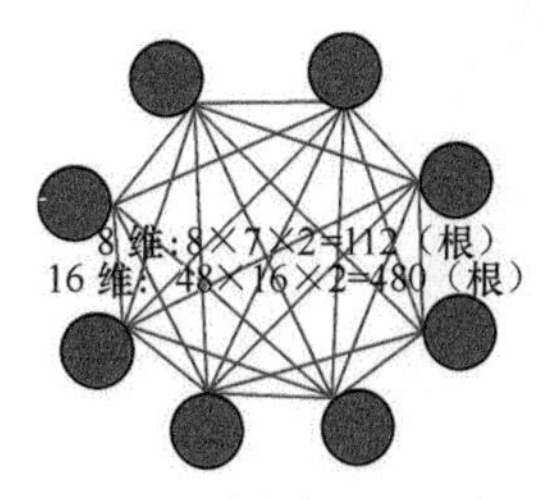

（a）线路侧的连纤数量

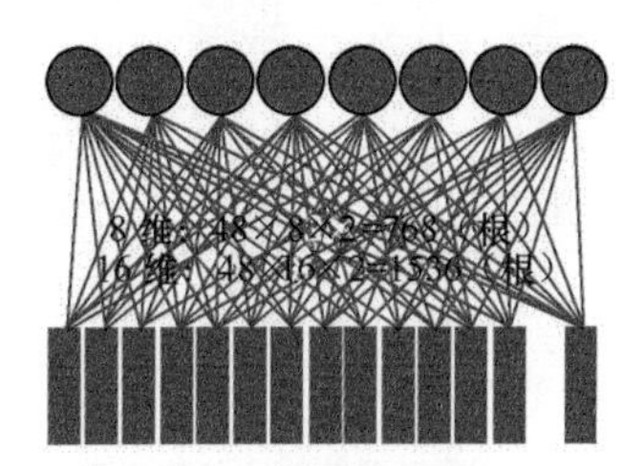

（b）本地连纤数量

（c）机房复杂连纤

图 5-27　CDC-ROADM 连纤的复杂度

此外，CDC-ROADM 受限于器件工艺水平，集成度普遍较低。如图 5-28 所示，CDC-ROADM 的光层板卡只能支撑 1 ～ 2 个光处理功能单元，每个方向需要占用一个子架，由此占用了大量的机房空间，特别是站点方向增多后，机房空间将严重不足。

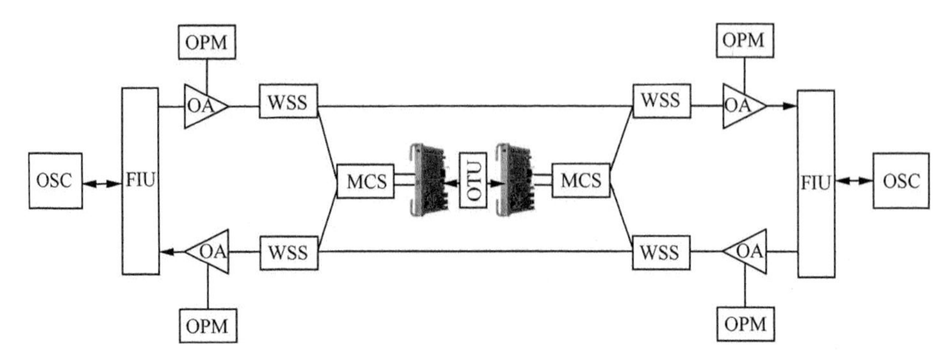

图 5-28　CDC-ROADM 的光层板卡数量众多

随着 ROADM 技术的持续演进，下一代光交换技术将朝着更大维度、更高级程度和简化运维的方向发展，基于 MCS 的技术将受到可靠性、维度数目的限制。

OXC 则是事先设计好光路连接与交换矩阵，可实现任意端口间、任意波长间、任意方向间的光互联路径，通过软件控制来配置波长，因此运维非常简单，能实现实时的按需业务配置。

相比 CDC-ROADM，OXC 开创了全光交换的新时代，主要体现在：

① OXC 采用全光背板，省去了 ROADM 的复杂连纤，简化了部署和运维；

② 如图 5-29 所示，OXC 在一个槽位线路板上集成了 2 块 OAU 单板、2 块 FIU 单板、一块 OSC 单板、一块 OPM 单板，以及双 DWSS 器件，整体集成度提升了 7 倍以上，因此可以实现单框 300Tbit/s 以上的交换容量；

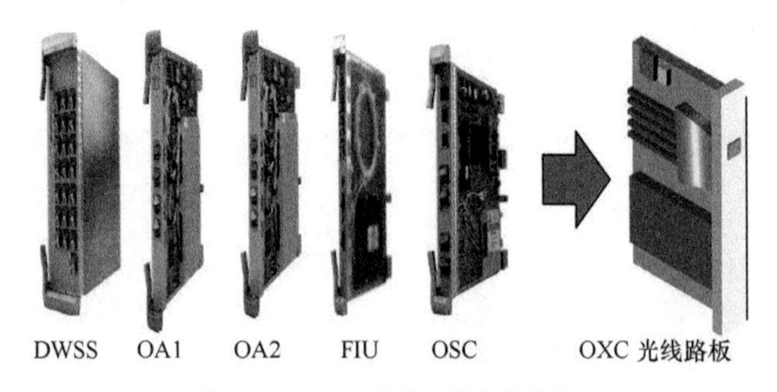

图 5-29　OXC 提升了设备集成度

③ 引入 $M \times N$ WSS 替代传统 ROADM 的 MCS，大幅降低分光带来的损耗，使得能够支持 32 维以上的方向调度，并省去了光放，提高了设备的可靠性；

④ OXC 简化设备形态和运维，并具备正交频分复用（OFDM，Orthogonal

Frequency Division Multiplexing）调顶等高精度波长监控技术，能够实现实时网络资源与性能可视化，包括可视化光纤质量、可视化波长级性能、可视化波长利用率，以及可视化波长路径。

3．OXC 关键技术演进

OXC 作为新一代全光交换的革命性技术创新，主要包括以下 3 个方面。

（1）光纤连接演进到光背板连接

OXC 通过先进的光背板技术实现所有光路径的连通，以及 ns 级时延的超快速波长交换。光背板的集成度比电背板提高了 10 倍，交换容量提升了 15 倍，而每比特功耗仅为前者的百分之一。

与光纤的连接方式不同，光背板和光支线路单板的连接是通过二者的接口对接而成的，接口内有光的耦合透镜组，光在其间以自由空间传播模式传输，而非光纤中传输的光波导模式。由于接口在对接时难免要暴露于外部空间，而接口内的透镜镜头极易沾染灰尘影响光路的传输质量，因此需要采取防护机制。如图 5-30 所示，OXC 具有两级防尘技术来确保光背板在对接光支线路单板时不受灰尘影响。第一级防护在光背板接口处设有自动感应防尘盖，在其与光支线路单板非连接时封闭保护连接口，而在单板接口插入时自动感应，打开防尘盖实现连接，由此保证对接开启前灰尘不会进入接口内。第二级防护位于接口滤网，在镜头前构建第二道防线，用于阻隔防尘盖开启后进入接口的灰尘颗粒。此外，还可以使用清洁笔定期对光接口镜头表面进行手动清洁。

光背板技术使 OXC 系统真正实现了无纤化连接，极大地节省了原先机房光层子架间复杂的连纤工序，也简化了对大量杂乱的跳纤的后期运维。

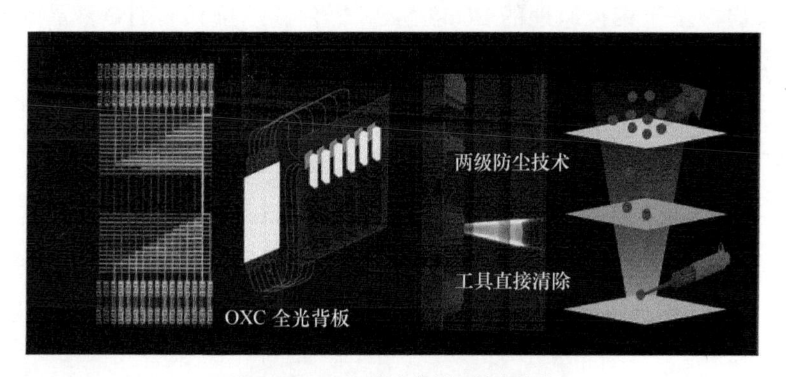

图 5-30 OXC 全光背板及防尘技术

（2）WSS 技术从 ITO 液晶向 LCoS 技术演进

如上所述，光背板构建了波长的通路，而波长交换技术则实现了波长传输的配置和重组。最早的波长交换技术采用微机电系统（MEMS，Micro-Electro-

Mechanical System）技术，只能进行光纤端口交换，无法对具体波长进行重新分配和单独路由。

新型的 WSS 技术采用光栅衍射，可以将端口进来的波长组细分后重新组合，形成波长配置重构并输出。WSS 技术发展至今经历了两代，从氧化铟锡（ITO，Indium Tin Oxide）液晶技术发展到最新的硅基液晶（LCoS，Liquid Crystal on Silicon）技术。

ITO 液晶和 LCoS 都有一个光学平面接收经过衍射光栅分开的细分光线，平面上分布的液晶点阵用于控制波长方向。ITO 液晶点阵分立排布，密度低，精细度不够，只能处理 50GHz 间隔以上的波长，交换容量小，且体积大。LCoS 得益于硅光技术的高集成性，液晶点阵具有更细的精细度，可以处理 12.5GHz 或者更小间隔的波长，同样光谱范围内的波长更多，交换容量提升了 8 倍。

ITO 液晶通过液晶点阵的偏振态控制光线前进的路径。由于光仅有两个偏振态，所以单层的 ITO 点阵仅能实现两个方向光路由。对于一个 1×9 维度的交换矩阵，需要 5 层的 ITO 点阵面，器件厚度和体积大，插损大，并且已经达到交换维度的极限。光线在 ITO 液晶中透射向前传输，输出端口上的光斑截面宽，信号质量受限。

如图 5-31 所示，LCoS 采用相控技术，波长组经过衍射光栅分解为许多细分波长，经 LCoS 阵面上像素点反射回自由空间。LCoS 阵面通过电压控制和改变每个像素点的折射率变化，即给每个细分波长都附加一个控制相位，由此调节细分波长反射回自由空间的偏转角度。因此，通过不同的电压就可以方便实现细分波长偏转到输出面的不同端口并连接到光背板，实现波长的重新分布和组合输出。基于相控原理的 LCoS WSS 器件，厚度只有 ITO 液晶的 1/10 ~ 1/5，非常适合制作方向和维度较高的 WSS 器件。此外，光线在 LCoS 中反射传输，输出端口的光斑截面窄，信号质量高于 ITO 液晶，OSNR 提升了 1.5 ~ 2dB。

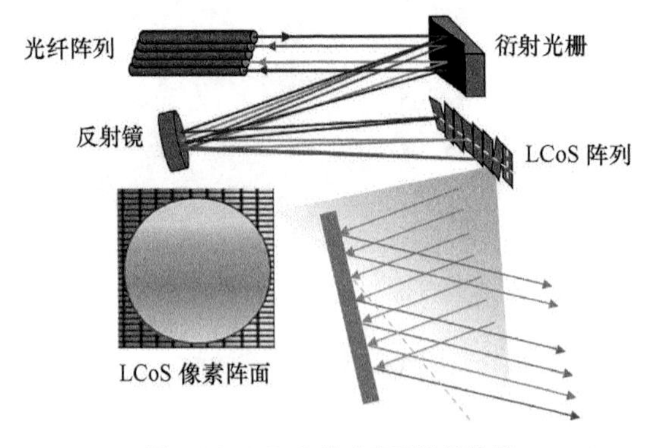

图 5-31　LCoS 技术实现波长选择

（3）支路 MCS 向 AD WSS 演进

上下波技术决定本地和线路侧之间的波长交互。在 CDC-ROADM 时代，为了实现无阻塞，利用 MCS 技术替代 CD-ROADM 的双 $1\times N$ 型的 WSS 上下波结构。虽然 MCS 技术实现了无阻塞上下波，但比 WSS 技术插损大、可实现的交换维度低，功耗和体积也大。

图 5-32（a）所示为一个典型 CDC-ROADM 的技术实现方式，基于光功率分路器（Splitter）以及光开关组件搭建的 MCS 上下波组件，能够支持最大 20 个维度方向上的任意信道上下波。如图 5-32（b）所示，在 OXC 时代，由于 $N\times M$ 型的 WSS 技术突破，使基于 $N\times M$ WSS 技术的 AD WSS（Add/Drop WSS）器件重新替换回 MCS 器件，省去了光放，功耗降低了 50%，交换维度占比从 30% 提高到 100% 上下波。对于目前的 4K 精度 LCoS，$N\times M$ 的 WSS 技术需要两级 LCoS 阵面以实现多通道间的交叉平衡；当技术演进到 8K 液晶，就可以单个 LCoS 阵面实现 $N\times M$ 的 WSS 功能。

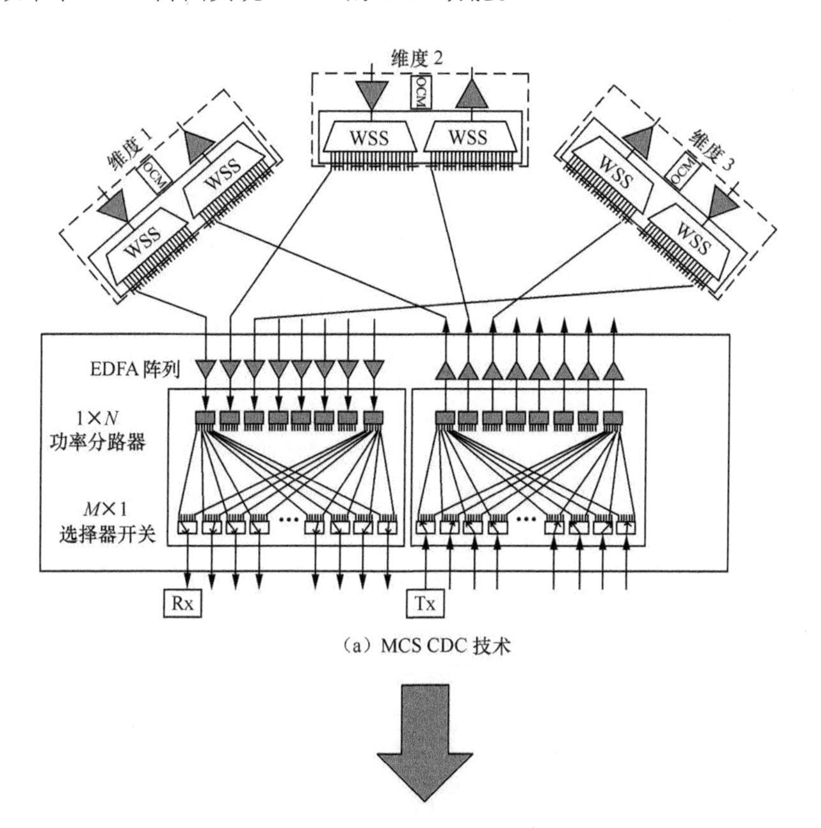

图 5-32　AD WSS 技术取代 MCS 技术

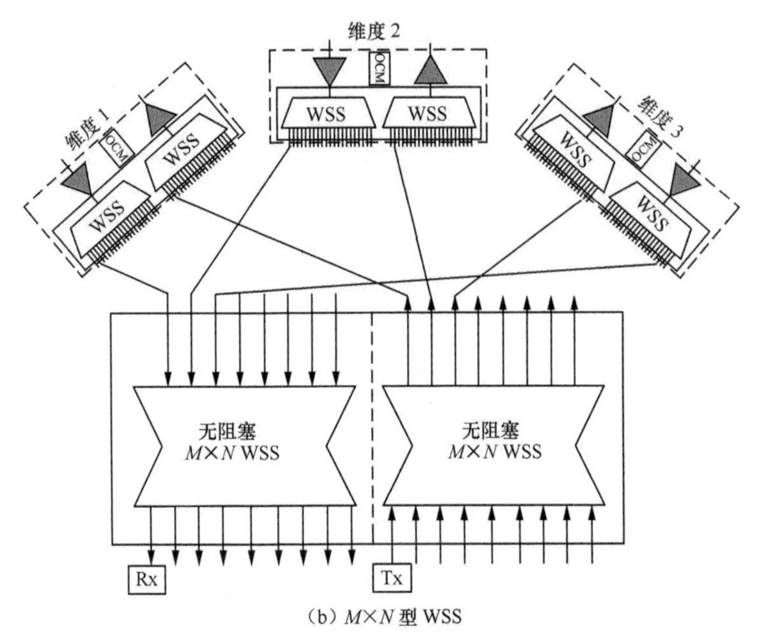

（b）$M \times N$ 型 WSS

图 5-32　AD WSS 技术取代 MCS 技术（续）

4. OXC 未来的进一步发展

目前 OXC 的光背板主要采用光纤连接，随着硅光技术的进一步发展，未来将采用硅光背板构建 OXC 任意端口的 Mesh 化互联，并且由于硅光技术方便实现多通道集成，可以在背板内部形成 1+1 光通道保护，可靠性将提高 50%。

此外，OXC 发展的另一个方向是实现更低颗粒度的光交换，以满足城域环境有限带宽下的快速业务交换。具有极细粒度光谱处理能力的 FlexGrid 子波长全光交叉技术，使传统的光交叉能力从波长级进一步延伸到子波长级，一举突破了运营商在汇聚层 / 接入层节点业务颗粒度小、无法实现快速光交换的产业技术瓶颈，实现了从核心层到接入层端到端的全颗粒度、超低时延全光交换及一跳直达。

OXC 带来了光交换网络的新一轮技术与产业革命，使光交换网络在满足大容量、低时延用户体验的同时，确保了设备体积与功耗上的控制，简化了运维。未来，光承载网将逐渐演进到以 OXC 网络节点扩展的极简全光网络，提供超大带宽和超低时延体验，实现多业务快速发放和一跳直达，以及全自动化和智能化的高效网络运维管理。

5.4.2　OTN 集群实现容量升级平滑演进

1. OTN 集群的演进驱动

5G 时代，承载网核心节点作为流量高地，将逐渐步入资源池化时代，OTN

交换从单子架向多子架演进，主要驱动因素在于以下几个方面。

① 首先是交换容量驱动，目前核心节点流量保持每年 40% 的高速增长，未来交换容量将向 100Tbit/s+ 演进，单个 OTN 子架的容量、槽位、散热有限，需要多子架进行业务承载。

② 网络架构向 Mesh 化演进，大流量与 Full Mesh 互联，驱动核心节点交换方向增多，一个方向一个子架的建网模式驱动单节点向多子架演进。

③ 网络扁平化发展要求业务跨层一跳直达，骨干和城域跨层 OTN 调度增多。对于同一机房汇聚层和骨干层的往来业务，不同子架的 OTN 无缝调度越来越多。

④ DCI 及专线业务增加，OTN 跨子架调度增多。根据分析师报告，1Gbit/s 以上速率的大颗粒专线年增长达 25% 以上，这类业务在物理上往往需要跨网层、跨平面的传送；不同专线业务在接入点与汇聚点共用大管道，在核心层则需要根据不同方向基于 OTN 调度进行重组传送，以提升波道利用率。

⑤ 保护增强，OTN 跨子架调度增多。网络 Mesh 化提供了更多的保护路由，多方向的 ASON 保护需要不同子架间的 OTN 调度。

2. OTN 集群的优势

如图 5-33 所示，传统模式下的 OTN 多子架互联，通过多种业务单板实现跨子架互联，一旦站内应用场景变化，就需要改变硬件，并人工上站操作。OTN 集群方案采用集中交换框，实现站点的波长和光通道数据单元（ODU*k*，Optical Channel Data Unit-*k*）资源池化，使得电子架实现了平滑扩展，交换容量可达 100Tbit/s+，通过远程操作发放业务，大幅提升了端到端的运维效率。

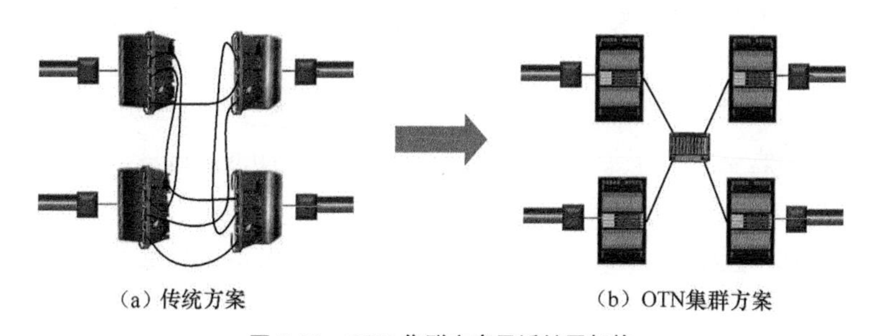

图 5-33 OTN 集群方案灵活扩展架构

OTN 集群实现资源池化，实现节点和网络最大价值。

① 硬件零浪费：资源池化使得业务变化时无须更换子架互联硬件，投资零浪费。同时，还可省出更多的业务槽位，使系统的接入能力提升 20% 以上。

② 通道利用率最大化：波长和 ODU*k* 资源的跨子架共享，使得保护带宽、

ASON 通道实现了充分共享，资源利用率最大化。

③ 规划简单化：传统情况下，调度业务常常具备突发性，规划困难；OTN 集群池化的系统能力大幅简化了规划和设计。

④ 运营智能化：OTN 集群的远程配置替代了人工上站，调度时间从几周减至几分钟，效率大幅提升。

OTN 集群与单机容量提升并行演进，逻辑上形成了数倍于单机的大容量调度系统，支撑大容量数据中心（DC）节点、传统通信网络长期平滑演进。不久的将来，核心节点大量应用 OTN 集群将成为必然。

5.4.3 液冷技术推进绿色机房建设

随着通信业的高速发展，网络核心设备、动力系统、机房设备等能耗占社会总能耗的比重越来越大。未来，传输设备持续向高速、高密、高功耗的方向发展，传统冷却方式能耗占比将达到机房总能耗的 60% 以上，对机房空间、供电和散热都将产生巨大的压力和挑战。

电源使用效率（PUE，Power Usage Effectiveness）是机房消耗的所有能源与设备负载使用能源之比，是用于评价机房能源效率的指标。

PUE= 通信机房总能耗 / 设备负载能耗

传统风冷机房的 PUE 值都在 2 以上，即 50% 以上的能耗用于非设备工作消耗，如空调、不间断电源（UPS，Uninterruptible Power Supply）等。液冷技术由于其高效、节能等优势，能够使机房的 PUE 值降低到 1.2 以下，并使机柜的热承受力提高 2 ～ 3 倍，有助于构建绿色节能、高可靠、高集成、易维护的未来新型电信机房。

液冷，即利用液体将设备的热量带走，最终与环境完成热量交换。典型的液冷机房如图 5-34 所示，设备发热由液体带到机房外，通过干冷器或冷却塔直接与环境交换热量。由于液体比热容千倍于空气，100kg/s 的空气温升 10℃带走的热量，液冷仅需 1kg/s 空气温升 1℃即可达到。若液体发生相变，散热能力又可以提升 10 倍以上。因此，液冷是未来超高功耗设备散热的首选。

IBM 针对其在美国的 9 个主要数据中心进行能耗测试（见表 5-2），结果表明：液冷机房比传统机房的能耗节省提升 90%。

如图 5-35 所示，液冷技术从应用范围可分为柜级液冷、板级液冷、芯片液冷，越靠近芯片器件，液冷越高效；从技术领域可分为单相冷却、相变冷却；从运行压力可分为正压液冷和负压液冷；从关键部件角度可分为有泵液冷和无泵液冷；从冷板实现形式角度可分为快接液冷、干接触液冷、浸没液冷。当前行业较热门的是板级液冷、浸没液冷、负压液冷、相变液冷。

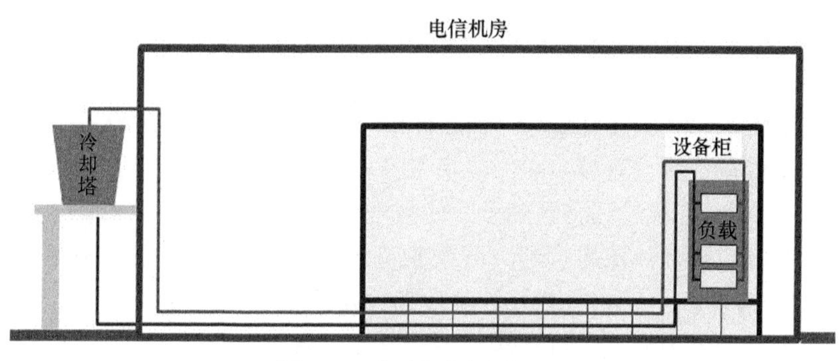

图 5-34　典型的液冷电信机房

表 5-2　IBM 在美国的 9 个主要 DC 的能耗测试

	典型数据中心制冷（kW）	基于液冷的数据中心制冷（kW）	能耗节省（kW・h）	本地电费（美元 /kW・h）	能耗成本花费（美元）
纽约市	500	20.7	11 504	0.0973	1119.3
芝加哥	500	15.4	11 631	0.075	872.3
旧金山	500	15.0	11 640	0.1078	1254.8
罗利	500	15.6	11 625	0.0613	712.6
达拉斯	500	31.5	11 243	0.0658	739.8
凤凰城	500	32.5	11 220	0.0674	756.2
西雅图	500	15.0	11 640	0.0396	460.9
布法罗	500	16.0	11 617	0.0973	1130.3
波基浦西	500	15.5	11 627	0.0973	1131.3

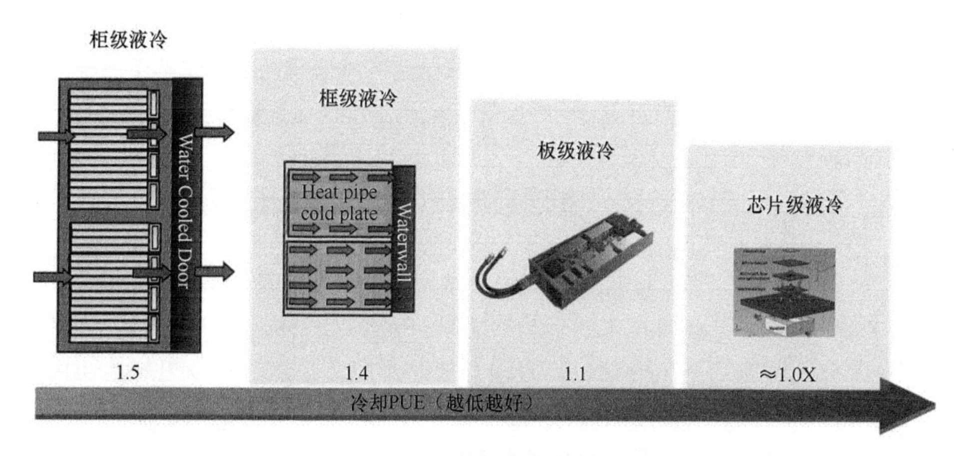

图 5-35　液冷技术的分类

① 板级液冷，冷板（液体散热器）直接与芯片接触，流动的液体带走热量，通过快接头连接至散热部。间接式传热可在现有风冷系统中改造，应用最广。

② 浸没液冷，将单板浸入不导电液体（电子氟化液 / 矿物油），利用液体升温或者相变带走热量。直接传热，效率最高，但不易维护。

③ 负压液冷，通过真空泵或者其他技术，使得液冷系统中的部分区域低于大气压，泄漏后无液体流出管道。可靠性高，但成本高，且负压维持不易。

④ 相变液冷，工质在与芯片接触的部位发生相变，由液体变为气体带走大量热量，系统泄漏为漏气，且制冷剂不导电。传热能力最强，但技术难度最大。

| 5.5　从自动化到智能化 |

未来光网络的发展趋势是智能化和意图驱使，即通过引入 TSDN、大数据分析和人工智能技术，以用户的商业逻辑和业务策略意图为驱动，构建一个基于全生命周期自动化、自优化、自治化的数字光网络。

- 自动化：指业务发放、网络部署和维护的自动化，通过网络管理和控制单元的一体化，打通新建 TSDN 和传统网络，实现业务的一点即时开通和发放流程全自动化。
- 自优化：指在自动化的基础上，进一步引入智能分析单元，实时采集网络数据、感知网络状态，基于业务和网络 SLA 承诺生成优化策略，使能网络从开环配置走向闭环优化。
- 自治化：是指进一步增强分析单元的“智力”水平，引入人工智能和机器学习算法让网络具备自学习能力，从给定的静态策略演进到基于自学习的动态策略，实现智能安全防护、智能预测主动优化，最终实现网络自治。

5.5.1　TSDN 集中管控，实现自动化网络运维和资源配置

智慧光网络的自动化实现依靠 TSDN 技术，包括自动化管理和自动化控制，而 TSDN 技术来源于 SDN 技术的兴起和延伸。SDN 是一种灵活开放的网络架构，将部分或全部网络功能软件化，更好地开放给用户，让用户可以更好地使用和部署网络，以适应快速变化的云计算业务。

1. 传统网络架构向 SDN 网络架构的演进

如图 5-36 所示，左侧是传统网络架构，右侧是基于 SDN 的传送网络架构。

从架构层次来看，两者都是三层架构体系，底层是网络设备，中间层是管理或控制系统，上层是应用层。

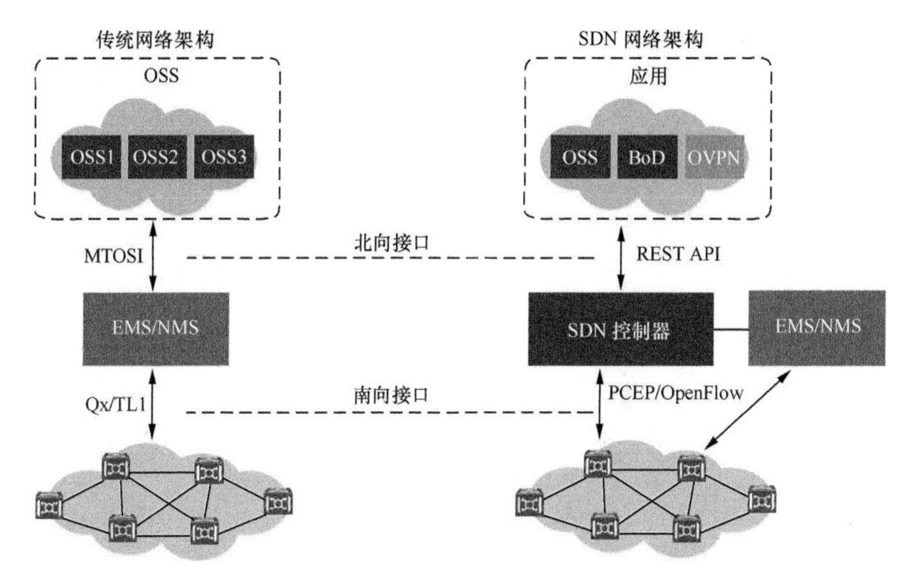

图 5-36　传统网络架构与 SDN 网络架构的对比

- 传统网络架构：南向接口用于查询设备配置，无法实现网络的实时信息交互或控制；北向接口是面向网络管理的多技术操作系统接口（MTOSI，Multi-Technology Operations System Interface），基于 ITU-T G.805 网络分层模型逐层配置，操作复杂。
- SDN 网络架构：南向接口采用控制器与网络设备实时交互协议，能够实现网络的实时信息交互及控制；北向接口是面向业务的 REST 应用接口，有利于上层应用的快速开发和应用，操作简单。

2. TSDN 网络架构和功能模块定义

TSDN 技术作为 SDN 技术在光网络领域的延伸，成为未来光网络发展演进的重要方向。如图 5-37 所示，TSDN 架构遵从 IETF/ONF 标准组织对 SDN 架构的定义，包括数据层、控制层、协同层和应用层 4 个功能模块。

① 数据层：由网络设备网元组成，主要任务是处理和转发不同端口上各种类型的数据。同时，通过南向接口，实现控制平面对物理设备网元的控制。

② 控制层：分为 TSDN 单域控制器和 TSDN Super 控制器。

- TSDN 单域控制器主要将物理层的网元信息抽象，通过南向接口协议实时获取网络资源，并给物理层数据处理转发提供控制指令，以及在网络状况发生改变时及时做出调整以控制网络的正常运行。同时，控制层也能将网络资源抽象，通过北向接口向上层 Super 控制器或协同层 / 应用层提供标准的服务接口，支持原厂或者第三方的各类应用。

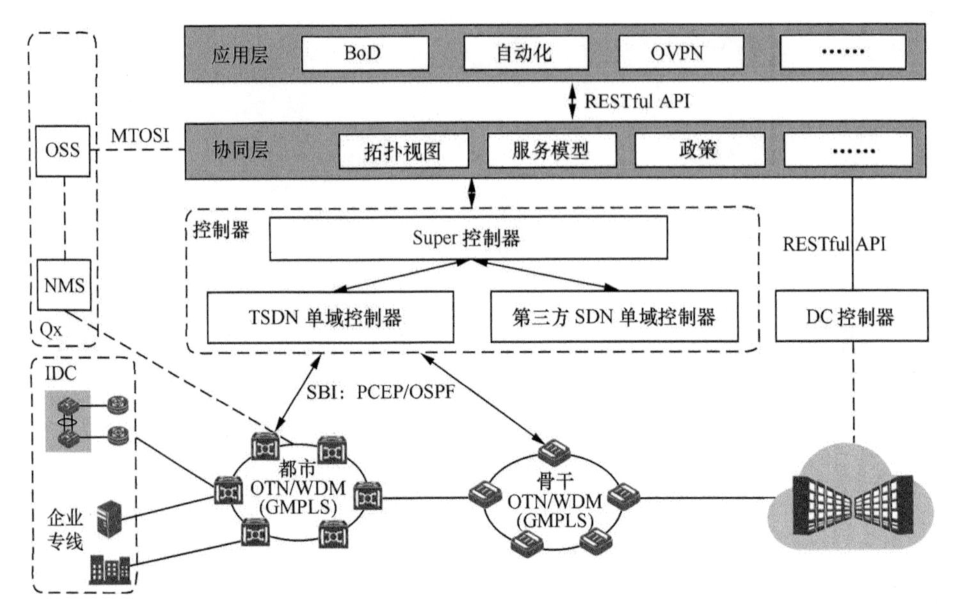

图 5-37　TSDN 网络架构

- TSDN Super 控制器主要和各个单域 SDN 控制器进行连接，负责控制第三方传送 SDN 控制器，实现传送领域端到端资源抽象、路径管理和计算，以及实现策略管理等功能。SDN Super 控制器可以使上层协同层轻载，降低协同层的开发难度，使第三方公司可以快速开发协同层和应用层功能，更聚焦于上层业务应用，快速开发更多的创新应用。

TSDN 单域控制器和 Super 控制器的主要区别是，前者主要完成域内算路、同层域内算路和设备配置；而后者主要完成同层跨域算路及跨层跨域算路。

③ 协同层：通过各个领域 SDN 控制器提供的标准北向接口，协同器可以实现端到端的资源呈现、管理、业务路径管理、业务策略管理等功能。

④ 应用层：基于开放的业务平台，可以提供可编程的网络应用。

TSDN 的 4 层架构中，控制层中的 TSDN 控制器分别具有北向接口和南向接口，具体如下。

- 北向接口：TSDN 架构中，SDN 控制器和协同层 / 应用层之间的接口对于 SDN 控制器来说是北向接口，国际互联网工程任务组（IETF）定义的基于 REST（Representation State Transfer）的北向 API，是当前的

主流协议接口，具有结构化、可扩展、灵活和易定义的特点。同样的，TSDN 单域控制器和 Super 控制器之间的交互，以及第三方 SDN 单域控制器和 Super 控制器之间的交互，也都基于 REST API。

- 南向接口：TSDN 架构中，SDN 控制器和物理层之间的接口对于 SDN 控制器来说是南向接口，当前业界的主流意见是多协议并存，目前主流的协议有 IETF 定义的路径计算元件通信协议（PCEP，Path Computation Element Communication Protocol）以及开放最短路径优先（OSPF，Open Shortest Path First）协议。

3. TSDN 技术在光网络中的应用

在光网络系统中，TSDN 技术主要用于帮助实现网络运维的自动化、使能虚拟化集中管控、促进网络协同、增强网络弹性，并实现网络开放，具体如下。

- 自动化：将原先离线、离散的多个规划和运维工具有机连接起来，打通端到端业务流程，实现网络自动化运营，缩短业务上市时间。
- 虚拟化：设备虚拟化，实现远程集中管理和控制，简化运维。
- 协同性：IP+ 光多层协同，多域大网集中管理，提升网络资源利用率，节省建网成本。
- 弹性化：实现网络可编程（编码格式、载波数、谱宽等），提升管道的频谱效率；L0/L1/L2 多层协同控制，实现基于业务感知的波长 / 子波长 / 分组（Packet）流量动态调整。
- 开放性：简化 OSS 集成，加快新设备、新技术的引入，同时提供丰富的应用，实现网络增值，确保网络管理更敏捷。

（1）自动化

传统的业务网络采用不同的工具软件，实现业务规划、业务设计、性能监视、网络管理，彼此之间是相互割裂的，端到端业务处理的数据无法实现共享，导致业务响应速度慢，运维成本高。

如图 5-38 所示，TSDN 控制器通过集成规划和设计工具、性能监视系统、运维工具等应用，不仅能够实现上下游环节之间的数据共享，而且能够基于现网数据实现自动规划、自动设计、自动部署、自动监控，可有效地缩短业务发放时间，降低业务运维难度。

（2）虚拟化

网络接入层中存在大量接入设备，这些设备通常采用点到点、链形、环形组网，业务流向相对单一，网络拓扑相对简单，但网元管理、业务配置和告警处理等业务流程与汇聚层 / 核心层设备在功能上基本相同。由于接入设备数量繁多，如何有效地简化配置与管理是运营商面临的一大难题。

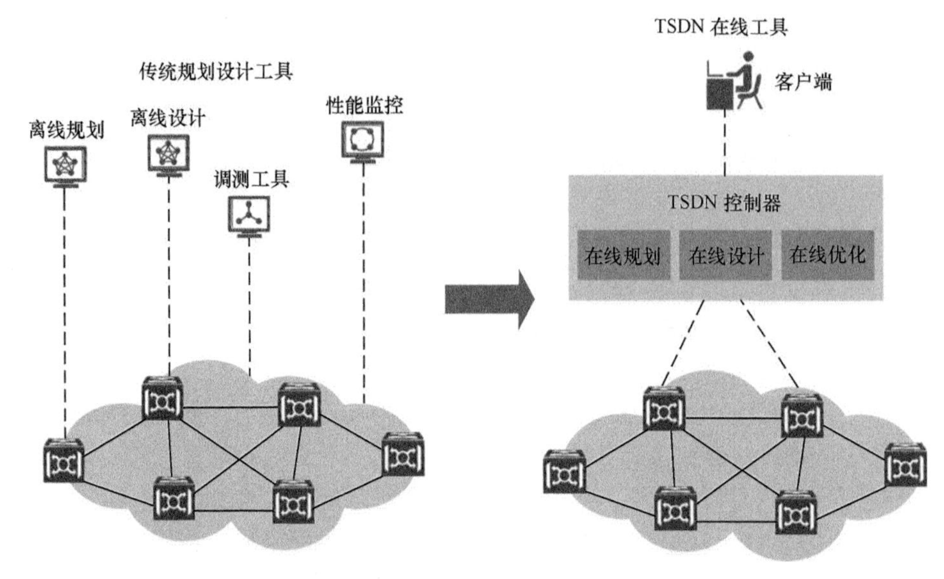

图 5-38　传统规划设计工具和 TSDN 在线工具的比较

TSDN 控制器采用虚拟化技术，在集中控制侧实现对远端接入侧设备的统一管理与控制。

- 远端接入侧：接入设备虚拟化后，仅仅具备简单的硬件设备和基本的底层软件控制功能，不再单独具备网元管理、业务配置和告警处理等功能。
- 集中控制侧：一个集中控制点可以控制一个或者多个远端接入点。远端接入点的设备在集中控制点上体现为一个从属设备，或者仅仅是一块设备单板。集中控制点可以实现远端设备的虚拟化管理，对远端接入侧设备进行拓扑发现、自动开局、参数配置、保护控制等操作，实现运维简化。

（3）协同性

① 跨域协调性。

由于网络规模不断扩大，以及设备侧控制协议的限制，网络需划分成不同的子网进行管理。不同子网之间的信息无法互通，导致跨域业务无法选择全网最优的路径资源，且无法很好地支持端到端跨域保护。同时，在采用多厂商设备组网时，如何实现多厂商网络的统一控制，也是运营商面临的一大难题。目前，如果采用厂商提供的 SDN 控制系统，运营商面对的多厂家协同管理能力基本上难以解决。

如图 5-39 所示，TSDN 多域控制技术能够从网络设备的各个子网获取网络拓扑和资源信息，掌握着全网的资源信息，可以实现跨多域的最优路径计算。

通过对整个网络的集中控制，可以解决网络资源浪费的问题，同时也能够提升业务端到端保护恢复能力。

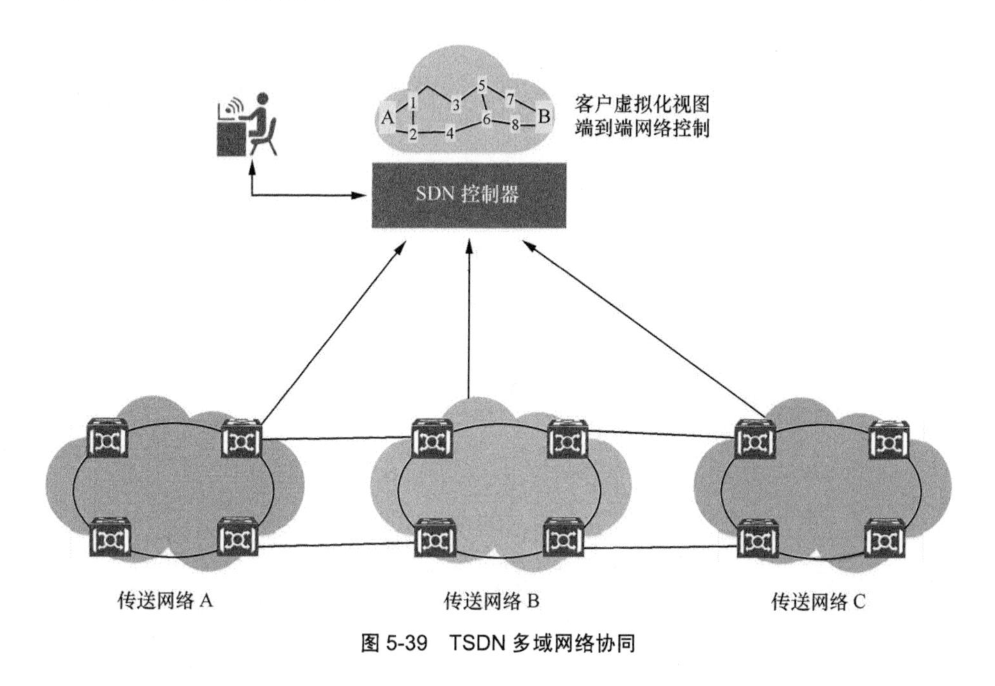

图 5-39　TSDN 多域网络协同

② 跨专业协同性。

传统组网方式下，路由器和波分设备之间的组网是相对独立的；在维护架构上，它们也分属不同的维护体系。不同的网络层次之间既没有实现资源信息的共享与规划，也没有实现不同网络层次之间的保护联动，因而造成了网络资源的浪费。

如图 5-40 所示，路由器控制器和传送控制器通过对所管辖设备的资源抽象，实现本域范围内设备的路径计算和业务发放，并且抽象后的链路资源信息和业务信息可以被协同层读取和调度，达到跨层业务快速发放、保护恢复协同、优化策略的部署（比如基于流量均衡策略、资源预留策略等），从而提高资源利用率和业务保护恢复能力。

（4）弹性化

传输网中包含 L0/L1/L2 多个层次的交换技术，不同的网络层次对应不同的业务属性，包括业务质量（QoS）、服务等级协议（SLA）、时延、带宽等。若要提供客户所需要的业务属性，则需要人工进行规划、设计与业务发放，将导致效率低下。

如图 5-41 所示，TSDN 多层控制技术能够搜集整个网络的业务属性信息，结合客户的业务需求，计算出全局最优的业务路径，并通过集中控制实现业务

的快速发放，从而有效提升业务的发放效率。

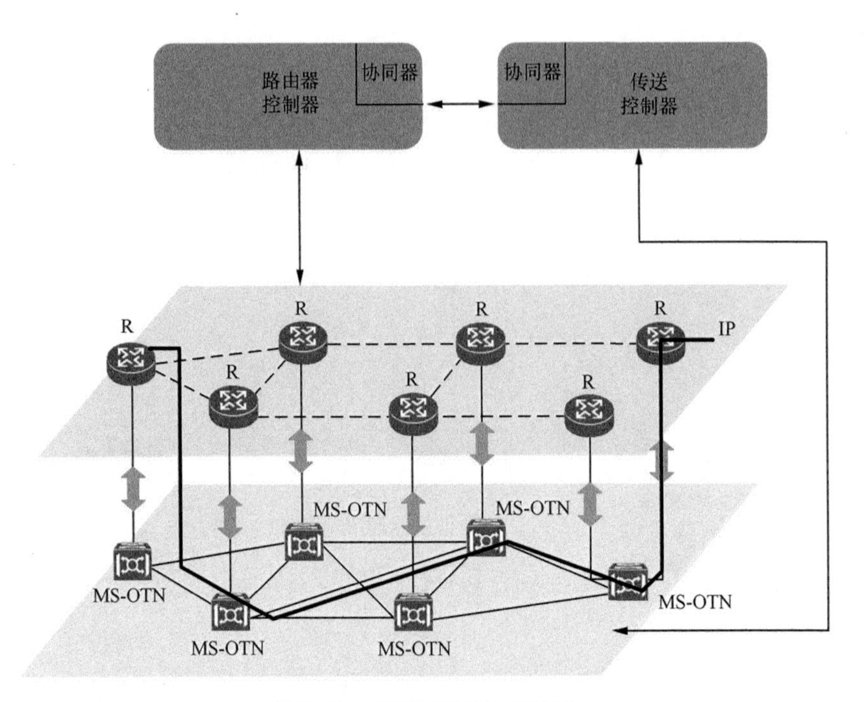

图 5-40　TSDN 实现 IP+ 光协同

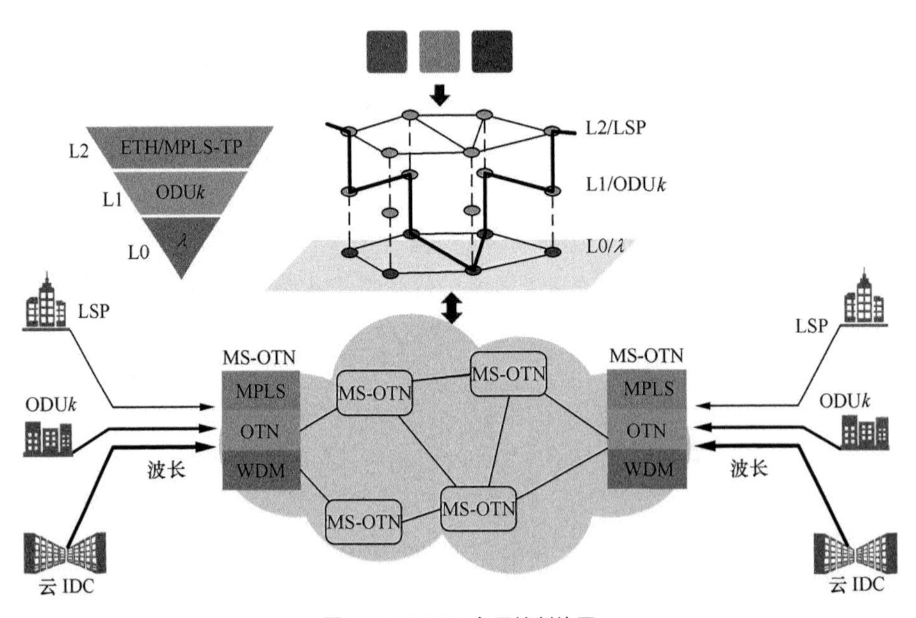

图 5-41　TSDN 多层控制协同

在超 100Gbit/s 的高速光传输技术上，TSDN 控制器能够根据客户网络的具体需求，计算出最匹配的业务承载方式，且业务编码方式、频谱宽度、传输速率都可以根据业务的需求进行灵活调整。如图 5-42 所示，TSDN 可以在不同线路间进行弹性调整，在短距离场景中可提供更大的业务传送容量的解决方案，在长距离场景中可提供支持更大传输距离的解决方案。

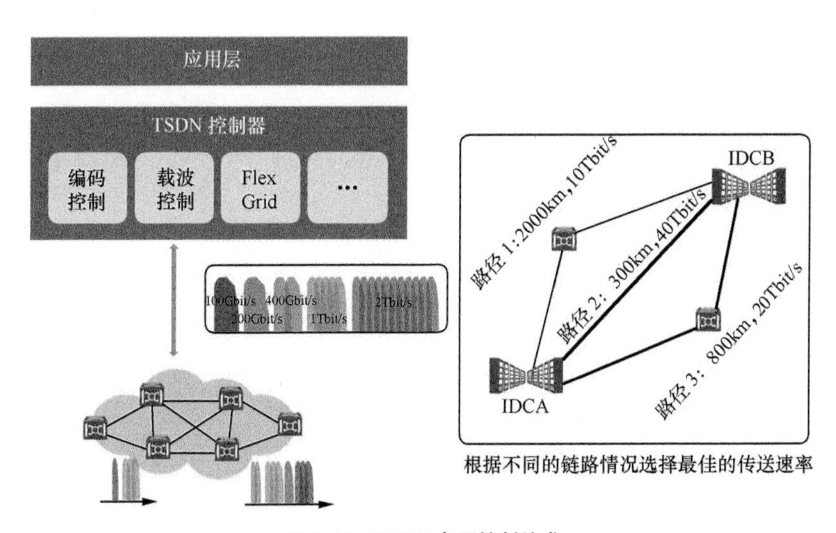

图 5-42　TSDN 多层控制技术

（5）开放性

传统网络的管理是通过网元管理系统（EMS）和网络管理系统（NMS）完成的，运营商对网络的管理和控制是通过运营支撑系统（OSS，Operating Support System）与 NMS 交互来完成的。由于各厂商的北向接口存在差异，与运营商 OSS 的集成通常需要定制开发，周期比较长，无法快速满足运营商的一些新业务需求。靠设备厂商提供的控制器难以和运营商的 OSS 体系融合，还必须靠运营商自己进行整合。

如图 5-43 所示，TSDN 控制器采用标准的开放北向接口，支持运营商、设备商，以及独立的第三方软件厂商提供的创新业务应用，满足业务发展需求，提升业务网络价值。

下面介绍两种 TSDN 的业务应用方式。

- 带宽按需提供（BoD）：能够为运营商提供面向最终用户的灵活带宽发放能力。若采用传统的业务发放方式，用户需要首先向运营商提出带宽申请需求，运营商核实网络资源后人工完成业务发放，这通常需要花费很长的时间；而采用 BoD 应用时，用户不仅可以在线完成带宽申请，而且能够定制不同时间段提供不同带宽、选择多种不同的 SLA 业务等级等个性化业务需求。

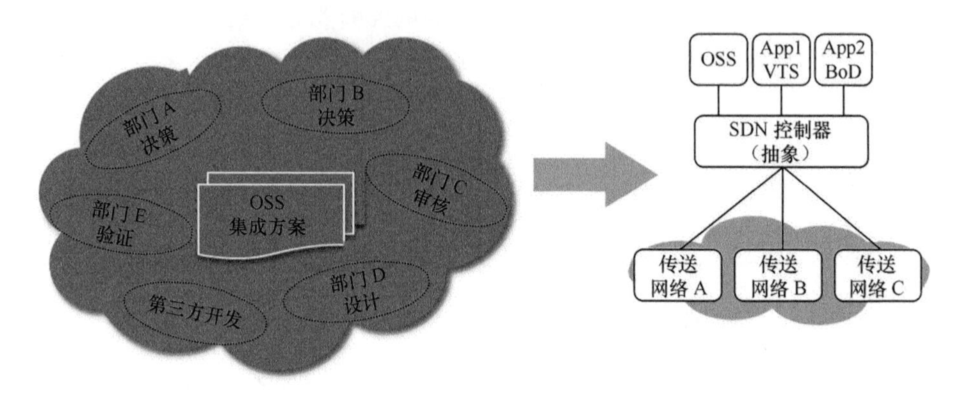

图 5-43　TSDN 开放的 App

- 虚拟传送服务（VTS，Virtual Transport Service）：通过物理建模和虚拟化技术，传送网络被抽象成多张技术无关的虚拟网络，分别提供给不同的租户。租户对这张虚拟网络不仅有使用权，还会根据与运营商的合同获得约定的控制权，满足客户对租用网络的差异化带宽的要求。

4. TSDN 对光网络运维的价值

（1）简化网络运维，降低 OPEX

基于 SDN 的集约化管理及数据共享，统一分配网络资源，统一调度网络业务，实现网络最优化配置。同时，改变传统独立、分散、离线、不能实时获取网络资源的运维方式，实时共享网络数据，实现在线业务规划和设计，端到端业务安全可靠，自动进行故障模拟、生存性评估，一键式完成业务割接，操作简单，实时感知、提前感知。通过集中式管控，实现 TSDN 的智能自动化机制，从而简化网络的运维，降低 OPEX。

（2）缩短业务上市时间

网络规模不断扩大，由于设备侧控制协议的限制，网络需划分成不同的子网进行管理。不同子网之间的信息无法互通，导致跨域业务无法选择全网最优的路径资源，而且也无法很好地支持端到端业务的提供、管理、保护，这是运营商面临的一大难题。TSDN 是一个开放的网络架构，通过对整个网络的集中控制、协同，可以在线快速提供端到端业务，缩短业务上市时间，提升客户体验。

（3）加快业务创新

传统的运营商网络是一个封闭的平台系统，不利于创新。而 TSDN 架构通过控制器提供开放标准的北向接口，支持运营商、设备商以及独立的第三方软件厂商提供的创新业务应用，满足业务发展需求，提升业务网络价值，提供差异化的增值服务，加快了业务创新的步伐。

5.5.2　人工智能（AI）和大数据技术，实现光网络自优和自治

AI 和大数据技术是光网络智能化的关键使能技术，二者配合使用，才能实现光网络的自优和自治。其中，大数据技术通过遍布全网的光层 AI 神经元（光参采集传感器），动态感知网络资源数据，实时检测网络状态，分析网络指标；AI 技术则借助光网大数据的采集和分析结果，实现网络的智慧运营。AI 的技术实现通常分为两个层面。

第一层：网络设备级 AI，主要使用 AI 技术实现以下功能。

① 对设备级故障告警进行压缩和根因分析，同时对光性能异常进行检测。

② 进行光信道评估，包括掺铒光纤放大器（EDFA）建模、受激拉曼散射（SRS）建模、OSNR 建模、误码率（BER）建模等。

③ 光网络的极速自愈，保证业务的安全性。

第二层：网管级 AI，主要运用在云化管控平台上，对网络进行智能管控，并能实现网络自优化和自治化、精准排障和精准预测等一系列端到端闭环应用。

1. AI 神经元动态数据采集，光层可视化管理

海量、精确的网络数据是大数据分析和人工智能实现其价值的基础。在 AI 化光网络系统中，光层 AI 神经元采取分布式架构，通常被集成在 oDSP 芯片和光放节点中，在全网范围对所有光层关键参数进行实时采集、监测和分析。

光层 AI 神经元感知的光学参数，将用作整体光网络 AI 优化的基础，具体包括：光信噪比（OSNR）、色散（Dispersion）、偏振态（Polarization State）、偏振态变化（Polarization Change）、非线性效应（Nonlinear Effect）、链路余量（Link Redundancy）以及滤波（Filtering）特性。

oDSP 芯片广泛分布在网络各个节点中，并且具备一定的分析能力，通过在 oDSP 芯片中集成光层 AI 神经元功能模块，能够在光层网络实现分布式全覆盖，并在不改变网络设备形态的前提下（功能模块内嵌，无须额外设备），实时精确监测所有光层网络状态参数。

如图 5-44 所示，光层 AI 神经元的参数采集原理是在发送端通过 oDSP 将

光层标签加载到所有波长信道上，当该波长经过网络中任意具备检测功能的节点时，该波长信道的标签被提取，实现全网波长可追踪。同时将其一系列光层状态数字化，实现光层网络的可视化、透明化管控。

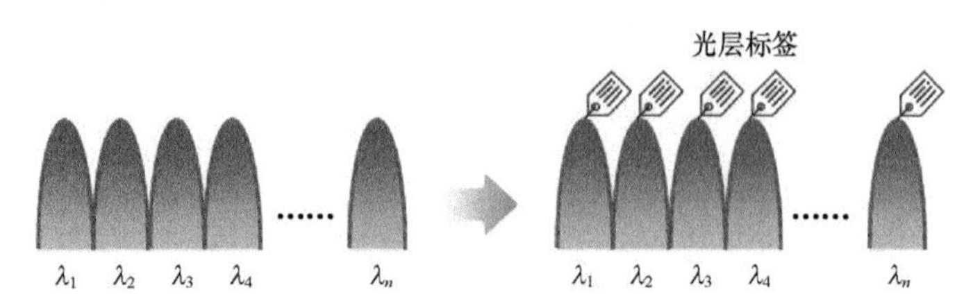

图 5-44　光层 AI 神经元的参数采集原理

最终，通过 AI 神经元感知和获取的网络数据，结合控制层的 AI 分析、运算功能，实现光网络区域性或者全局的故障提前预警、业务调度、配置和优化。

2. AI 闭环运算，实时调整网络配置，实现网络自优

AI 神经元将采集到的数据集合，通过 AI 闭环运算的分析和评估，并下发指令，对光网络配置进行智能化调整，实现网络的自优化。

AI 闭环运算依靠“数字孪生”技术建立分析数据库。光网络是一个模拟网络，数字孪生是在这个模拟网络上建立一个镜像数字世界，它能够实时反映网络资源的状态以及业务的运行状态。

如图 5-45 所示，AI 闭环运算的 4 个引擎构成了一个闭环运维架构。首先，分析引擎采集并分析网络指标数据，实时检测网络状态；其次，智能引擎通过 AI 算法来预测网络风险，生成优化指令策略；然后，意图引擎将优化指令策略解析为网络操作指令，最后下发给自动化引擎将配置下发到物理网络。

3. AI 使能光网络智能化，实现网络自治

基于 DSP 反馈的海量光层网络状态参数，AI 系统对光网络建立数字模型，并通过自主学习功能确立该特定网络的运行模式。一旦某个参数出现异常，即使业务没有中断，AI 系统也将判断潜在的风险，确定异常参数类型，并精确定位异常设备位置，实现提前预警。运维人员能够以此为基础，决定是否提前进行维护，或者安排后续网络维护计划。除此之外，其他可能的应用还包括网络性能动态优化、光层资源动态调配等。

（1）ASON 高可靠极速自愈

AI 技术使传统的 ASON 增强了算法能力，演进到 ASON2.0，并在网络规模、业务协同、重路由能力方面大幅提升性能，包括：

- 骨干和城域网同在一个 ASON 域，业务实现端到端统一管理，无须转接；

- 光电协同，高效适配多业务，节省电层单板；
- IP 链路故障检测时间一般为 40s，ASON2.0 提供极速重路由，检测时间降低到 10s，IP 链路无感知，整体网络更稳当。

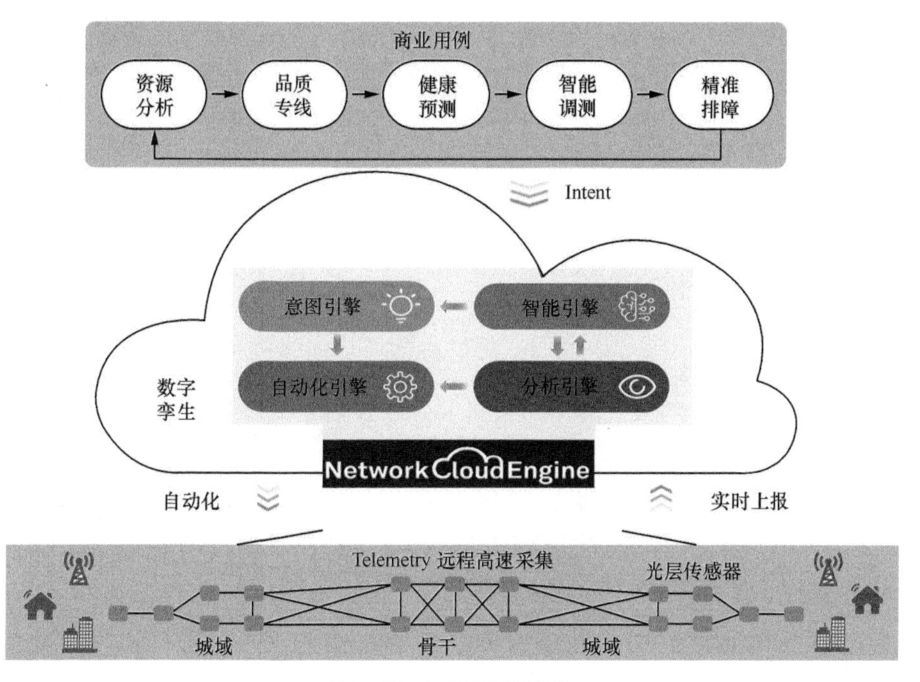

图 5-45 AI 闭环运算流程

（2）光层健康预测

长期以来，光网络业务的运维都是故障发生后乃至用户投诉之后的被动维修，无法提前识别故障发生的预兆，只能等待“亚健康”状态的光业务持续恶化，直至引发各种故障。基于 AI 技术，可以为每条光专线业务提供实时的健康度评分和未来几天乃至一个月的健康度趋势预测，特别是对于 OCh 和 OTS 跨段的健康预测。

（3）告警根因分析

据统计，在 OTN 中，Top3 的故障是光传输段（OTS）故障、光通道（OCh）故障和单板故障。每当故障发生时，网管上会产生海量告警，但是大量的告警是无效的，导致难以快速定位到故障根因，故障处理需要消耗大量的人力和时间。AI 使能光网络系统可以帮助维护人员实现分钟级的故障根因分析，从而极大地提升运维效率，具体收效体现在以下 3 个方面。

第一，无效告警压缩，通过对震荡告警、衍生告警分析、空闲端口告警清理来压缩告警，基于 AI 的告警根因压缩算法的告警压缩率达到 90%。

第二，告警根因分析，使用 AI 聚类算法进行根因告警分析，典型场景的告警根因分析准确率达 90%。

第三，告警精准达标，增加地理信息和时间关联，提高根因分析准确性。基于 1588 时钟进行时间同步，保证 ms 级告警时间关联。

结语和展望

光传输网络如何应对未来5G时代网络的变化、推动传输网转型变革，是电信运营商网络规划部门和运营部门一直努力探索的问题。为应对挑战、提升队伍能力，广东电信网络发展部组织内外部光传输网络专家进行了深入的研究和探讨，并将研究成果编著成书。

作为老传输人，我们共同经历见证了光传输网络在电信运营商中起步、发展、高峰、成熟的历史进程。20世纪90年代初，光传输技术与程控交换技术一起推动了运营商网络技术的革命性变革，网络进入了数字化时代。但是，由于自身的原因，传输专业的发展一度落后。从事传输技术的维护人员被边缘化，流失严重；而传输网络技术过去多年来缺乏突破性发展，运营商在传输网络上的投资大幅减少，造成传输网络多年来一直靠修修补补维持。这里面有传输专业的内在原因，也有运营商市场变化的原因。一方面，传输网络属于物理层网络，在互联网技术、移动技术、云技术、物联网技术迅猛发展的时代，传输网络如仅为这些上层网络提供承载服务，在运营商面向市场的运营体系中很容易被忽视；另一方面，传输网络技术标准封闭，网管接口标准不统一，限制了传输网络运营管理的智能化运营水平，导致运营能力长期停留在基于分散管理、现场管理的低层次水平，传输集约化维护相比其他专业网络更难实现。另外，传输网络虽然承载了各种电信业务，但是与市场收入直接关联度较低，导致运营商对网络投入的重视程度下降。以上因素导致传输网络的规划和运营水平落后于其他专业网络。

随着技术的快速发展和业务需求的变化，制约传输技术发展的问题近年来

有了突破。首先，运营商靠吃老本（20 世纪 90 年代末高速发展时期成形的光缆传送网络）已经不能满足当前业务发展的需要，在光缆质量、传输通道及带宽、物理路由安全性方面，要满足各种新兴业务的发展，均需要持续大力投入，这就使得运营商越来越重视传输网。其次，各种新型传输技术的出现，如分组增强型 OTN、光交叉设备、光层 ASON（WSON）、传输 SDN、接入型 OTN 等技术的发展，为传输组网提供了更加灵活多样的方式，让网络能够更好地与业务匹配；而且传输网络管理接口统一规范性的问题也取得了突破，运营商开始自己定制标准接口，并在上层建立自己的跨域、跨厂家随选调度的运营管理平台，如中国电信定制的传输网管 I2 统一接口标准并建立的 OTMS 平台。传输技术逐步和 IP 技术、IT 技术融合，技术上的突破带来了承载能力、运营能力的突破。此外，传输网络也越来越贴近业务需求，如分组增强型 OTN 技术更适合于政企业务组网的需求，软件定义传送网络（TSDN）技术的发展带来了客户网络随选、自助服务的能力，这些都是未来业务发展的方向。5G 网络建设已启动，在大带宽、低时延的需求方面，传输网络技术具有自身优势并能发挥更大的作用。技术发展推动网络转型势在必行，大带宽、低时延、智能随选、全光网络等将成为新型传输网的特征。总之，传输网及其技术将迎来极佳的发展机遇，这也对传输维护人员提出了新的挑战。传输专业的生命发展周期符合事物发展螺旋式上升的规律，未来将在运营商网络中“老树发新枝”，继续承担重要的角色。

为适应技术发展和需求变化，传输网络的规划和运营需要新的方法来配合。过去，传输网络的规划和运营都是基于人的技术和经验来开展的。如在网络运营中，维护人员发现问题、判断问题、解决问题均以对技术的掌握程度和运维经验为依据；在网络规划中，规划人员仅凭经验判断网络是否满足发展需求。这种模式只能支持中小型网络的运营，而在超大型网络的运营中，网络的复杂性、信息的关联度远远超出了人工操作的适应范围，若还采取这样的方式，维护效果将大打折扣。超大型网络需要新的维护工具与之相适应，只有智能化的信息支撑系统才能满足这一需求。比如，过去维护人员处理一个故障，只需要关注与该业务电路相关的信息就可以了；但现在要同时进行业务影响分析、业务安全性分析等，需要对各种数据进行关联处理。因此，今后网络运营将逐步过渡到依靠规划运维平台。这是因为，一方面，平台系统的运用极大地提升了运维和规划的效率，如自动开通效率的提升可极大地减轻人员的工作量，把人从简单的问题处理中解放出来，人就可以花更多的时间和精力去思考更深层次的规划运营问题；另一方面，信息系统对大容量信息的处理能力远远大于人的能力，能有效应对技术、组网、业务的复杂性，使大型复杂网络的统一规划、集约运营成为可能。因此，信息系统、自动化工具在传输网规划运营中的应用

将是今后的发展方向。智能化工具的变革将给传输规划的运营模式带来突破性变革。

要适应新技术、新方法、新工具的变革，传输规划运营人员也必须做出改变。过去传输技术相对封闭，技术人员仅接触本专业的技术；但随着技术的融合，各专业间的界限逐渐模糊，目前的传输技术已经和 IP 技术、IT 技术、互联网技术相融合，技术人员要适应技术的更新，就必须懂得其他专业技术。如分组增强型 OTN 技术要求技术人员掌握 IP 技术；自主研发的传输网管技术要求技术人员熟悉 IT 框架、接口技术，甚至必须具备脚本编程解决问题的能力；传输 SDN 技术要求技术人员掌握 SDN 的技术，等等。运营商传输专业人员的转型问题已经摆在每个传输人的面前。与一些老化的专业不同，传输专业人员的转型并不是因为缺乏专业活力，恰恰相反，是因为传输专业呈现出强大的生命力，需要从更高的高度要求从业人员。在这点上，传输专业人员需坚定信心，积极实施专业融合，把自己打造成懂传输、懂运营、懂 IP、懂 IT 的复合型人才，这样才能顺应时代发展的需要。

传输业务的发展也将随着网络技术的发展和网络转型而发生变革。过去传输对业务层只是提供通道服务，只需保证通道可达、质量可靠；而今后传输业务的方式，将具备更多贴近用户使用需求的能力，如智能随选调度、分组组网能力、OTN 用户接入能力等，传输网络也将向业务网络方向转型。在这种网络中，传输规划、运营人员也应该更多着力于传输智能化产品的包装、设计、推广、运营，从而为用户提供更加贴心的服务。传输产品化能力的提升，将进一步提升传输网络的重要性，对运营的发展具有重要的意义。

站在 5G 时代已经来临、传输网络技术转型、规划运营模式变革的时间点，本书的出版恰逢其时，为新时期传输技术的发展、网络转型、规划运营转型指明了方向。本书的编写人员均是长期从事传输规划、网络运营的资深专业人员，既有深刻的专业背景技术，也在网络转型、业务转型、运营工具转型等方面有丰富的经验。广东电信网络发展部、网络运营部 / 网络监控维护中心（NOC）、传送网络运营中心、中山分公司、广东省电信规划设计院有限公司、中睿通信规划设计有限公司、华为公司、烽火公司、中兴公司等单位的专家积极参与了编写工作，书中所涉及的观点、方法、经验总结大都来自他们的实践。

我们期望本书能为运营商的网络运营工作提供一些值得参考的思路和方法，能推动传输技术、网络、业务及运营方式的发展，并逐步带动产业链的变革。光传输网络的发展前景是美好的，让我们一起迎接挑战，拥抱光传输网络规划运营的深度发展变革，迎接 5G 时代。

缩略语

A

AAU	Active Antenna Unit	有源天线单元
ACO	Analog Coherent Optics	模拟相干光
AI	Artificial Intelligence	人工智能
AIS	Alarm Indication Signal	告警指示信号
APON	ATM Passive Optical Network	基于 ATM 的无源光网络
APS	Automatic Protection Switching	自动保护切换
ASON	Automatically Switched Optical Network	自动交换光网络
ATM	Asynchronous Transfer Mode	异步传输模式
ADM	Add/Drop Multiplexer	分插复用器

B

BBU	Base Band Unit	基带处理单元
BoD	Bandwidth on Demand	按需分配带宽
BPON	Broadband Passive Optical Network	宽带无源光网络
BRAS	Broadband Remote Access Server	宽带远程接入服务器
BR	Border Router	边界路由器
BSC	Base Station Controller	基站控制器
BTS	Base Transceiver Station	基站收发台

C

CAPEX	Capital Expenditure	资本性支出
CD	Chromatic Dispersion	色度色散
CDN	Content Delivery Network	内容分发网络
CMS	Channel-Matched Shaping	信道匹配整形
CoMP	Coordinated Multiple Points	协同多点传输
CPRI	Common Public Radio Interface	通用公共无线电接口
CR	Core Router	核心路由器
CRM	Customer Relation Management	客户关系管理
CSPC	Coordinated Scheduling based Power Control	基于功控的联合调度
CU	Centralized Unit	集中单元
CWDM	Coarse Wavelength Division Multiplexing	稀疏波分复用
C-RAN	Centralized Radio Access Network	集中式无线接入网

D

DC	Data Center	数据中心
DC	Domain Controller	域控制器
DCI	Data Center Interconnection	数据中心互联
DCM	Dispersion Compensator Module	色散补偿模块
DCSW	Data Center Switch	数据中心交换机
DU	Distributed Unit	分布单元
DiffServ	Differenciated Service	区分服务体系结构
DP	Distribution Point	分配点
DSLAM	Digital Subscriber Line Access Multiplexer	数字用户线接入复用器
D-RAN	Distributed RAN	分布式无线接入网
DFB	Distributed Feedback	分布式反馈
DBR	Distributed Bragg Reflector	分布式布拉格反射激光器
D-ROADM	Directionless ROADM	方向无关可重构光分插复用器
DCO	Digital Coherent Optics	数字相干光
DWDM	Dense Wavelength Division Multiplexing	密集波分复用

E

EDFA	Erbium Doped Fiber Amplifier	掺铒光纤放大器
EMS	Element Management System	网元管理系统
EOS	Ethernet Over SDH	SDH 以太专线
EOO	Ethernet Over OTN	以太网 OTN 专线
EPC	Evolved Packet Core	4G 核心网络
EPL	Ethernet Private Line	以太网专线
EPLAN	Ethernet Private LAN	以太网专用局域网
EPON	Ethernet Passive Optical Network	以太网无源光网络
EVPL	Ethernet Virtual Private Line	以太网虚拟专线
EVPLAN	Ethernet Virtual Private LAN	以太网虚拟专用局域网
EVPN	Ethernet Virtual Private Network	以太虚拟专用网
E2E	End to End	端到端
eMBB	enhanced Mobile Broadband	增强移动宽带

F

FEC	Forward Error Correction	前向纠错码
FlexE	Flexible Ethernet	弹性以太网
FO	Full Outdoor	全室外
FRR	Fast Reroute	快速重路由
FTTB	Fiber To The Building	光纤到楼宇
FTTC	Fiber To The Curb	光纤到路边
FTTH	Fiber To The Home	光纤到家庭
FTTO	Fiber To The Office	光纤到公司 / 办公室
FWM	Four-Wave Mixing	四波混频

G

GFP	Generic Framing Procedure	通用成帧规程
GEM	General Encapsulation Methods	通用封装方法
GFP-F	Frame mapped Generic Framing Procedure	通用成帧规程的成帧映射
GPON	Gigabit-Capable Passive Optical Network	吉比特无源光网络

I

ICT	Information and Communication Technology	信息通信技术

IDC	Internet Data Center	互联网数据中心
IPRAN	IP Radio Access Network	IP 化无线接入网
ITLA	Integrated Tunable Laser Assembly	可调激光器
	L	
LCAS	Link Capacity Adjustment Scheme	链路容量调整机制
LCoS	Liquid Crystal on Silicon	硅基液晶
LOS	Loss Of Signal	信号丢失
LSP	Label Switching Path	标记转换路径
	M	
MCS	Multicast Switch	多播开关
MEC	Mobile Edge Computing	移动边缘计算
M-LAG	Multi-chassis Link Aggregation Group	跨设备的链路聚合
mMTC	massive Machine Type Communications	大规模物联网
M-OTN	Mobile-optimized Optical Transport Network	面向移动承载优化的光传送网
MPLS	Multi-Protocal Label Switching	多协议标记交换
MPLS-TP	Multi-Protocol Label Switching Transport Profile	多协议标签交换传送应用
MSE	Multi-Service Edge Router	多业务边缘路由器
MS-OTN	Multi-Service Optical Transport Network	多业务光传送网
MSTP	Multi-Service Transfer Platform	多业务传送平台
MZM	M-Z Modulator	M-Z 干涉型强度调制器
	N	
NFV	Network Function Virtualization	网络功能虚拟化
NGMN	Next Generation Mobile Networks	下一代移动通信网络
NMS	Network Management System	网络管理系统
NTP	Network Time Protocol	网络时间同步
	O	
OA	Optical Amplifier	光放大器
OADM	Optical Add/Drop Multiplexing	光分插复用
OAM	Operation Administration and Maintenance	操作维护管理
OCh	Optical Channel	光通道
ODN	Optical Distribution Network	光分配网
oDSP	optical Digital Signal Processing	光数字信号处理器

ODU	Optix Division Unit	光分波单元
OFDM	Orthogonal Frequency Division Multiplexing	正交频分复用
OFRA	Optical Fiber Raman Amplifier	光纤拉曼放大器
OLP	Opticical Fiber Line Auto Switch Protection Equipment	光纤线路自动切换保护装置
OLT	Optical Line Terminal	光线路终端
OMS	Optical Multiplex Section	光复用段
OMSP	Optical Multiplex Section Protection	光复用段保护
OMU	Optical Multiplexing Unit	光复用单元
ONU	Optical Network Unit	光网络单元
ODN	Optical Distribution Network	光分配网络
OPEX	Operating Expense	运营成本
OPM	Optical Performance Monitor	光性能监测
OSC	Optical Supervisory Channel	光监控信道
OSNR	Optical Signal Noise Ratio	光信噪比
OTDR	Optical Time Domain Reflectometer	光时域反射仪
OTM	Optical Terminal Multiplexer	光终端复用器
OTMS	Open Transmission Management System	开放式传送网运营系统
OTN	Optical Transport Network	光传送网络
OTS	Optical Transmission Section	光传送段
OTU	Optical Transform Unit	光转换单元
OVPN	Optical Virtual Private Network	光虚拟专用网
OXC	Optical Cross-Connect	光交叉连接

P

PMD	Polarization Mode Dispersion	偏振模色散
PON	Passive Optical Networks	无源光网络
PDH	Plesiochronous Digital Hierarchy	准同步数字系列
PW	Pseudo Wire	伪线
PWE	Pseudo Wire Edge-to-Edge Emulation	伪线端到端仿真
PTN	Packet Transport Network	分组传送网
PBB	Provider Backbone Bridge	运营商骨干桥接
PBB-TE	Provider Backbone Bridge-Traffic	支持流量工程的运营商骨干桥接

	Engineering	
PeOTN	Package enhance OTN	分组增强型光传送网
PRBS	Pseudo-Random Binary Sequence	伪随机二进制序列
PUE	Power Usage Effectiveness	消耗能源与设备负载使用能源之比

Q

QoS	Quality of Service	服务质量
QAM	Quadrature Amplitude Modulation	正交振幅调制
QSFP	Quad Small Form-factor Pluggable	四通道 SFP 接口

R

RAN	Radio Access Network	无线接入网
RCA	Root Case Analysis	根因分析
R-LADD	Reconfigurable Local Add/Drop Devices	可重构本地上下路模块
R-WADD	Reconfigurable Wavelength Add/Drop Devices	重构波长上下路模块
ROADM	Reconfigurable Optical Add-Drop Multiplexer	可重构光分插复用器
RRU	Radio Remote Unit	射频拉远单元
RTT	Round-Trip Time	往返时延

S

SBS	Stimulated Brillouin Scattering	受激布里渊散射
SD	Signal Degrade	信号劣化事件
SDH	Synchronous Digital Hierarchy	同步数字系列
SDN	Software Defined Network	软件定义网络
SF	Signal Fail	信号失效事件
SLA	Service Level Agreement	服务等级协议
SNC	Sub-Network Connection	子网连接
SNCP	Sub-Network Connection Protection	子网连接保护
SOA	Semiconductor Optical Amplifier	半导体光放大器
SoP	State of Polarization	偏振态
SPM	Self-Phase Modulation	自调相
SR	Service Router	全业务路由器
SRS	Stimulated Raman Scattering	受激拉曼散射

T

TCA	Threshold Crossing Alert	性能越限通知
TCO	Total Cost of Ownership	总体拥有成本
TDM	Time Division Multiplexing	时分复用
TLS	Transparent LAN Service	透明 LAN 服务
TMN	Telecommunications Management Network	电信管理网
TMUX	Trans-Multiplexer	子速率复用器
TSDN	Transport Software Defined Network	软件定义传送网

U

uRLLC	ultra-Reliable and Low Latency Communications	高可靠低时延通信

V

VPN	Virtual Private Network	虚拟专用网
VPLS	Virtual Private LAN Service	虚拟专用局域网业务
VTS	Virtual Transport Service	虚拟传送服务
VOA	Variable Optical Attenuator	可变光衰减

W

WSON	Wavelength Switched Optical Network	波长交换光网络
WSS	Wavelength Selection Switch	波长选择开关
WDM	Wavelength Division Multiplexing	波分复用
WTR	Wait To Restore	等待恢复时间

X

XPM	Cross-Phase Modulation	交叉相位调制

参考文献

[1] 张成良，李俊杰，马亦然，等 . 光网络新技术解析与应用 [M]. 北京：电子工业出版社 , 2016.

[2] 张成良，韦乐平 . 新一代传送网关键技术和发展趋势 [J]. 电信科学 , 2013(1): 1-7.

[3] IMT-2020（5G）推进组 . 5G 愿景与需求白皮书 [R]. 2014.

[4] 沈世奎，王光全 . 移动前传网络中传输方案需求及应用探讨 [J]. 邮电设计技术 , 2015(11): 1-6.

[5] IMT-2020（5G）推进组 . 5G 网络架构设计白皮书 [R]. 2016.

[6] 中国电信 CTNet2025 网络重构开放实验室 . 5G 时代光传送网技术白皮书 [R]. 2017.

[7] 中国电信集团 . 中国电信 5G 技术白皮书 [R]. 2018.

[8] IMT-2020（5G）推进组 . 5G 承载需求白皮书 [R]. 2018.

[9] IMT-2020（5G）推进组 . 5G 核心网云化部署需求与关键技术 [R]. 2018.

[10] IMT-2020（5G）推进组 . 5G 承载网络架构和技术方案 [R]. 2018.

[11] 中华人民共和国工业和信息化部 . 光传送网（OTN）工程设计暂行规定（YD 5208-2014）[S]. 2014.

[12] 中国电信集团公司 . 中国电信 CTNet-2025 网络架构白皮书 [R]. 2016.

[13] 中国电信集团公司 . 中国电信 IPRAN 网络组织与策略规范 [S]. 2018.

[14] 中国电信集团公司 . 中国电信 IP 城域骨干网组网与策略规范 [S]. 2013.

[15] 陈兵，杨豫湘 . 浅谈传输网络的发展规划 [J]. 广东通信技术 , 2002(4): 18-23.

[16] 何磊，王光全 . 基于 ASON 技术的传送网规划和设计 [J]. 邮电设计技术 , 2005(9).
[17] 巩强，曾凌，徐世中，等 . 复杂业务需求下的光网络规划问题的研究 [J]. 计算机应用研究 , 2011, 28(1): 108-110.
[18] 李萌 . OTN 的规划与设计 [J]. 电信传输 , 2013(6): 63-66.
[19] 李雯 . 城域 OTN 规划平台的设计与实现 [J]. 网络与通信技术 , 2018(6).
[20] 烽火通信科技股份有限公司 . OTNPlanner 规划软件（WSON）用户手册 [Z]. 2014.
[21] 中国电信集团公司 . 中国电信 ROADM 网络及设备技术规范 [S]. 2018.
[22] 李允博，李晗，韩柳燕 . OTN 传递时间同步信息技术探讨 [J]. 电信技术 , 2010, 1(6): 23-26.
[23] 刘欣，张贺 . 基于省际 OTN 层面的 1588v2 时间同步技术应用初探 [J]. 邮电设计技术 , 2014(4): 24-28.
[24] OVUM. Network Traffic Forecast 2017[R]. 2017.
[25] 于航，刘津铭，冒志敏 . 高速相干光通信系统相关技术分析 [J]. 通讯世界 , 2017(3): 132.
[26] 王迎春 . 面向下一代的超 100Gbit/s 长距离传输技术 [J]. 邮电设计技术 , 2014(4).
[27] 姚岳 . 超 100Gbit/s 传输关键技术与标准研究 [J]. 电信技术 , 2015(3): 48-50.
[28] 盛利 . 400G/2T 高速光传输技术应用与发展探讨 [J]. 中国新通信 , 2017(18).
[29] JANSEN S L, VAN D B D, SPINNLER B, et al. Optical phase conjugation for ultra long-haul phase-shift-keyed transmission[J]. Journal of Lightwave Technology, 2006, 24(1): 54-64.
[30] SHIEH W, ATHAUDAGE C. Coherent optical orthogonal frequency division multiplexing[J]. Electronics Letters, 2006, 42(10): 587-589.
[31] SAVORY S J. Digital filters for coherent optical receivers [J]. Optics Express, 2008, 16(2): 804-817.
[32] SHIEH W, DIORDJEVIC I. Orthogonal frequency division multiplexing for optical communications[M]. Salt Lake: Academic Press, 2010.
[33] WANG T, WELLBROCK G, ISHIDA O. Next generation optical transport beyond 100Gbit/s[J]. IEEE Communications Magazine, 2012, 50(2): s10-s11.
[34] LIU X, CHANDRSEKHAR S, WINZER P J. Digital signal processing techniques enabling multi-Tbit/s superchannel transmission [J]. IEEE Signal Processing Magazine, 2014, 31(2): 16-24.

[35] ZHOU Y R, SMITH K, PAYNE R, et al. Field trial demonstration of real-time optical superchannel transport up to 5.6Tbit/s over 359km and 2Tbit/s over a live 727km flexible grid link using 64G [J]. Journal of Lightwave Technology, 2015, 34(2): 805-811.

[36] 范杰，龚春阳，杨晶晶，等. 分布布拉格反射器半导体激光器的研究进展 [J]. 激光与光电子学进展, 2018(10).

[37] 林大衡，郝文康，谢婷. DBR 波长可调谐光模块的波长控制 [J]. 电子测试, 2014(5): 1-3.

[38] 吕辉，杨涛，黄楚云. 可调谐半导体激光器的快速波长锁定研究 [J]. 光通信研究, 2012, 38(2): 39-41.

[39] DHOORE S, ROELKENS G, MORTHIER G. III-V-on-silicon three-section DBR laser with over 12nm continuous tuning range[J]. Optics Letters, 2017, 42(6): 1121-1124.

[40] YU L Q, WANG H T, LU D, et al. Widely tunable directly modulated DBR laser with high linearity[J]. IEEE Photonics Journal, 2014, 6(4): 1-8.

[41] 安俊明，张家顺，王玥，等. 硅光子中波分复用技术研究 [J]. 激光与光电子学进展, 2014, 51(11).

[42] 吴冰冰，张海懿，汤晓华，等. 硅光子技术及产业发展研究 [J]. 世界电信, 2017(2): 38-43.

[43] 陈晓铃，胡娟，张志群，等. 硅光子阵列波导光栅器件研究进展 [J]. 激光与光电子学进展, 2018, 55(12): 116-124.

[44] 胡娟，林欢，汪维军，等. 硅光子模斑转换器的研究进展 [J]. 激光与光电子学进展，2018(3): 35-44.

[45] SEOK T J, QUACK N, HAN S, et al. Large-scale broadband digital silicon photonic switches with vertical adiabatic couplers[J]. Optica, 2016, 3(1): 64-70.

[46] TAN D T H, SUN P C, FAINMAN Y. Monolithic nonlinear pulse compressor on a silicon chip[J]. Nature Communications, 2010, 1(8): 173-184.

[47] FAN L, WANG J, VARGHESE L T, et al. An all-silicon passive optical diode[J]. Science, 2012, 335(6067): 447-450.

[48] YAN S, DONG J, ZHENG A, et al. Chip-integrated optical power limiter based on an all-passive micro-ring resonator [J]. Scientific Reports, 2014(4): 6676.

[49] LIU L, DONG J J, GAO D S, et al. On-chip passive three-port circuit of all-optical ordered-route transmission [J]. Scientific Reports, 2014(5): 10190.

[50] KURAMOCHI E, NOZAKI K, SHINYA A, et al. Large-scale integration of

wavelength-addressable all-optical memories on a photonic crystal chip[J]. Nature Photonics, 2014, 8(6): 474-481.
[51] 汤瑞，赖俊森，吴冰冰 . 新型全光交换技术研究 [J]. 现代电信科技 , 2015(6): 26-30.
[52] 秦丽娜 . 全光交换关键技术解析 [J]. 中国新通信 , 2014(8): 46.
[53] 陈高庭,蔡海文,方祖捷 . 光纤通信网络系统中的全光交换技术 [J]. 现代通信 , 2002(1): 11-13.
[54] Characteristics of multi-degree reconfigurable optical add/drop multiplexers: ITU-T Recommendation G.672[S]. 2012.
[55] ANSHENG L, RICHARD J, LING L, et al. A high-speed silicon optical modulator based on a metal-oxide-semiconductor capacitor [J]. Nature, 2004, 427(6975): 615.
[56] YOO S J B. Optical packet and burst switching technologies for the future photonic Internet [J]. Journal of Lightwave Technology, 2006, 24(12): 4468-4492.
[57] DENG N, YANG Y, CHAN C K, et al. Intensity-modulated labeling and all-optical label swapping on angle-modulated optical packets [J]. IEEE Photonics Technology Letters, 2004, 16(4): 1218-1220.
[58] 何培森 . 400Gbit/s OTN 技术发展和应用分析 [J]. 信息通信 , 2017(1).
[59] 魏至胜，任喆 . 光传输网 (OTN) 的技术架构与实际应用 [J]. 智能城市 , 2017(1): 268.
[60] 肖新文，曾春利，邝旻 . 直接接触冷板式液冷在数据中心的运用探讨 [J]. 制冷与空调 , 2018(6).
[61] 杨彦霞，杨子韬 . 数据中心设备冷却要求及空调方案选择 [J]. 制冷与空调 , 2015(9).
[62] 韦乐平 . SDN: 战略层面的思考 [J]. 电信网技术 , 2014(12): 18-23.
[63] 荆瑞泉，窦笠，李俊杰 . 传送 SDN 技术发展和应用场景综述 [J]. 电信技术 , 2014, 1(4): 13-17.
[64] 荆瑞泉，杨玉森 . 传送 SDN 在网络运维自动化中的应用探讨 [J]. 电信技术 , 2014, 1(4): 8-12.
[65] 亢华爱 . 面向机器学习的通信网络大数据相关性分析算法研究 [J]. 激光杂志 , 2016, 37(8): 145-148.
[66] KHAN F N, LU C, LAU A P T. Optical performance monitoring in fiber-optic networks enabled by machine learning techniques[C]// 2018 Optical Fiber Communications Conference, 2018.

[67] MENG F C, MAVROMATIS A, BI Y, et al. Self-learning monitoring on-demand strategy for optical networks[J]. Journal of Optical Communications and Networking, 2019, 11(2): A144-A154.

[68] 崔丽华，赵永利，闫伯元，等 . 光网络发展遇瓶颈 人工智能为其提供新思路[J]. 通信世界 , 2017(27): 51-52.

[69] MATA J, MIGUEL I DE, DURÁN R J, et al. Artificial intelligence (AI) methods in optical networks: a comprehensive survey[J]. Optical Switching and Networking, 2018, 28: 43-57.